高职高专机械制造类专业系列教材

# SolidWorks 运动仿真教程

闫思江　王金参　张圣杰　著

西安电子科技大学出版社

本书是根据多年的教学实践经验，结合高等学校教学改革，为适应我国实现创新驱动发展和机械工业自身发展的需求编写的。书中详细介绍了 SolidWorks Motion 运动仿真模块的功能，以及使用该模块进行运动仿真的方法、思路、技巧和步骤。

本书共 11 章，内容包括绪论、运动规律与仿真、运动模型的建立及其仿真结果输出、配合、马达与驱动、力单元、实体接触、曲线与曲线的接触、冗余、优化设计、从运动分析到有限元分析以及基于事件的仿真。每章均配有学习目标、例题和练习，借助典型、实用的机构或工程实例将知识点嵌入其中来进行仿真。每道例题和练习均配有严谨的操作步骤与必要的说明，部分例题和练习附带理论验证。

本书内容翔实，知识全面，步骤明晰，便于自学，具有良好的教学适用性。本书既可作为高等院校机械类专业 CAD/CAE 的教材，也可供其他相关专业师生及工程技术人员参考。

书中所使用的模型文件，可登录西安电子科技大学出版社网站(www.xduph.com)下载。仿真视频通过扫描相应的二维码即可观看。

图书在版编目(CIP)数据

SolidWorks 运动仿真教程/闫思江，王金参，张圣杰著. --西安：西安电子科技大学出版社，2023.7
ISBN 978-7-5606-6926-7

Ⅰ. ①S… Ⅱ. ①闫… ②王… ③张… Ⅲ. ①计算机辅助设计—应用软件—教材
Ⅳ. ①TP391.72

中国国家版本馆 CIP 数据核字(2023)第 112165 号

策　　划　刘玉芳
责任编辑　刘玉芳
出版发行　西安电子科技大学出版社(西安市太白南路 2 号)
电　　话　(029)88202421　88201467　　邮　　编　710071
网　　址　www.xduph.com　　电子邮箱　xdupfxb001@163.com
经　　销　新华书店
印刷单位　咸阳华盛印务有限责任公司
版　　次　2023 年 7 月第 1 版　2023 年 7 月第 1 次印刷
开　　本　787 毫米×1092 毫米　1/16　印　张　15.5
字　　数　365 千字
印　　数　1～3000
定　　价　39.00 元
ISBN 978-7-5606-6926-7/TP
**XDUP　7228001-1**

# 前言

SolidWorks 软件以其优异的性能和易用性极大地提高了机械设计的设计效率和质量，已成为广大机械工程师所使用的主要软件之一。SolidWorks Motion 是 SolidWorks 中一个高性能的运动仿真模块，能够帮助设计者完成虚拟样机的运动仿真分析。该模块既可以对机械机构进行运动学仿真，同时也可以反馈机械设备的速度、加速度、作用力等重要参数的详细信息，还可以完成相关的动画制作、图表信息反馈。使用 SolidWorks Motion 进行运动仿真可以在制作样机前就将存在的错误、缺陷反馈给设计者，为后续的改进、优化设计提供借鉴与参考。

本书是在原教学教案的基础上编写而成的，秉承“以学生为中心，以能力为核心”的理念，把机构或工程实例作为仿真题目贯穿始终，讲解力求清晰、明了、易懂、易学和易掌握。为适应我国实现创新驱动发展和机械工业自身发展的需求，书中详细介绍了 SolidWorks Motion 运动仿真模块的功能，以及使用该模块进行运动仿真的方法、思路、技巧和步骤。在编写本书的过程中，我们借鉴了大量工程技术人员应用 SolidWorks 软件的经验，仿真题目均采用在工程实践中应用较成功的、典型的、常用的、具有一定创新性的机构或工程实例。通过每一个实例，向读者演示完成一项特定设计任务所采取的方法、过程和步骤，以及所需的命令、选项和菜单，并非专注于介绍单项特征或软件功能，这有利于把学习模仿设计和借鉴创新结合起来，提高应用知识的能力和解决实际问题的能力。

为适应高职高专培养高技能复合型人才的需要，本书重点突出实用性和工程性，将每一章节的知识点以例题和练习为载体进行阐述。考虑到机械设计理论的复杂性，对其中的理论讲解和实例都做了一些适当的简化处理，尽量做到深入浅出，以求抛砖引玉，以此提高读者的设计与分析能力，使读者能灵活应用所学知识去解决工程实际问题。

为了既不增加教材篇幅，又能让读者总览仿真结果，本书的例题和练习仿真视频可扫描二维码进行观看。希望通过本书的学习可以让读者获得厚基础、宽视野、强分析及解决复杂工程问题的能力，并能提高以“分析、评价及创新”为主线的工程认知能力和思维创新能力。

本书由青岛港湾职业技术学院闫思江教授、王金参副教授、张圣杰讲师合作撰写。本书在编写过程中得到了学院领导、有关同事的大力帮助，在此表示衷心的感谢。

限于编者的水平，书中难免有不足之处，敬请广大读者批评指正。

编　者

2023 年 3 月于青岛

# 绪　论

学习目标

- 了解学习 SolidWorks Motion 运动仿真的意义；
- 掌握加载 SolidWorks Motion 插件的方法；
- 了解 SolidWorks Motion 界面和 Motion Manager 窗口的功能与选项；
- 了解 SolidWorks Motion 软件内部关于运动分析的计算步骤；
- 清楚 SolidWorks 装配体约束映射到 SolidWorks Motion 中的方法；
- 了解运动学系统与动力学系统的区别。

## 一、概　述

机械设计主要可分为原理方案设计、运动学分析、静力学或动力学分析、方案及系统优化和结构设计等几个阶段。传统的设计方法可以通过理论分析计算实现，在大多数情况下，为了避免复杂的理论分析计算，在机械设计过程中经常采用经验法、类比法、试凑法等方法。但这样不但会延长设计周期和降低工作效率，而且容易导致设计结果不准确，很难得到满意的结果，也缺乏科学的理论根据。随着科学技术的飞速发展，机械设计的高效化和自动化已经成为今后发展的必然趋势。尤其是随着机械产品性能要求的不断提高和计算机技术的广泛应用，作为机械设计强大支撑技术之一的运动仿真技术越来越受到机械设计人员的重视和青睐。

机械系统的运动仿真可以采用编程语言来实现，也可以使用具有运动仿真功能的机械设计软件来实现。而且随着计算机软件功能的不断强大和完善，用软件进行运动仿真是一种省时、省力而且高效的方法，也是机械运动仿真的发展趋势。本书基于 SolidWorks 这一软件，通过简单的菜单、按钮及鼠标点击等交互式操作，可方便地对机械系统进行运动仿真与分析。

## 二、SolidWorks Motion 简介

### 1. 学习 SolidWorks Motion 的意义

SolidWorks Motion 是一个虚拟原型机运动仿真工具，能够帮助设计人员在设计前期判

断设计是否能达到预期目标，减少设计失误，提高设计效率。利用 SolidWorks Motion 可以直观了解典型机械的结构与原理以及各个零部件的布局、优化等辅助设计，帮助设计人员解决复杂的结构问题；还可以方便不同工程技术人员之间的沟通、交流与展示以及相关部门、机构、院校等辅助教学。

### 2. 加载 SolidWorks Motion 插件

使用运动仿真必须先加载 SolidWorks Motion 插件，方法是：打开 SolidWorks 软件，单击菜单栏上的【工具】或【选项】图标，选择【插件】，在【插件】窗口中勾选【SOLIDWORKS Motion】，单击【确定】按钮，如图 0-1 所示。加载成功之后，切换到运动算例界面，可看到【算例类型】里增加了【Motion 分析】选项。

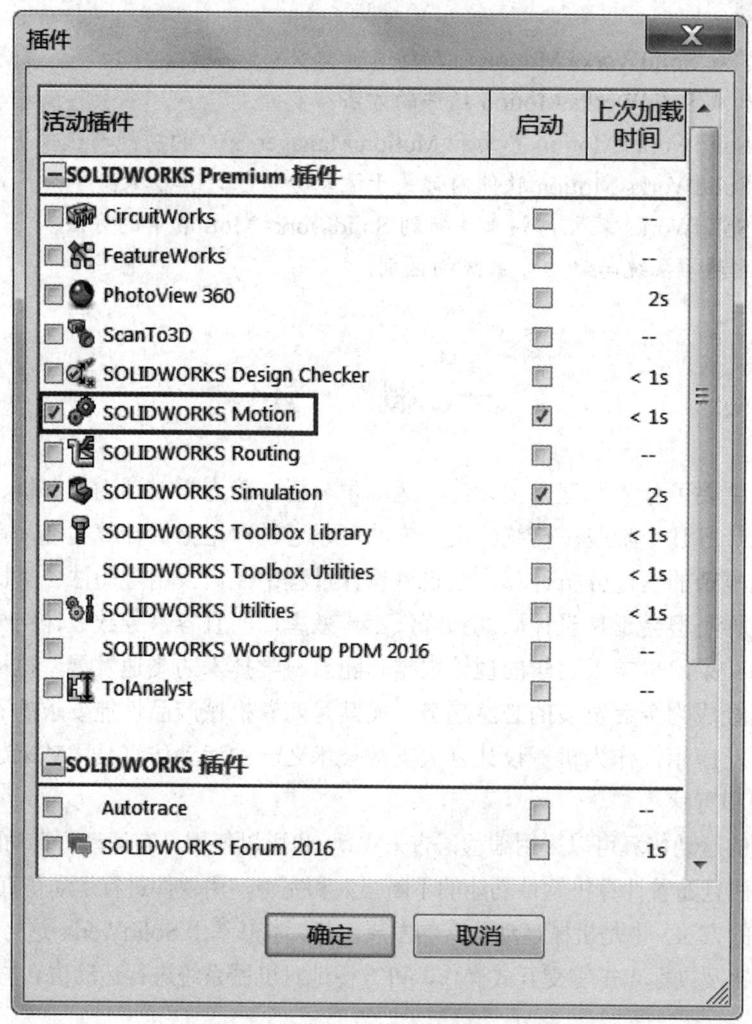


图 0-1　插件窗口

### 3. SolidWorks Motion 界面

运动算例界面由菜单栏、工具栏、图形区、Feature Manager 窗口、Motion Manager 窗口、状态栏等组成，如图 0-2 所示。

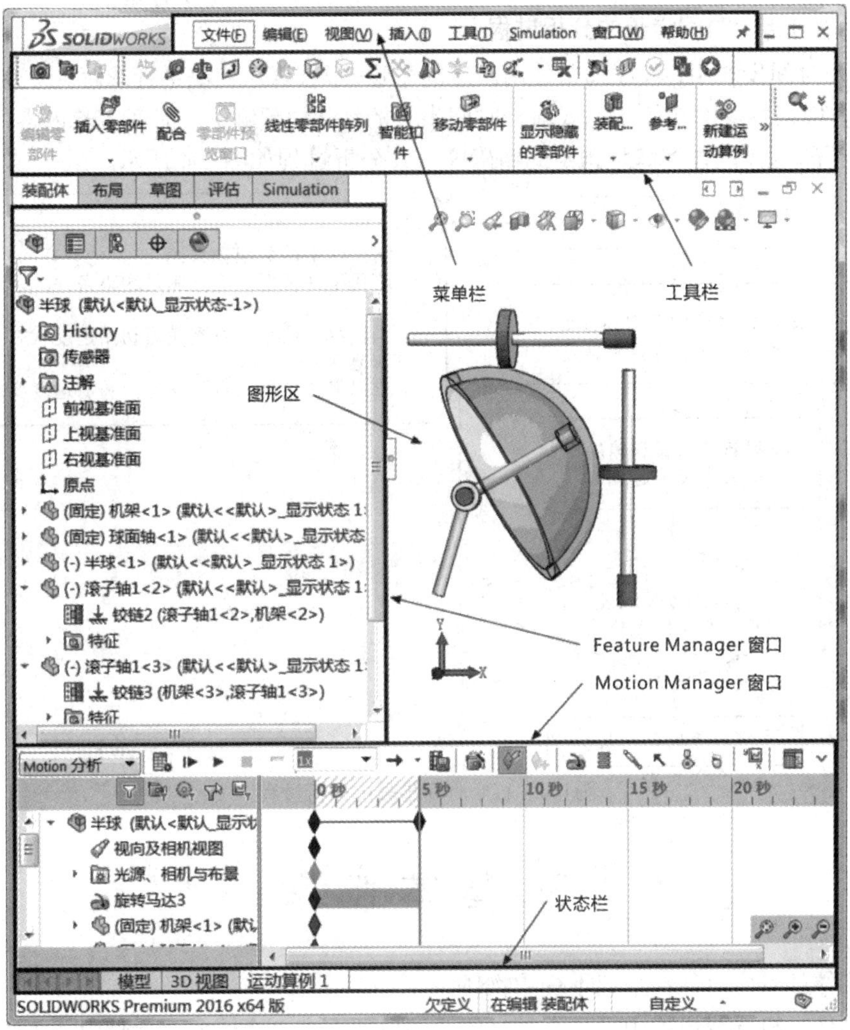

图 0-2 SolidWorks Motion 界面

### 4. Motion Manager 窗口

Motion Manager 窗口由算例类型、播放工具、时间轴、运动单元工具、设计树、键码等部分组成，如图 0-3 所示。

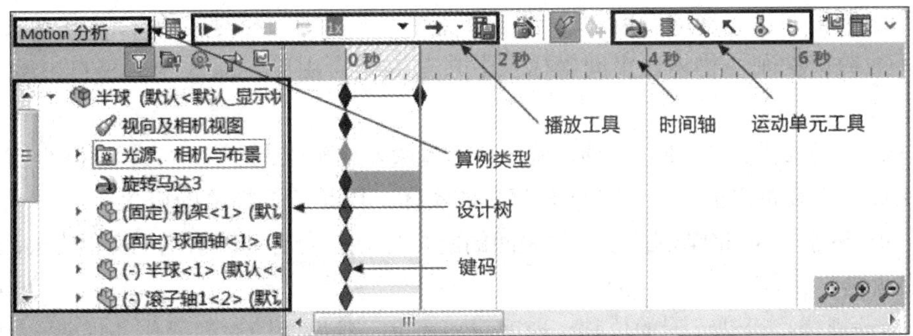


图 0-3 Motion Manager 窗口

### 5. 运动分析中时间步长的分析过程

在每个时间步长中，程序通常使用改进的牛顿–辛普森迭代法进行求解。通过非常小的时间步长，根据零件的初始状态或前一时间步长的结果，预测下一时间步长内零件的状态。运算结果不断迭代，直到满足预定的精确度。其分析过程如图 0-4 所示。

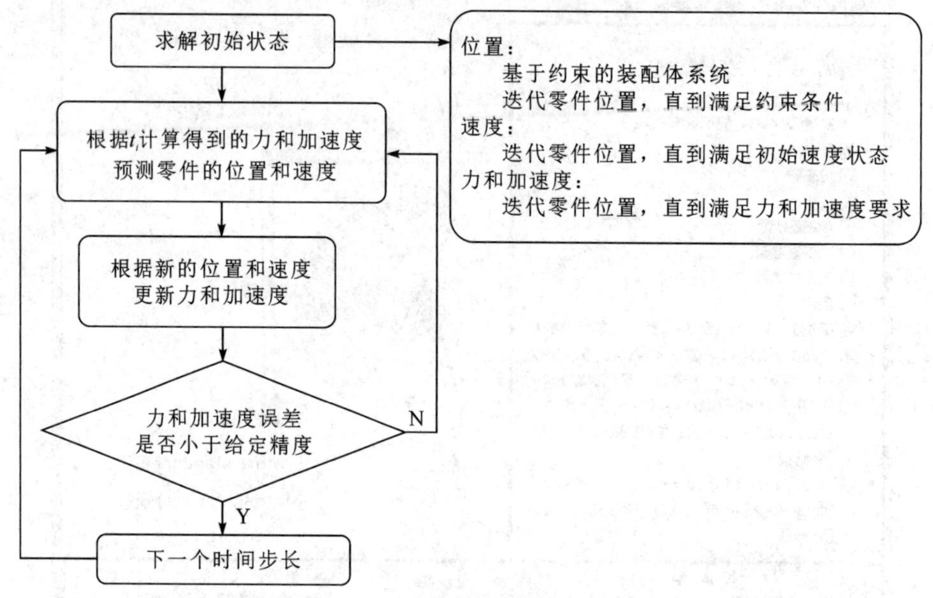


图 0-4　每个时间步长的分析过程

## 三、基 本 概 念

- 刚体：受力后保持形状不变的物体。
- 构件：机器或机构中每一个独立的运动单元，由一个或多个零件组成。
- 运动副：由两个构件直接接触且组成的可动连接。
- 机构：由两个或两个以上构件通过活动连接组成的具有确定运动的系统。

• 自由度：机构具有确定运动时所具有的独立运动参数称为机构的自由度，参数的数目称为自由度数。如果在两个构件之间，用空间相对坐标系的参数来描述，则可分别用沿 3 个坐标轴的相对移动参数 $x$、$y$ 及 $z$ 和绕 3 个坐标轴的相对转角 $\alpha$、$\beta$ 及 $\theta$ 表示。那么一个不被约束的刚性物体在空间坐标系中共有 6 个自由度，即 3 个平移自由度和 3 个转动自由度。

• 约束：限制构件的独立运动，减少自由度数，这种限制称为约束，而减少自由度数称为约束度。需要指出的是约束并非是有形的实体，而是一个抽象的概念。

• 约束映射：SolidWorks 中零件之间的配合(约束)会自动映射为 SolidWorks Motion 分析中的配合。

• 运动规律：运动元素的位移、速度、加速度、猝度等随时间变化的规律。(注：“猝度”是运动规律参数之一。又称“跳度”，是加速度随时间的变化率。机械产品设计时该参数值不可过大，如果猝度大，意味着力很大，会发生刚性碰撞，因此要避免。）

• 基本定律：根据欧拉方程可知，一个刚性物体的三维运动规律由两个方程组成，即

$\sum F = \frac{\mathrm{d}p}{\mathrm{d}t}$——施加在主体上外力的总和等于线动量 $p$ 的变化率；

$\sum M = \frac{\mathrm{d}H}{\mathrm{d}t}$——施加在主体上外力矩的总和等于角动量 $H$ 的变化率。

• 运动学：从几何的角度来研究物体的运动规律，而不研究引起物体运动的物理原因。通常不考虑力、惯性等因素的影响，包括点的运动学和刚体运动学。

• 动力学：研究受力物体的运动与作用力之间的关系。

# 第一章 运动规律与仿真

**学习目标**

- 掌握创建新运动算例的方法(包括复制)；
- 掌握文档单位的设置；
- 清楚单位 RPM(r/min)、deg/sec(deg/s)、rad/sec(rad/s)的含义及输入方法；
- 掌握动画【每秒帧数】的设置；
- 掌握添加马达的方法；
- 了解对装配体加载引力的方法；
- 掌握【结果和图解】的输出；
- 掌握准确获取仿真结果数据的方法；
- 掌握运动参数在某一方向分量的输出；
- 了解运动参数绝对值和相对值的输出；
- 了解在同一张图表上输出多个参数的变化；
- 了解横坐标参数的设置；
- 学会测量工具的使用。

## 一、基 础 知 识

### 1. 机械运动仿真

机械运动仿真技术是一种建立在机械系统运动学、动力学理论和计算机实用技术基础上的新技术，涉及建模、运动控制、机构学、运动学、动力学等方面的内容，主要是利用计算机来模拟机械系统在真实环境下的运动特性和动力特性，并根据机械设计要求和仿真结果修改设计参数，直至满足机械性能指标要求或对整个机械系统进行优化的过程。机械运动仿真包括正向仿真和逆向仿真。

1) 正向仿真

正向仿真是按照系统中各类事件发生的先后顺序，在各个事件由前向后不断处理的过程中推进的，系统中前面产生的事件是决定后面有关事件发生的基础，其过程不可逆转。

2) 逆向仿真

逆向仿真是针对离散事件系统提出的，其基本的思路是：根据系统的输出或性能要求，来逆向推算出系统的输入和系统结构。通过逆向仿真模型的建立及运行，得到满足一定要求下的服务台结构或输入规律，也就实现了离散事件系统的设计，这样大大简化了利用传统仿真方法解决此类问题的反复寻优运行的过程，提高了仿真技术应用于系统设计方面的效率和可行性。

以结构设计为例，由于仿真过程中系统结构的变化是在一定条件下发生的，在进行条件的判断以及结构调整后引起系统现有状态发生变化时，都很可能需要特殊的与正向仿真不同性质(逆向)的处理方法。

**2. 机械运动仿真步骤**

机械运动仿真的一般步骤如图 1-1 所示。

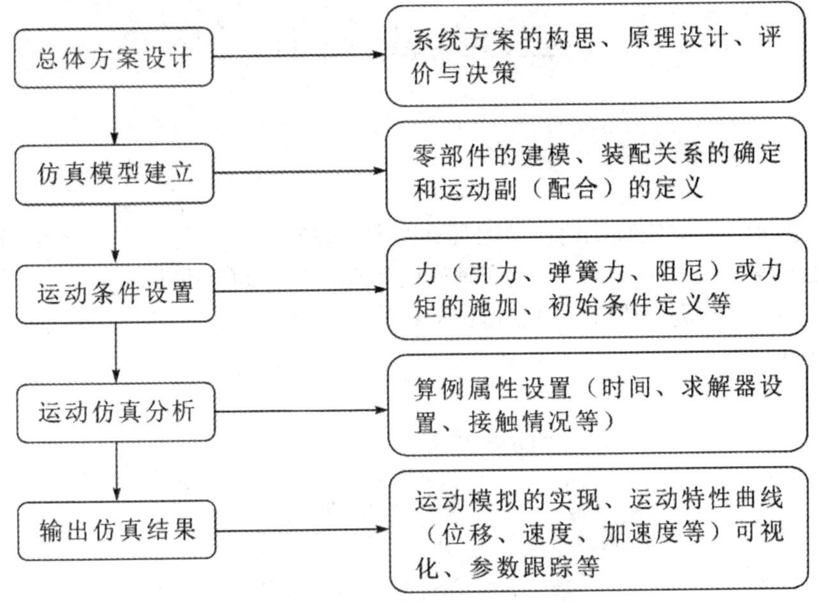


图 1-1 机械运动仿真步骤示意图

仿真实质是利用计算机模拟机构的运动学状态和动力学状态。机构的运动主要取决于各个构件的配合、零部件的质量、惯性属性、受力情况、动力源、时间等要素。可将运动仿真细分为运动学仿真和动力学仿真。针对 SolidWorks 软件，运动学仿真使用 SolidWorks Motion 模块，而动力学仿真使用 SolidWorks Simulation 模块。本书主要使用 SolidWorks Motion 模块对机构或工程实例进行运动学仿真，而当进行与动力学有关联的有限元分析(Finite Element Analysis，FEA)和优化设计时，才需加载 SolidWorks Simulation 模块。

**3. 运动学系统和动力学系统**

根据自由度的数量，可将力学系统分为运动学系统和动力学系统两类。

1) 运动学系统

在运动学系统中，零部件间的配合和马达约束了所有机构的运动。因此基于配合及来自马达加载的运动，每个零部件的位置、速度和加速度在每个时间节点都是完全定义的，不需要质量和惯性等来决定运动。这样的机构被称为零自由度系统。

2) 动力学系统

在动力学系统中，零部件最终的运动取决于零部件的质量和加载在其上的力，如果这两个因素发生变化，则零部件的运动表现也会不同。这样的结构被称为拥有超出零个自由度的系统。

运动学系统和动力学系统的主要区别在于：运动学系统的运动不受质量和加载载荷的影响，系统的运动通常是唯一确定的；而动力学系统的运动可以通过改变质量和加载载荷来改变，系统的运动通常不是唯一的。

需要指出的是，虽说 SolidWorks Motion 模块是并行软件，但各个文件里的零部件名称不可重名，否则名称与所对应的实体将产生混乱，甚至无法识别该名称所对应的实体。

# 二、实 践 操 作

## 例题 1–1 万向铰链机构

万向联轴器

图 1-2 所示为万向铰链机构模型，又称万向节联轴器，由主动轴、十字架和从动轴组成。它可用于传递两相交轴间的运动，在传动过程中，两轴之间的夹角可以变动，是一种常用的变角传动机构，广泛应用于汽车、机床等机械传动统中。

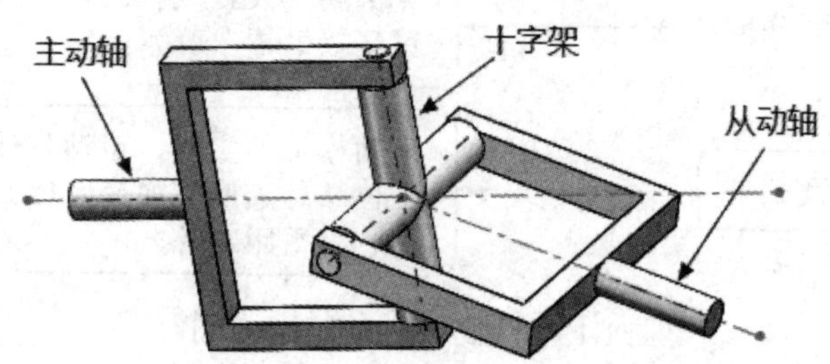


图 1-2 万向铰链机构模型

使用【Motion 分析】对万向铰链机构进行仿真的步骤如下：

STEP01 打开装配体文件。

从文件夹“SolidWorks Motion\第一章\例题\万向节联轴器”下打开文件“万向节联轴器.SLDASM”。

STEP02 设置文档单位。

单击【工具】→【选项】→【文档属性】→【单位】，在【单位系统】中选择【MMGS(毫米、克、秒)】，也就是设置长度单位为“毫米”，质量单位为“克”，时间单位为“秒”。另外，也可直接在状态栏右下角进行文档单位设置。

STEP03 创建新的运动算例。

在 SolidWorks 工具栏上，单击【创建新的运动算例】图标 。

在 Motion Manager 窗口左上角，单击【算例类型】，选择【Motion 分析】选项卡。

STEP04 添加马达。

在 Motion Manager 工具栏中，单击【马达】图标。

在【马达类型】选项中选择【旋转马达】。

在【零部件/方向】选项中选择主动轴回转中心的圆柱面，【马达方向】将自动加入相同的面以指定方向，单击【反向】按钮以重新定向马达，本例题中任何方向都可以。【要相对移动的零部件】保持空白，这将确保马达的方向是相对于全局坐标系指定的。

在【运动】选项中选择【等速】，输入数值 60 RPM（标准单位为 r/min，后同），单击【确认】图标，完成马达参数的设定。

马达参数设置如图 1-3 所示。

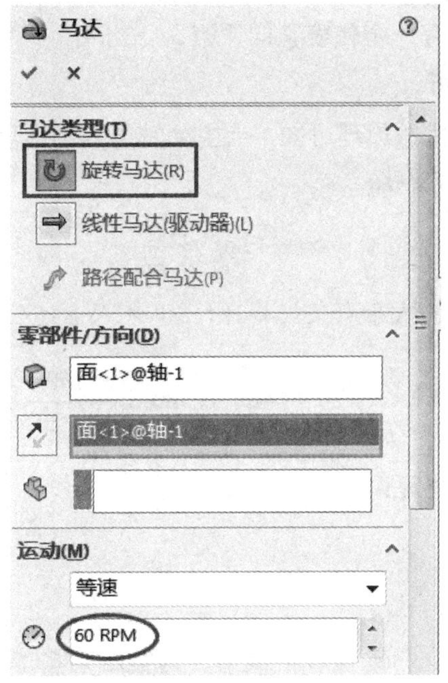


图 1-3 马达参数设置

STEP05 设置计算时间。

右键单击【键码属性】图标，修改仿真计算时间为 1.5 s，或者利用鼠标左键直接拖动右侧的【键码属性】图标到所需计算时间位置，如本例题为 1.5 s 处。

STEP06 运动仿真。

单击 Motion Manager 工具栏上的【运动算例属性】图标，将每秒记录帧数设为 200 帧。

单击 Motion Manager 工具栏上的【计算】图标，进行运动仿真。

STEP07 结果输出。

单击 Motion Manager 工具栏上的【结果和图解】图标，在【类别】窗口中选择【位移/速度/加速度】，在【子类别】中选择【角速度】，在【分量】中选择【幅值】，在【要测量的实体】处选取从动件的某个面，被选中的构件里将出现一个白点，如图 1-4 所示。这一白点就代表从动件，输出结果就是输出白点的结果，它通常位于该零部件单独创建时的坐标原点处。单击【确认】图标，其仿真结果如图 1-5 所示。

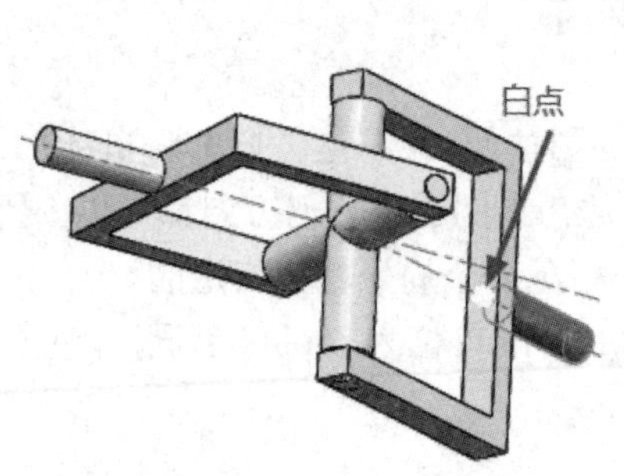


图 1-4 选择从动轴表面

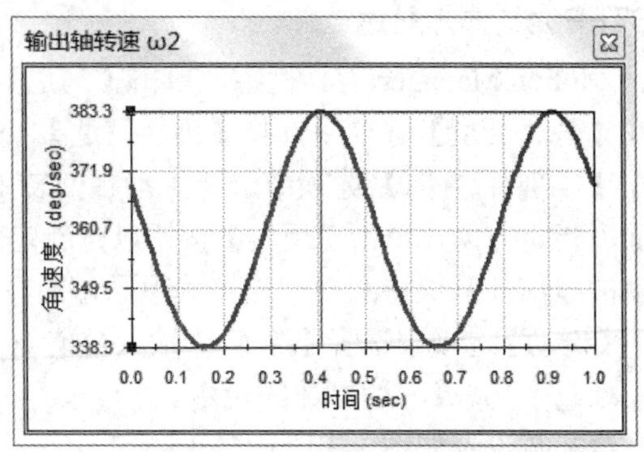


图 1-5 从动轴转速的仿真结果

提示：任何几何元素都有一个代表它的原点。

**STEP08 仿真结果分析。**

对于万向铰链机构，由机械原理可知，当主动轴 I 以角速度 $\omega_1$ 等速回转时，从动轴 II 的角速度 $\omega_2$ 将在下式范围内变化：

$$\omega_1\cos\alpha \leqslant \omega_2 \leqslant \frac{\omega_1}{\cos\alpha}$$

变化的幅度与两轴间夹角 $\alpha$ 的大小有关。将 $\alpha = 20^\circ$ 代入上述公式得

$$338.5(360\times\cos 20^\circ) \leqslant \omega_2 \leqslant 383.3\left(\frac{360}{\cos 20^\circ}\right)\ \text{deg/ s}$$

观察图 1-5 的仿真结果与理论值完全一致。

## 例题 1–2 凸轮机构

凸轮机构

在机械装置中，尤其是在自动控制机械中，为实现某些特殊或复杂的运动规律，广泛采用各种凸轮机构。

凸轮是一个具有曲线轮廓或凹槽的构件。凸轮通常为主动件作等速转动，但也有作往复摆动或移动的，被凸轮直接推动的构件称为从动件(又常称为推杆或摆杆)。

图 1-6 是由凸轮、从动件、固定轴和机架组成的凸轮机构模型。

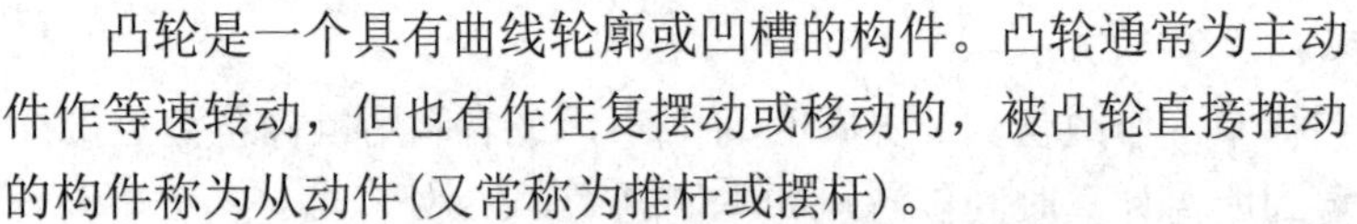

使用【Motion 分析】对凸轮机构进行运动仿真的步骤如下：

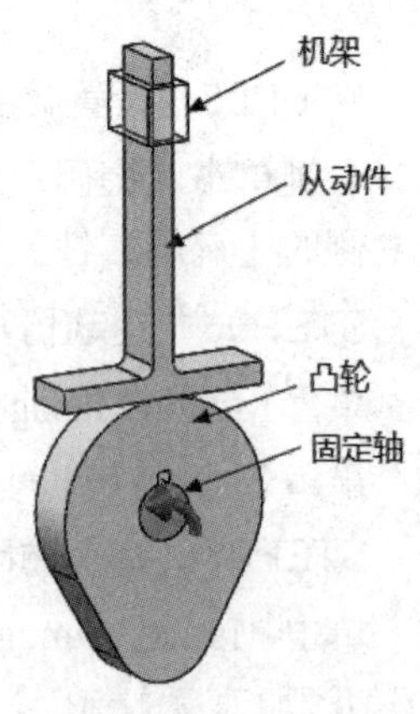


图 1-6 凸轮机构模型

**STEP01 打开装配体文件。**

打开文件夹“SolidWorks Motion\第一章\例题\凸轮机构”下的文件“凸轮机构.SLDASM”。

**STEP02 设置文档单位。**

单击【工具】→【选项】→【文档属性】→【单位】，在【单位系统】中选择【MMGS(毫米、克、秒)】。也就是设置长度单位为“毫米”，质量单位为

“克”，时间单位为“秒”。另外，也可直接在窗口右下角进行单位设置。

**STEP03　切换到运动算例页面。**

在屏幕左下方的状态栏上单击【运动算例】选项卡。如果没有该选项卡，则选择【视图】→【工具栏】→【Motion Manager】，单击【运动算例】选项卡后，将显示出 Motion Manager 窗口。

**STEP04　添加马达。**

在 Motion Manager 工具栏上单击【马达】图标，【马达类型】选择【旋转马达】，在【零部件/方向】中选择凸轮回转中心的圆柱面，【马达方向】将自动加入相同的面以指定方向，单击【反向】图标，可以重新定向马达。

【要相对移动的零部件】保持空白，这将确保马达的方向是相对于全局坐标系指定的。

在【运动】中选择【等速】，输入数值 60 RPM，单击【确认】图标，完成马达参数的设定，如图 1-7 所示。

单击马达参数设置窗口中的图表，可查看所设参数的图表放大结果，如图 1-8 所示。

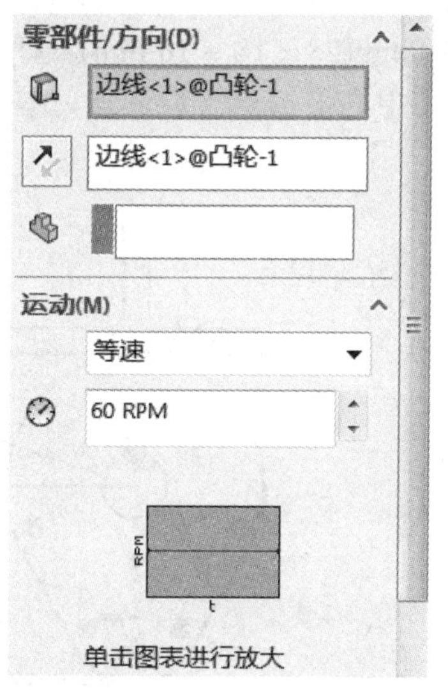


图 1-7　马达参数设置

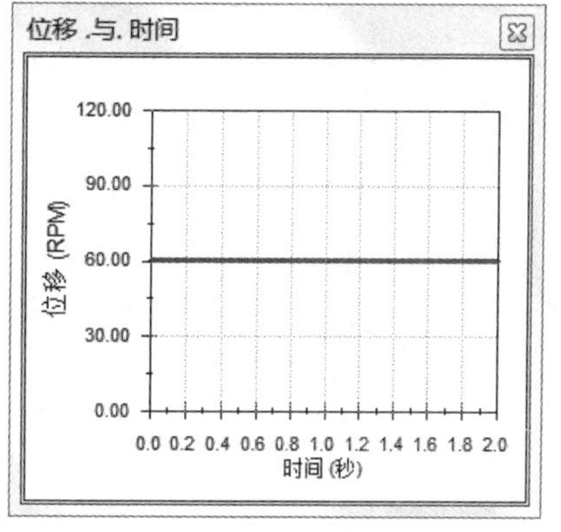


图 1-8　图表放大结果

**STEP05　添加引力。**

单击 Motion Manager 工具栏上的【引力】图标，在 Y 轴负方向添加引力，大小采用默认值。

**STEP06　运动仿真。**

单击 Motion Manager 工具栏上的【计算】图标，进行运动仿真计算。

**STEP07　结果输出。**

单击 Motion Manager 工具栏上的【结果和图解】图标。在【类别】窗口中选择【位移/速度/加速度】，在【子类别】中选择【线性位移】，在【分量】中选择【Y 分量】或【幅值】，在【要测量的实体】窗口中选取从动件的某个面，如图 1-9 所示。被选中的构件里将出现一个白点，如图 1-10 所示。这一白点就代表从动件，输出结果就是输出白点的结果，它通常位于该零件单独创建时的坐标原点处，单击【确认】图标✔。

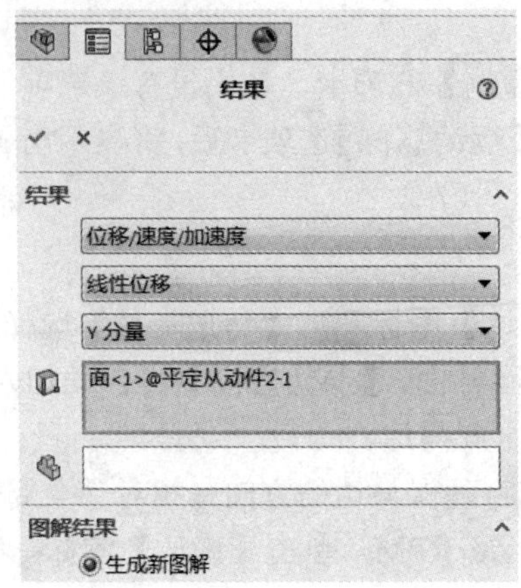


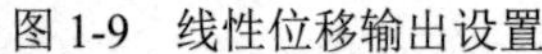

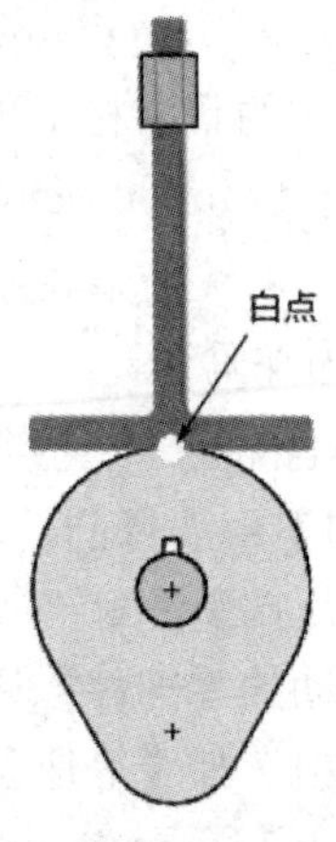


图 1-9　线性位移输出设置　　　图 1-10　局部坐标原点

STEP08　分析结果。

观察图 1-11 从动件的位移，从动件的行程为 10 mm(28 − 18 = 10 mm)。打开模型树中的凸轮草图，如图 1-12 所示，凸轮轮廓上距离回转中心最远点与最近点之差为 10 mm (30 − 20 = 10 mm)，二者完全符合。

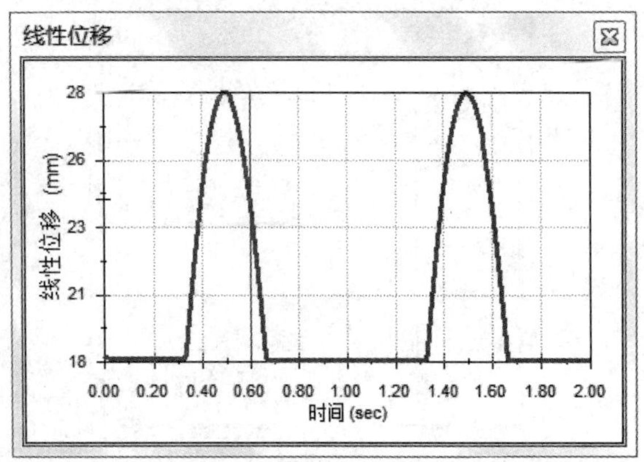


图 1-11　从动件的位移　　　图 1-12　凸轮尺寸

输出从动件的线速度图解结果，如图 1-13 所示。

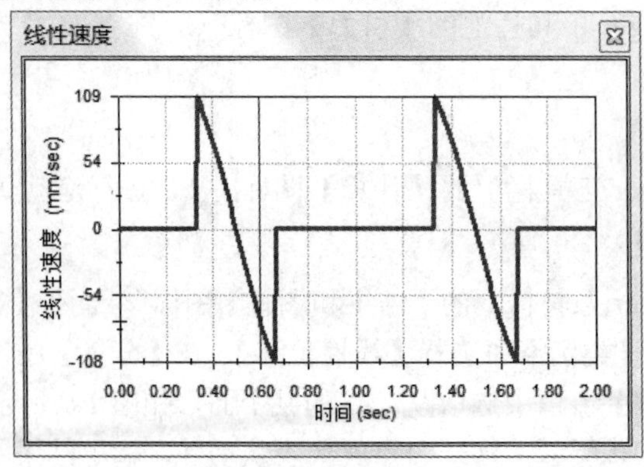


图 1-13　线速度图解

为了准确获取仿真数据，右键单击速度曲线附近，在弹出的窗口中选择输出 .CSV(E)，如图 1-14 所示，即输出 Excel 数据表格，保存到适当位置，在数据表格中找到时间 0.6 s 对应的速度值是 73.88 mm/s(此处保留 2 位小数)，如图 1-15 所示。

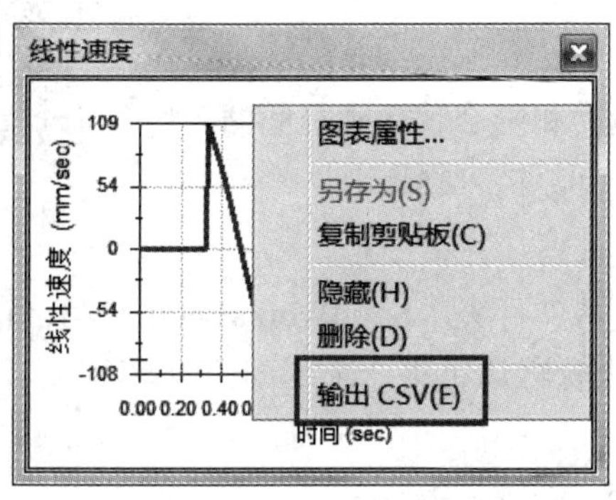


图 1-14　输出 CSV(E)数据文件

| | A | B |
|---|---|---|
| 1 | 从动件线速度 | |
| 2 | 时间 (sec) | 速度(mm/sec) |
| 1198 | 0.597 | -71.9492685 |
| 1199 | 0.5975 | -72.2726371 |
| 1200 | 0.598 | -72.5952946 |
| 1201 | 0.5985 | -72.9172397 |
| 1202 | 0.599 | -73.2384713 |
| 1203 | 0.5995 | -73.5589832 |
| 1204 | 0.6 | -73.878764 |
| 1205 | 0.6005 | -74.1978122 |
| 1206 | 0.601 | -74.5161266 |
| 1207 | 0.6015 | -74.8337059 |
| 1208 | 0.602 | -75.1505489 |
| 1209 | 0.6025 | -75.4666545 |
| 1210 | 0.603 | -75.7820216 |

图 1-15　Excel 数据表格

单击 SolidWorks 工具栏上的【测量图标】，测量 0.6 s 时，凸轮与从动件的切点到凸轮回转中心水平距离为 11.68 mm，如图 1-16 所示。

由机械原理可知从动件此时的速度为

$$v=\omega\cdot r=\omega\cdot \mathrm{d}x=60\ (\mathrm{r/min})\times 11.68\ (\mathrm{mm})=\frac{60\times 11.68}{60}\times 2\pi=73.35\ \mathrm{mm/s}$$

与数据表中给出的 73.88 比较，可见仿真结果比较准确，误差主要是由于图上测量误差导致的。

为了得到更加精确的结果，单击 Motion Manager 工具栏上的【运动算例属性】图标，在弹出的运动算例属性窗口中重置【每秒帧数】，如图 1-17 所示。每秒帧数可直接输入，也可拨动下面的滚轮改变帧数。【每秒帧数】用于控制数据保留到磁盘的频率，帧数越多记录的数据越多，帧数越多越准确，但计算时间也会增加。此值乘以动画时间长度将指定要捕捉的总帧数，此值不影响动画的播放速度。

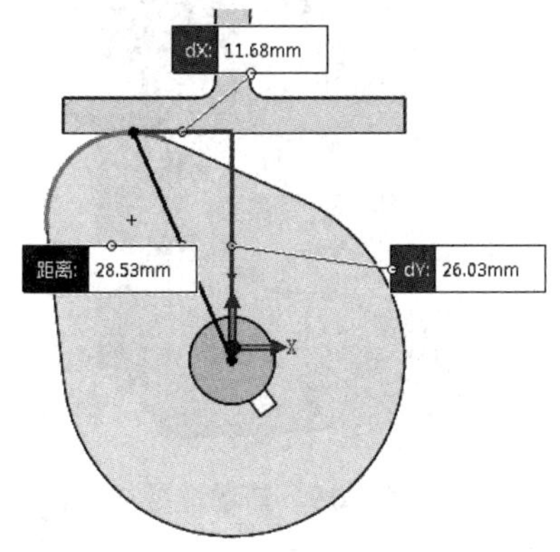


图 1-16　0.6 s 时的位置

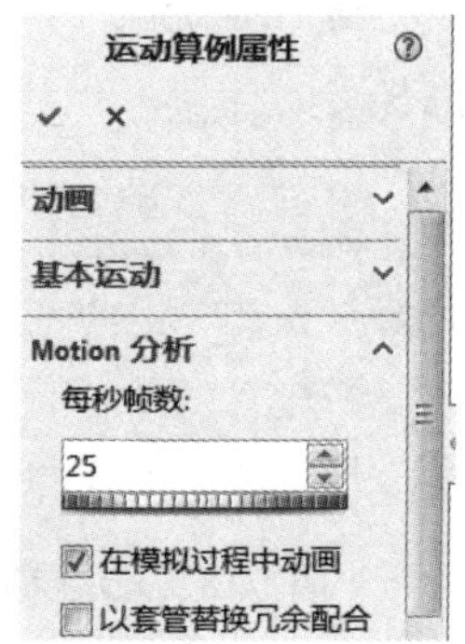


图 1-17　运动算例属性设置

在运动算例中使用马达不考虑质量或惯性而将运动应用到零部件。由马达驱动的运动优先于由任何其他运动算例单元所产生的运动。任何阻挡马达运动的单元可增加马达的能量消耗，但不会降低马达的运动速度。在【Motion 分析】结果中可查看该效果。然而，如果有物体引起马达方向的参考出现变更，马达运动将以新方向驱动。可从所定义的马达类型中选取马达运动形式，或者使用数学表达式来驱动。

## 练习 1-1　绝对运动与相对运动

相对运动

使用【Motion 分析】来模拟移动体绝对运动和两个移动体之间的相对运动，并输出与其相关的运动参数的变化规律，具体步骤如下：

**STEP01　创建装配体。**

在工具栏上单击【插入零部件】图标，从文件夹“SolidWorks Motion\第一章\练习\相对运动”下打开文件“移动体.SLDASM”。系统默认将第一个零部件固定。

**STEP02　将固定件修改为浮动件。**

右键单击模型树左端中刚插入的【移动体】，选择【浮动】。

**STEP03　新建运动算例。**

在工具栏上单击【新建运动算例】图标，同时在 Motion Manager 工具栏上的左侧【算例类型】中选择【Motion 分析】。也可直接右键单击已有的【运动算例】，选择【生成新运动算例】。

**STEP04　添加驱动马达。**

在移动体的最右面，添加一个【线性马达】，将其设置为【等速】10 mm/s，如图 1-18 所示。马达位置与方向如图 1-19 所示。

图 1-18　马达参数设置

图 1-19　马达位置与方向

**STEP05　仿真计算。**

单击【计算】图标。

STEP06　输出结果。

单击【结果和图解】图标，生成移动体 X 分量位移曲线，如图 1-20 所示。

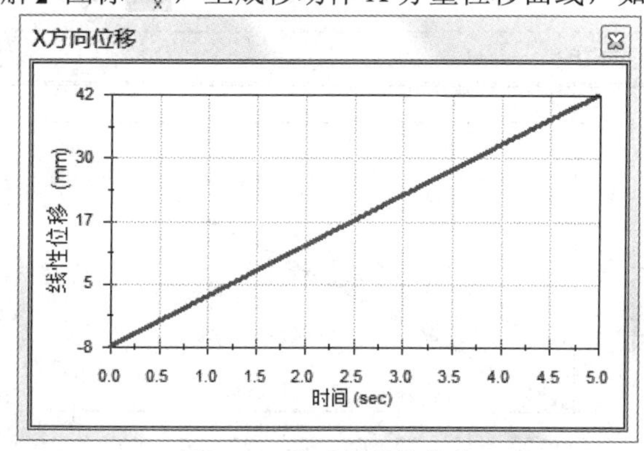


图 1-20　移动体线性位移

STEP07　显示坐标原点。

在菜单栏上单击【视图】→【隐藏/显示】→【原点】，将全局坐标系的坐标原点和移动体的局部坐标系原点显示出来，如图 1-21 所示。两原点相距 8 mm，局部坐标系在全局坐标系 X 负方向 8 mm 处，观察图 1-20 所示的位移图解，起始点“−8”，二者是相符的。

提示：在【定义 XYZ 方向的零部件(可选性)】选项中，如果该选项的文本框为空白，则采用默认的全局坐标系输出结果；如果该选项的文本框中加入了某个对象，则以该对象为基准(局部坐标系)输出结果。例如，图 1-22 所示输出的是【平顶从动件 2-1】在 Z 方向的线性速度，与全局坐标系下的 X 方向相同。

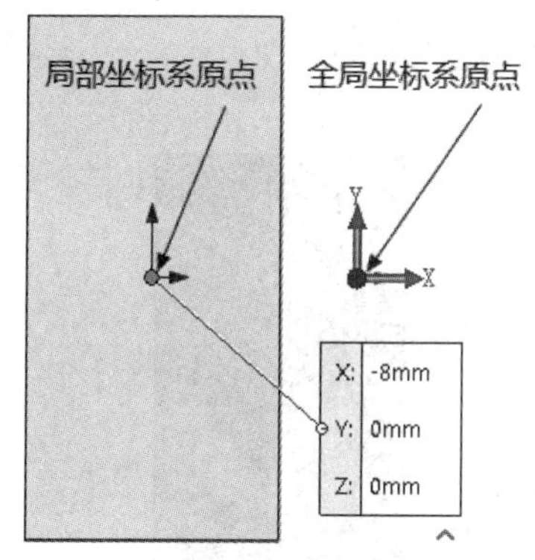


图 1-21　坐标原点

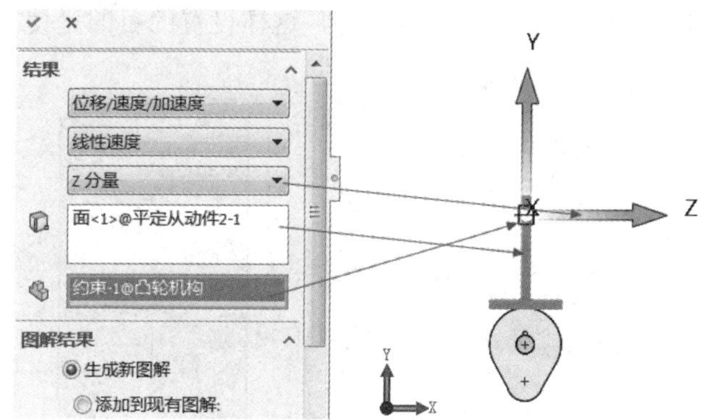


图 1-22　定义输出结果在某一方向的分量

STEP08　修改图解。

单击 SolidWorks 工具栏上的【配合】图标，在【标准配合】中选择【重合】，选取两个原点，使二者重合，在弹出的【更新初始动画状态】窗口中单击【是】，关闭该配合，但不要保存。如果保存了，则右键单击该配合可选择【删除】或【压缩】，否则，由于该配合的作用会使移动体无法运动。该步骤的作用就是将移动体的起始位置“−8”改为“0”，以便后续的图解结果比较直观，可读性好。

提示：在坐标系原点显示的情况下，当插入第一个零部件时，可将局部坐标原点和全局坐标原点重合后再单击左键确定，这样两个原点直接重合固定，比较方便。

STEP09　重新进行计算。

原结果图解更改为如图 1-23 所示，这时位移图中初始值已归 0。

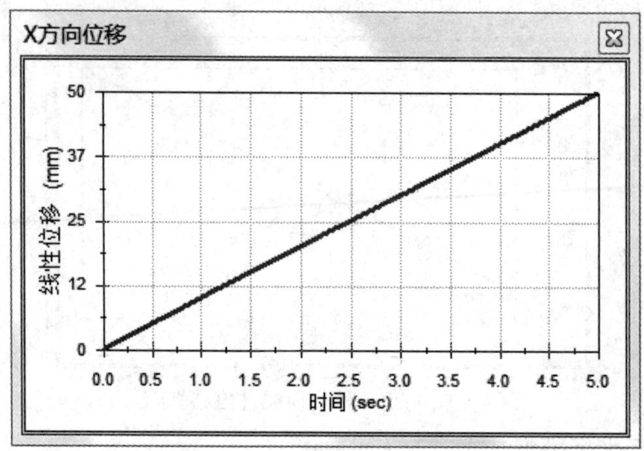


图 1-23　全局坐标系下的线性位移

要生成装配体的视图定向动画：先将运行时间起点归 0，再右键单击 Motion Manager 设计树中的【视向及相机视图】图标，然后选择【禁用观阅键码播放】。

STEP10　插入移动体。

在移动体 1 左侧(X 负方向)插入移动体 2 后，单击 SolidWorks 工具栏上的【配合】图标。在【标准配合】中选择【距离】，选取两个移动体原点，使二者相距 20 mm，在弹出的【更新初始动画状态】窗口中单击【是】，关闭该配合，如图 1-24 所示。右键单击该配合，选择【删除】或【压缩】，这样设置的目的是使二者相距 20 mm。

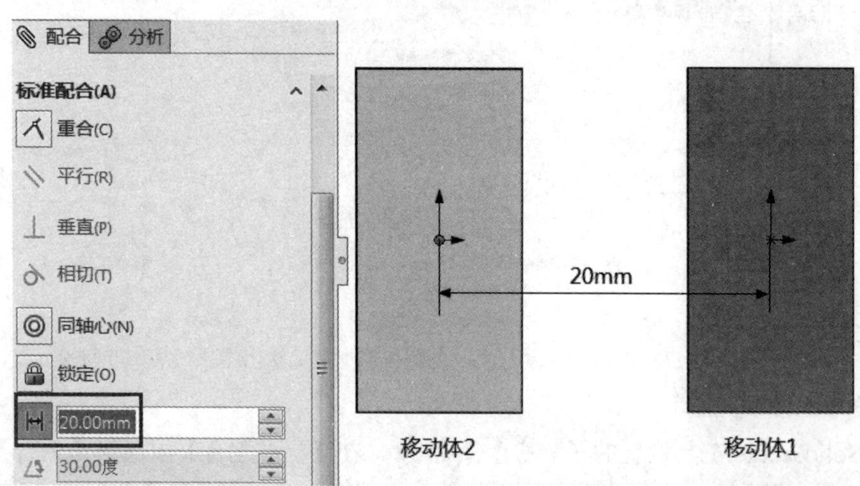


图 1-24　两移动体起始位置设置

STEP11　输出相对位移图解。

再次重新计算后，单击【结果和图解】图标，生成移动体 1 相对移动体 2 的 X 分量的位移曲线，如图 1-25 所示。此时输出的结果是以移动体 2 的坐标系为参照系的，试对比图 1-23 在全局坐标系下的输出结果。注意，参考对象必须在输出对象的下面。

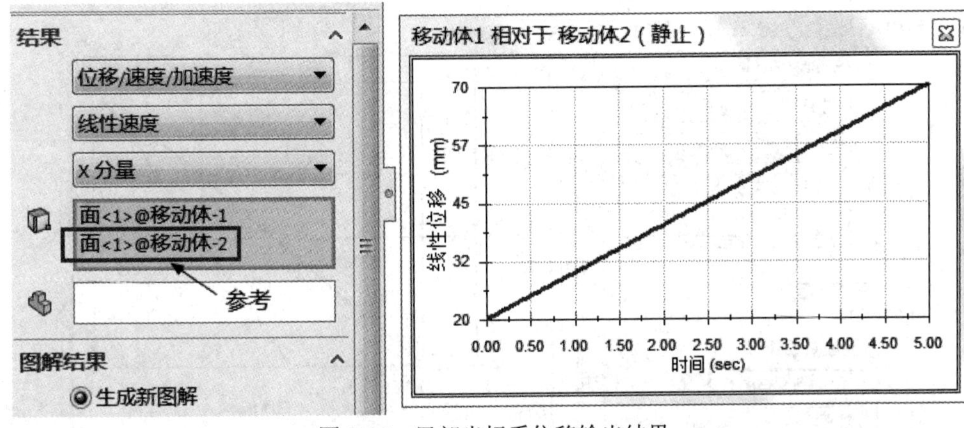


图 1-25　局部坐标系位移输出结果

STEP12　输出相对速度图解。

给移动体 2 添加一个与移动体 1 方向相同的马达，速度设置为 20 mm/s。调整开始键码设置为 2 s，如图 1-26 所示。重新计算后，输出相对速度图解，如图 1-27 所示。

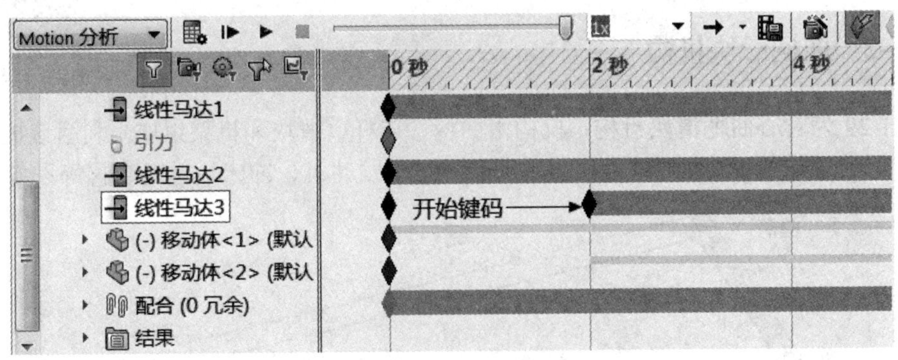


图 1-26　键码设置

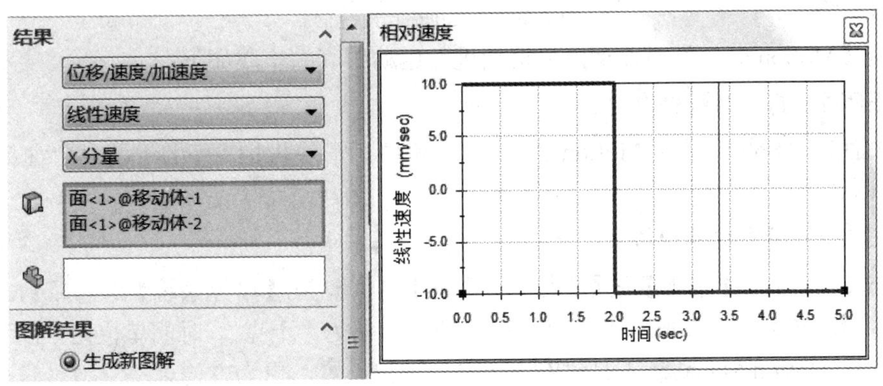


图 1-27　相对速度输出

STEP13　两个图解合二为一输出。

单击【结果和图解】图标，选择【图解结果】中的【添加到现有图解】，将移动体 2 位移图解添加到移动体 1 位移图解中，如图 1-28 所示。单击图解的适当位置，这时将出现一条红色时间线，同时左侧坐标纵轴上出现两条小横杠，代表各自的位移值。

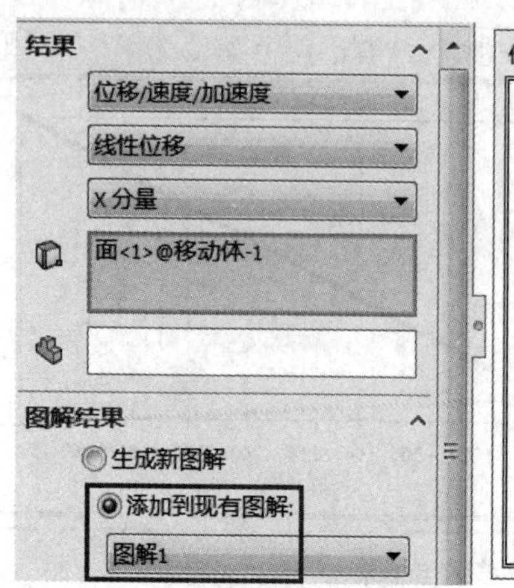


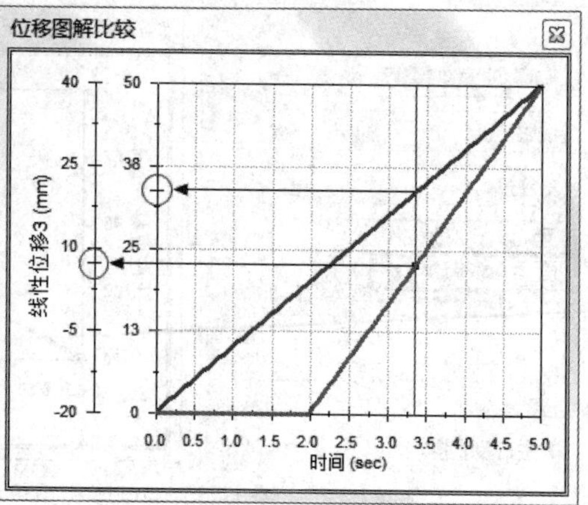


图 1-28　在同一张图上同时输出两条位移曲线

STEP14　保存文件。

单击【保存】图标，保存文件。

曲柄滑块机构

## 练习 1–2　曲柄滑块机构

图 1-29 为对心曲柄滑块机构，机构由曲柄、连杆、滑块和机架组成。利用该机架把曲柄的回转运动转换为滑块的往复移动，广泛应用于发动机、冲床、送料装置等设备中。

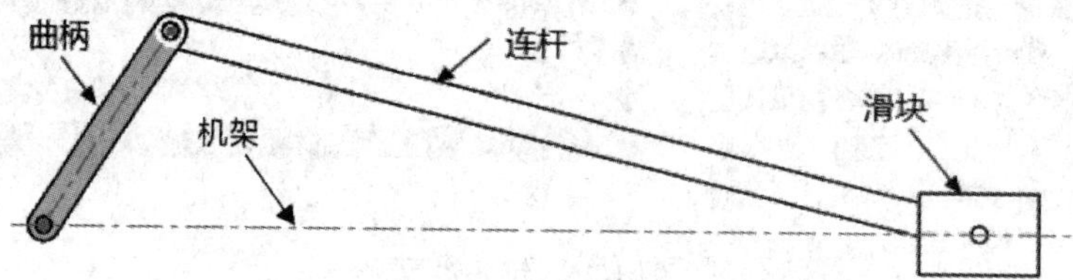


图 1-29　对心曲柄滑块机构

使用【Motion 分析】对曲柄滑块机构进行运动仿真的步骤如下：

STEP01　打开装配体文件。

从文件夹“SolidWorks Motion\第一章\练习\曲柄滑块机构”下打开文件“曲柄滑块机构.SLDASM”。

STEP02　设置文档单位。

单击【工具】→【选项】→【文档属性】→【单位】，在【单位系统】中选择【MKS(米、千克、秒)】，也就是设置长度单位为“米”，质量单位为“千克”，时间单位为“秒”。另外，也可直接在 Motion Manager 工具栏右下角进行单位设置，更为方便。

STEP03　切换到运动算例页面。

在 Motion Manager 工具栏左下角单击【算例类型】选项卡，选择【Motion 分析】。

STEP04　添加马达。

在 Motion Manager 工具栏上单击【马达】图标，【马达类型】中选择【旋转马达】，在【零部件/方向】中选择凸轮回转中心的圆柱面，如图 1-30 所示。【马达方向】将自动加入相同的面以指定方向，符合“右手规则”，单击【反向】按钮以重新定向马达。

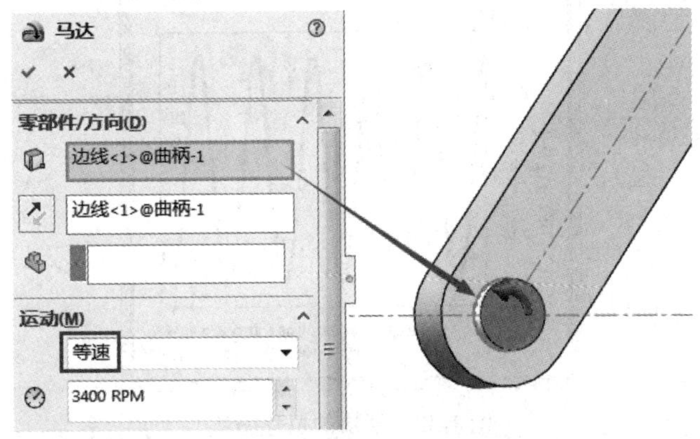


图 1-30　定义马达

【要相对移动的零部件】保持空白，这将确保马达的方向是相对于全局坐标系指定的。

在【运动】中选择【等速】，输入数值 3400 RPM，单击【确认】图标✔，完成马达参数的设定。

**STEP05　初始位置设定。**

为了使【结果和图解】的曲柄从 0° 开始，可使用【配合】来实现。将曲柄设置成【平行】，在计算前进行【压缩】即可。

**STEP06　属性设置。**

为了得到更加精确的结果，单击 Motion Manager 工具栏上的【运动算例属性】图标，在弹出的运动算例属性窗口中重置【每秒帧数】，将其设置为 2000 帧，将计算时间调到 0.1 s。

**STEP07　运动仿真。**

单击 Motion Manager 工具栏上的【计算】图标，进行运动仿真计算。

**STEP08　结果输出。**

单击 Motion Manager 工具栏上的【结果和图解】图标。在【类别】窗口中选择【位移/速度/加速度】，在【子类别】中选择【线性位移】，在【分量】中选择【X 分量】或【幅值】，在【要测量的实体】窗口中选取滑块的原点，如图 1-31 所示。被选中的构件里将出现一个白点，紧接着选择机架的原点。单击【确认】图标✔，结果如图 1-32 所示。

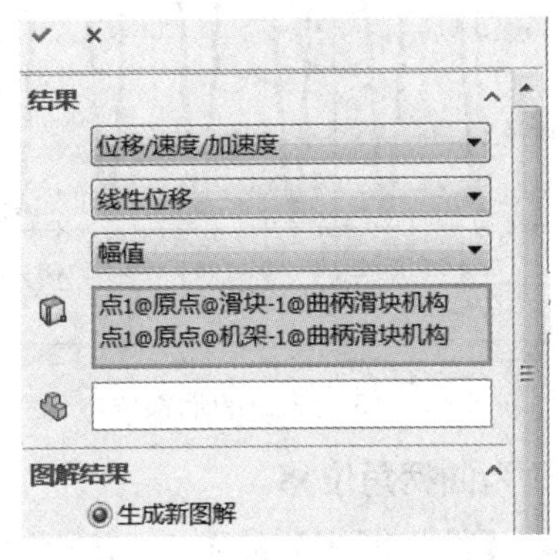


图 1-31　线性位移输出设置

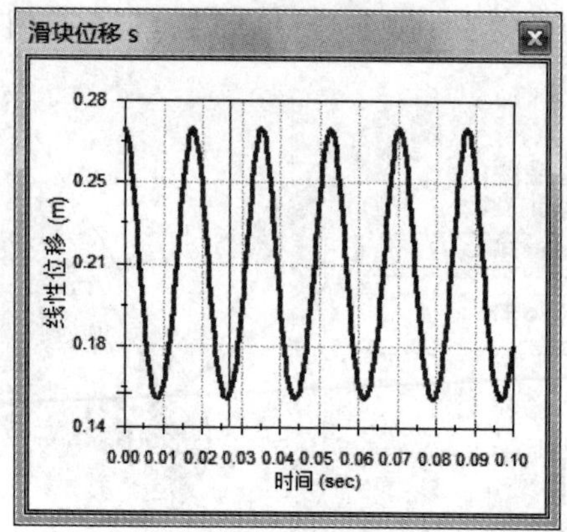


图 1-32　滑块的位移图解

以相同的方法输出滑块的速度与加速度，如图 1-33、图 1-34 所示。

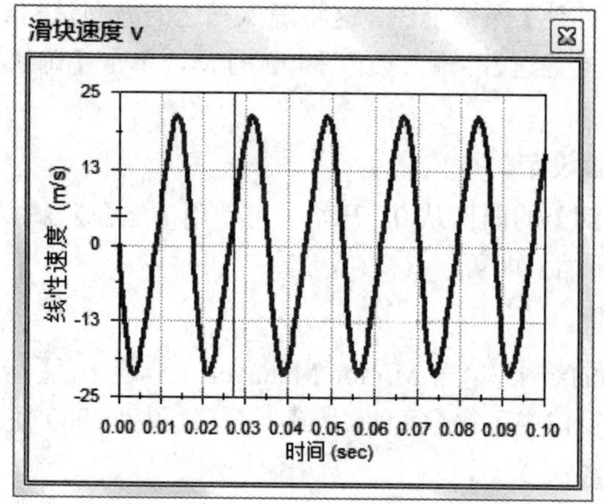


图 1-33　滑块的速度

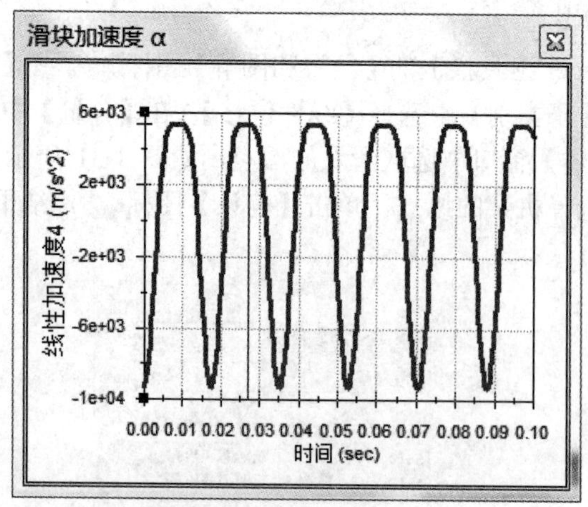


图 1-34　滑块的加速度

**STEP09　将时间横轴修改为曲柄角位移。**

参照图 1-35 所示进行修改，【结果图解】如图 1-36～图 1-38 所示。

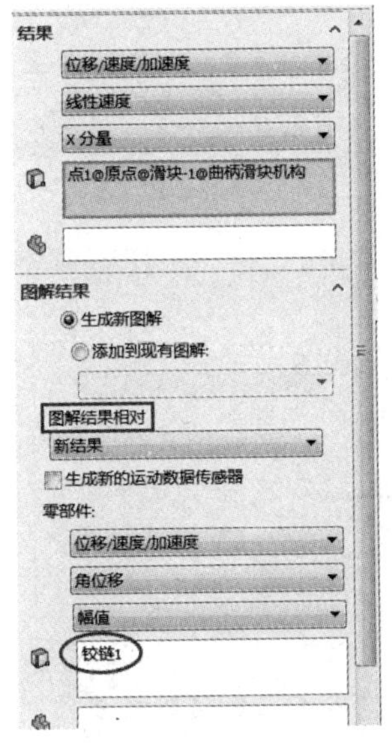


图 1-35　以曲柄角位移为横轴的参数设置

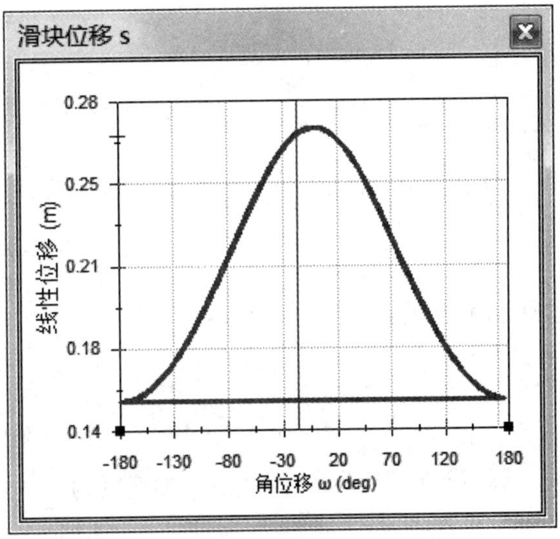

滑块位移 s

线性位移 (m)

角位移 ω (deg)

图 1-36　位移图解

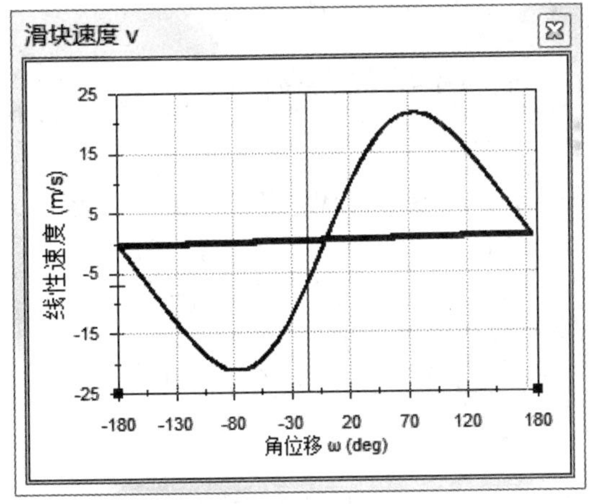


图 1-37　滑块的速度

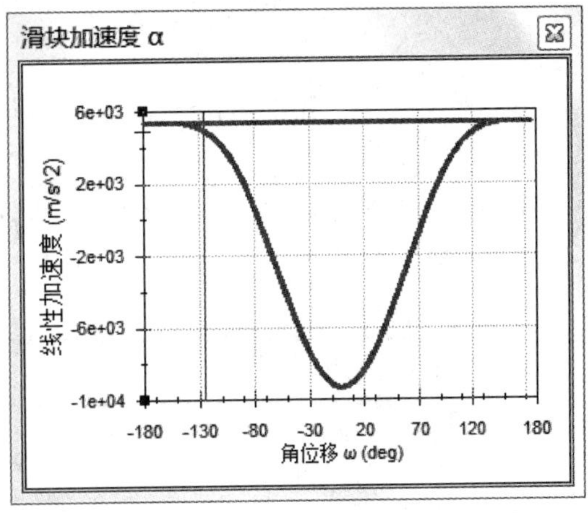


图 1-38　滑块的加速度

**STEP10　结果分析。**

建立机构运动方程式。先建立坐标系，并标出各杆的杆矢量，如图 1-39 所示。

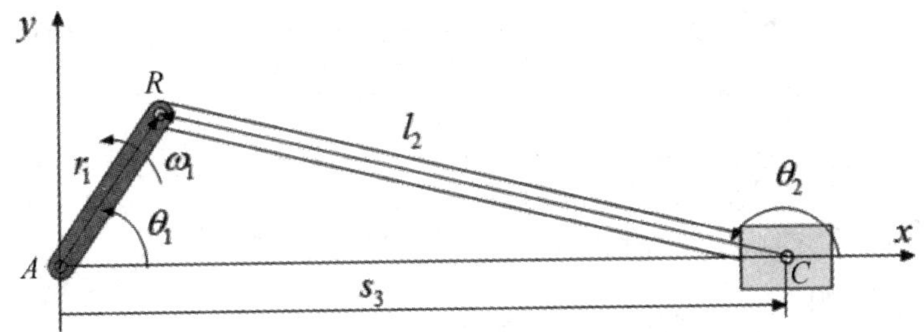


图 1-39　封闭矢量三角形

设曲柄的方位角为 $\theta_1$，角速度为 $\omega_1$，则 $\theta_1 = \omega_1 t$，连杆的方位角为 $\theta_2$。根据其机构位

置封闭矢量三角形，可得其位置矢量方程为

$$r_1 = s_3 + \boldsymbol{l}_2 \tag{1-1}$$

即

$$r_1 e^{i\theta_1} = s_3 + l_2 e^{i\theta_2} \tag{1-2}$$

应用欧拉公式将上式的实部与虚部分离，可得

$$r_1\cos\theta_1 = s_3 + l_2\cos\theta_2,\quad r_1\sin\theta_1 = l_2\sin\theta_2 \tag{1-3}$$

上两式联立消去 $\theta_2$ 可求得滑块的位置为

$$s_3 = r_1\cos\omega_1 t + l_2\sqrt{1-\left(\frac{r_1\sin\omega_1 t}{l_2}\right)^2} \tag{1-4}$$

求导后可得到滑块的速度、加速度为

$$v_3 = r_1\omega_1\left[\sin\omega_1 t + 0.5\left(\frac{r_1}{l_2}\right)\frac{\sin 2\omega_1 t}{\sqrt{1-(r_1\sin\omega_1 t/l_2)^2}}\right] \tag{1-5}$$

$$a_3 = -r_1\omega_1^2\left(\cos\omega_1 t + r_1\cdot\frac{l_2^2(1-2\cos\omega_1 t)-r_1^2\sin^4\omega_1 t}{\sqrt{(l_2^2-(r_1\sin\omega_1 t)^2)^3}}\right) \tag{1-6}$$

将 $\omega_1 = 3400$ r/min，$r_1 = 58$ mm，$l_2 = 210$ mm，$t = 0.015$ s 代入位移公式得位移 $s_3 = 0.2481$ m，对应的 $\theta_1 = 48.7°$，与仿真结果 $s_3 = 0.245$ m 基本一致，如图 1-40 所示。

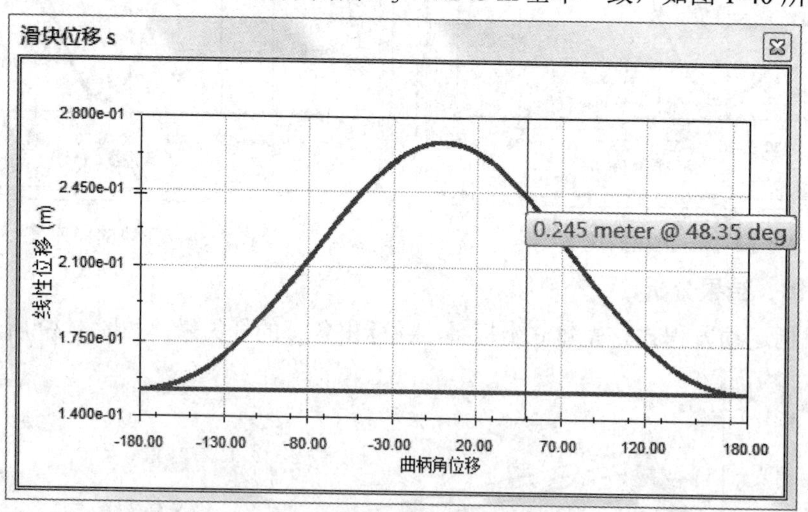


图 1-40　曲柄角位移对应的滑块线性位移

提示：移动光标到曲线上，系统自动显示此处的曲线值。

STEP11　保存文件。

单击【保存】图标，保存文件。

# 第二章　运动模型的建立及其仿真结果输出

**学习目标**

- 掌握插入零部件的方法；
- 了解【结果和图表】参数的种类；
- 掌握全局坐标系的结果输出；
- 了解局部坐标系的结果输出；
- 掌握角位移输出方法；
- 掌握使用三点输出角位移；
- 掌握马达和配合的角位移输出；
- 掌握构件上任意一点的轨迹输出；
- 了解显示轨迹的切向向量；
- 了解【视向及相机视图】的用法；
- 掌握【爆炸视图】的制作。

## 一、基 本 知 识

### 1. 装配体

零件设计完成以后，往往需要根据设计要求对零件或零部件进行装配。定义它们之间的位置约束关系，可以把多个零件装配成一个装配体，还可以对生成的装配体进行分析、修改、干涉检查等，也可以在装配模式下根据设计的要求创建新的零件。

SolidWorks 提供了多种零部件的插入方法，常见方法如下：

(1) 在零件模式下，单击【从零件制作装配体】图标(标准工具栏)，或者单击【文件】→【从零件制作装配体】，可以直接创建新装配体，并将该零件插入到新建的装配体中。

(2) 在装配体模式下，单击【插入零部件】图标，就可以将需要的零件插入到装配体。

(3) 还可以在装配体模式下，通过新建零件的方法将零件插入到装配体中。

### 2. 仿真结果输出

1) 图解参数

运动算例得到的输出内容主要是一个参数相对于另一个参数(通常为时间)的图解。运动算例计算完毕后，可以对各个参数创建图解。可用图解输出的参数类别见表 2-1。

表 2-1 图解参数

| 类 别 | 子 类 别 |
|---|---|
| 位移/速度/角速度 | 跟踪路径、质量中心位置、线性位移、线性速度、线性加速度、角位移、角速度、角加速度 |
| 力 | 马达力、马达力矩、反作用力、反作用力矩、摩擦力、摩擦力矩、接触力 |
| 动量/能量/力量 | 平移力矩、角力矩、平移运动能、角运动能、总运动能、势能差、能源损耗 |
| 其他参数 | 欧拉角度、俯仰/偏航/滚转、Rodriguez 参数、勃兰特角度、投影角度、反射载荷质量、反射载荷惯性 |

2) 坐标系

通常情况下，输出的结果是基于装配体的全局坐标系。然而，对于某些仿真成分，例如马达与配合，其默认的输出是基于所选零部件的局部系统。

如果想要得到非默认坐标系下的结果图解，需要在【定义 XYZ 方向的零部件】选项中选择所需的零部件，则所有数值都将转换到所选零部件的局部坐标系中。

3) 绝对数值与相对数值

如果要在图解中得到绝对数值，则在【要测量的实体】选项中选择成分(配合、马达、零件等)，如图 2-1 所示。

如果要在图解中得到相对另外一个零部件的数值，则在【要测量的实体】选项中添加参考零部件，如图 2-2 所示。

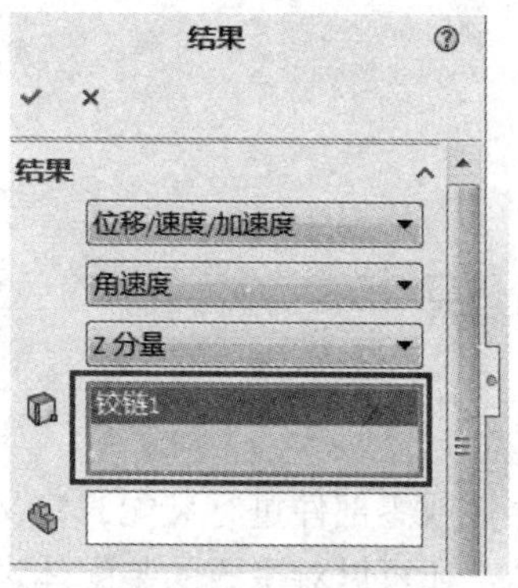

图 2-1 绝对数值

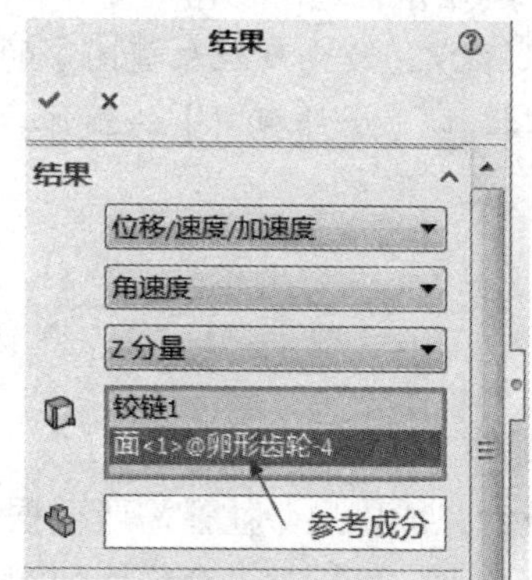

图 2-2 相对数值

4) 角位移

这里主要强调的是生成角位移图解，可以使用马达、配合、三点或一个零部件相对于另一个零部件的角位移这 4 种方法。提示：因为角位移不是一个矢量，因此只能表示大小。

## 二、实践操作

曲柄导杆机构

### 例题 2-1 导杆机构

导杆机构是由曲柄滑块机构选取不同构件为机架演化而来的。牛头刨床就是其典型的应用之一。使用【Motion 分析】对其进行运动仿真的操作步骤如下：

**STEP01　创建装配体。**

在菜单栏上单击【文件】→【创建】→【gb_assembly】→【确认】。

**STEP02　设置单位。**

在屏幕窗口的右下角【自定义】中设置单位为【MMGS(毫米、克、秒)】。

**STEP03　装配各个零部件。**

在工具栏上单击【插入零部件】图标，在文件夹“SolidWorks Motion\第二章\例题\曲柄导杆机构”下，将各个零部件分别插入装配体，其中包括：圆柱机架.SLDPRT(两个)、滑块.SLDPRT(两个)、曲柄 50.SLDPRT、导杆 300.SLDPRT、机身.SLDPRT。系统默认将第一个插入的零部件(圆柱机架.SLDPRT)固定，如图 2-3 所示。

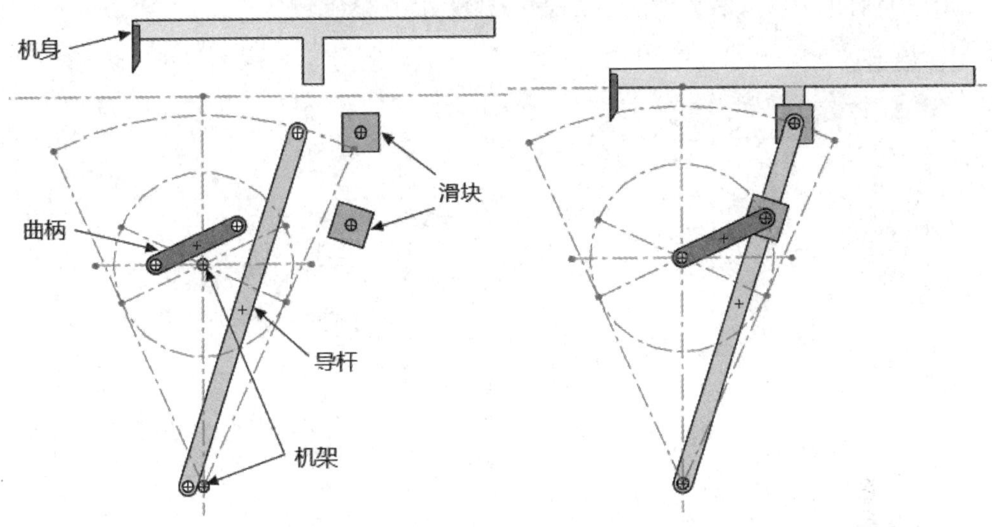


图 2-3　装配体的爆炸图与装配体模型

提示：通过鼠标与键盘的结合可复制相同的零部件。方法是选中零部件的任意一个面，按住 Ctrl 键 + 鼠标左键，将该零部件拖动到另一位置即可。但是通过复制方法插入的零部件是相互关联的，其几何尺寸、质量等属性不能单独控制，除非将其保存为虚拟零部件。

**STEP04　将固定件修改为浮动件。**

右键单击左侧模型树(Feature Manager)中的【圆柱机架】<1>→【固定】→【浮动】。

**STEP05　显示全局(总体)坐标系原点和临时轴。**

在 SolidWorks 菜单栏上单击【视图】→【隐藏/显示】→【原点】，将全局坐标系的坐标原点和移动体的局部坐标系原点显示出来。也可使用工具栏的【可见性开关】直接设定。

单击 SolidWorks 工具栏上的【配合】图标。在【标准配合】中选择【重合】，分别选取坐标系原点和圆柱机架原点，使二者重合，点击【确认】图标。接下来，在左侧模型树(Feature Manager)中，右键单击【机架】，选择【固定】。这时右键单击【配合】，选择【删除】或【压缩】，可将曲柄回转中心固定在总体坐标系的原点上。这两个操作步骤的目的是为接下来的结果分析提供方便，并非必要操作。

**STEP06　关闭坐标原点显示。**

在菜单栏上单击【视图】→【隐藏/显示】→【原点】，将所有坐标系的坐标原点隐藏。

**STEP07　固定另外一个圆柱机架。**

单击 SolidWorks 工具栏上的【配合】图标，在【标准配合】中选择【距离】，分别选取两个圆柱机架的临时轴，使二者轴线距离相距 120 mm，点击【确认】图标，如图 2-4 所示。

**STEP08　创建曲柄与圆柱机架的铰链配合。**

单击 SolidWorks 工具栏上的【配合】图标，选择【机械配合】中的【铰链】，分别选取圆柱机架<1>和曲柄的临时轴，同时选取两个重合面，单击【确认】图标，如图 2-5 所示。采用同样的方法安装另外三个【铰链】(转动副)配合。

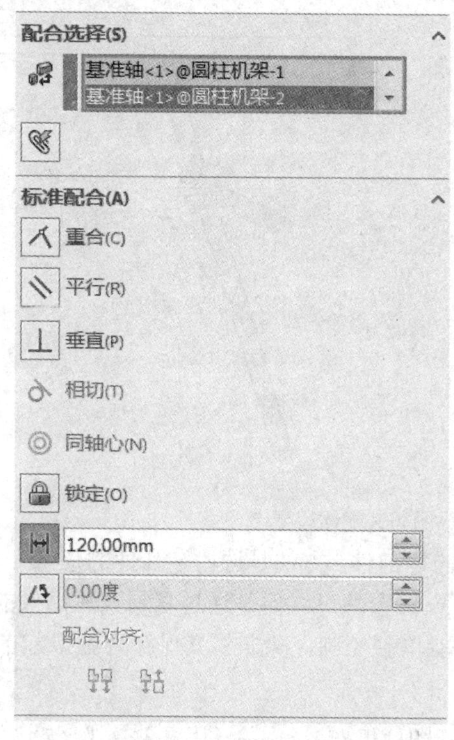


图 2-4　两圆柱支架的配合

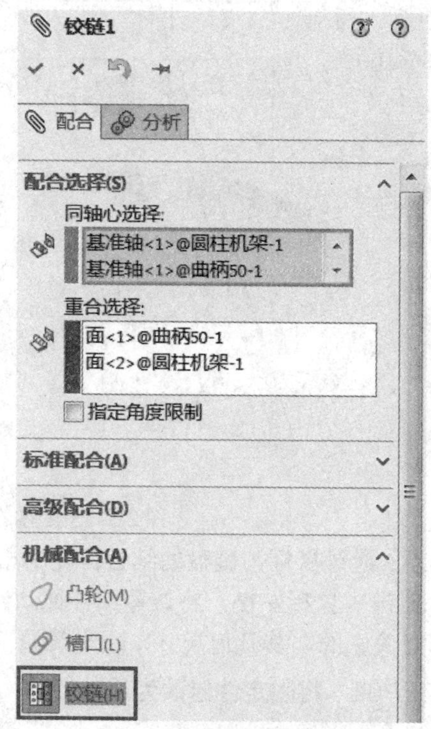


图 2-5　铰链配合设置

**STEP09　创建滑块(套筒)与导杆的移动配合。**

单击 SolidWorks 工具栏上的【配合】图标。在【标准配合】中选择【重合】，在模型树中分别选取套筒<1>的【右视基准面】和导杆的【上视基准面】，这时两个面重合，单击【确认】图标，采用同样的方法安装另外一侧共面(移动副)配合，如图 2-6 所示。

**STEP10　创建机身与机架配合。**

为了安装机身，在【前视基准面】上先作一草图，如图 2-7 所示。作草图的目的只是为了学习如何使用【配合】(其图标为)，也可用于结果分析。

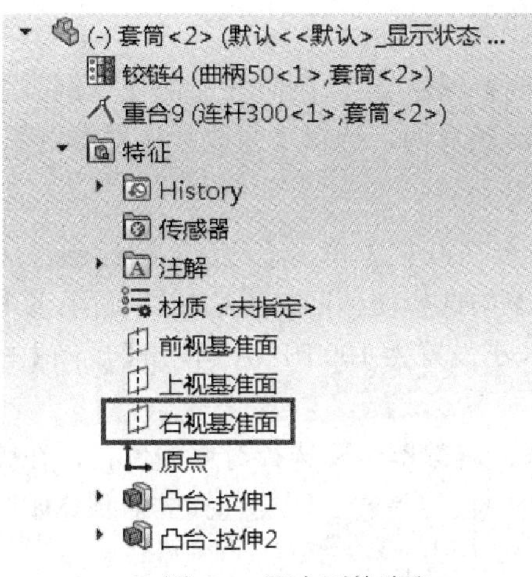


图 2-6　配合面的选取

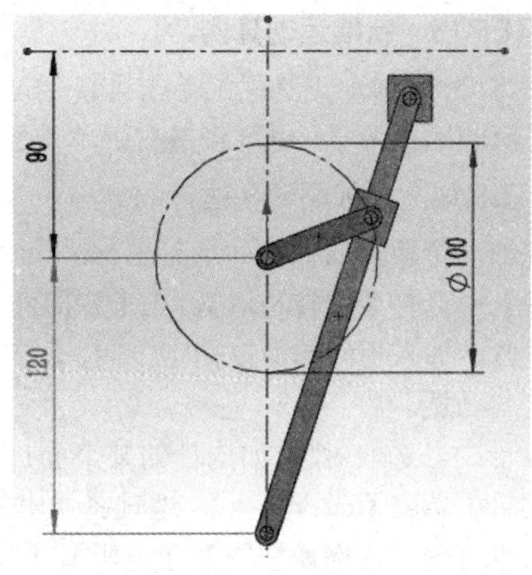


图 2-7　配合草图

使用【标准配合】，单击【重合】，选择图 2-7 中最上面的水平横虚线与机身底面，并使二者重合。接下来，使套筒<3>的【右视基准面】与机身的【右视基准面】重合。如果机身方向相反，可利用配合窗口下面的【配合对齐】调整方向，如图 2-8 所示。至此，装配体创建完毕。

**STEP11　制作爆炸视图。**

单击 Solidworks 工具栏上的【爆炸视图】图标。选择运动方向平移、旋转或径向，左键单击零部件，按照坐标轴的方向拖动零部件到适当位置，如图 2-9 所示。爆炸视图不仅便于用户观察各个构件之间的装配关系，而且利于配合元素的选取。使用“Ctrl + 鼠标左键”可一次选择多个零部件，并让它们一起移动。

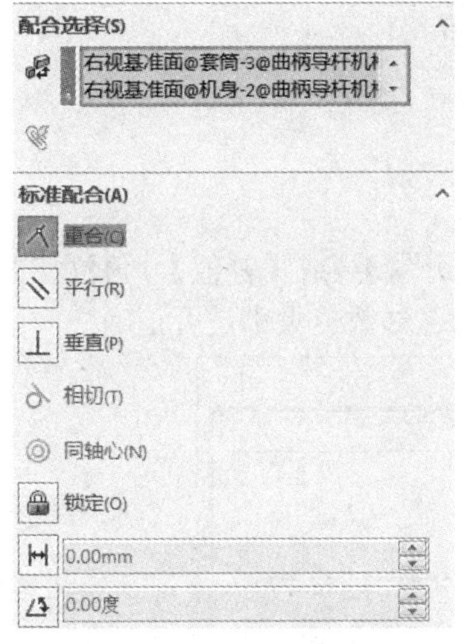


图 2-8　机身与机架配合

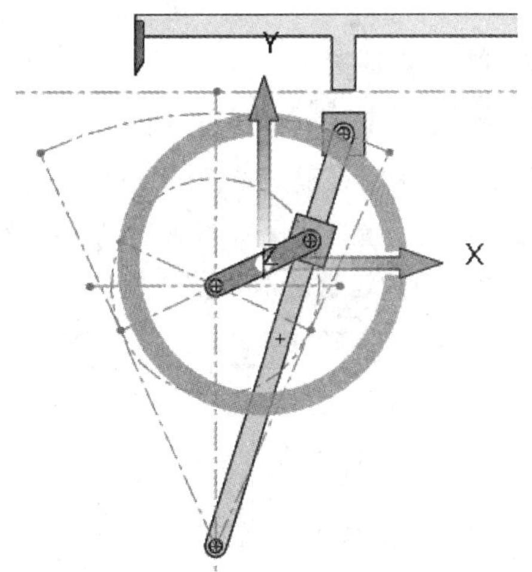


图 2-9　爆炸视图制作

**STEP12　测试装配体。**

使用鼠标左键拖动曲柄，确认零部件能够按照预期进行运动。

装配体创建完毕后，可在模型树(Feature Manager)中使用鼠标左键进行拖动以调整各个零部件的位置。

**STEP13　新建运动算例。**

在 SolidWorks 工具栏上单击【新建运动算例】图标，同时在左侧【算例类型】中选择【Motion 分析】。也可直接右键单击已有的运动算例，选择【生成新运动算例】。

**STEP14　添加驱动马达。**

添加一个驱动曲柄的马达。在 Motion Manager 工具栏上单击【马达】图标，在【马达类型】中选择【旋转马达】，在【零部件/方向】中选择曲柄回转中心的圆柱面，【马达方向】将自动加入相同的面以指定方向，【等速】大小设置为 100 RPM，单击【反向】图标以重新定向马达。

提示：当选取对象(如构件的某个面)困难时，右键单击要选择对象的位置，在弹出的列表菜单中单击【选择其他】，这时在弹出的窗口中很容易选到所要选择的对象，如图 2-10 所示。也可使用【爆炸视图】、【透明】、【隐藏】等方法进行选取。

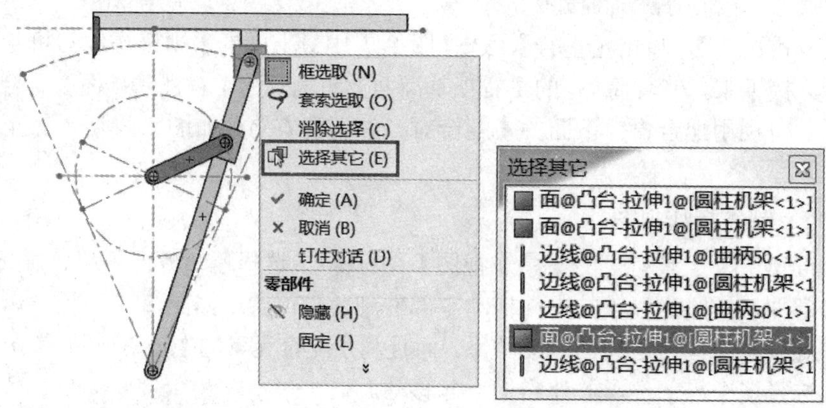


图 2-10　机身与机架配合

**STEP15　仿真计算。**

单击【计算】图标，进行计算。

**STEP16　图解验证输入条件的正确性。**

单击【结果和图解】图标，生成曲柄【Z 分量】(或【幅值】)角位移曲线，如图 2-11 所示。建议每次运行之前，首先检查驱动件的已知数值大小是否正确。

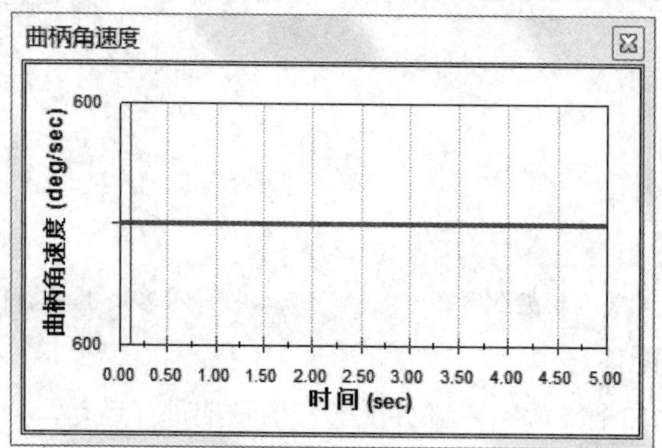


图 2-11　曲柄角速度

曲柄转速的理论计算如下：

$$\omega=\frac{100\times 360}{60}=600\ \text{deg/s}$$

对比图 2-11 所示输出的结果，二者是相符的。

提示：图解名称的修改可慢速双击 Motion Manager 左侧的结果名称后，输入新的名称即可。

**STEP17　输出刀具行程。**

单击【结果和图解】图标，生成机身 X 分量位移曲线，如图 2-12 所示，其行程为 166.6 mm(83.3+83.3)。为验证其正确性，测量摇杆两顶点的水平距离为 166.72 mm，或测量刀具轨迹长度，如图 2-13 所示。

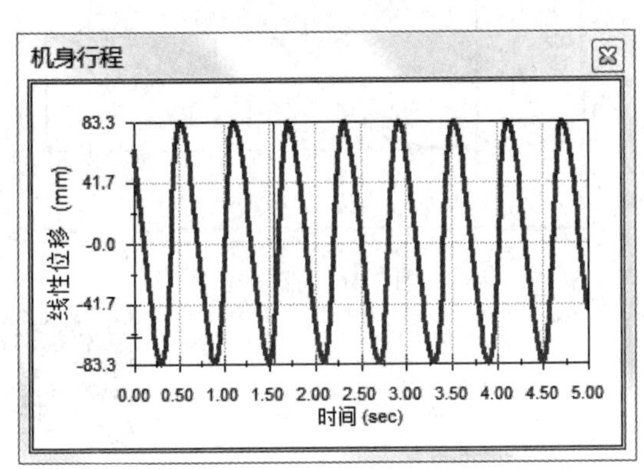


图 2-12　机身(刀具)行程

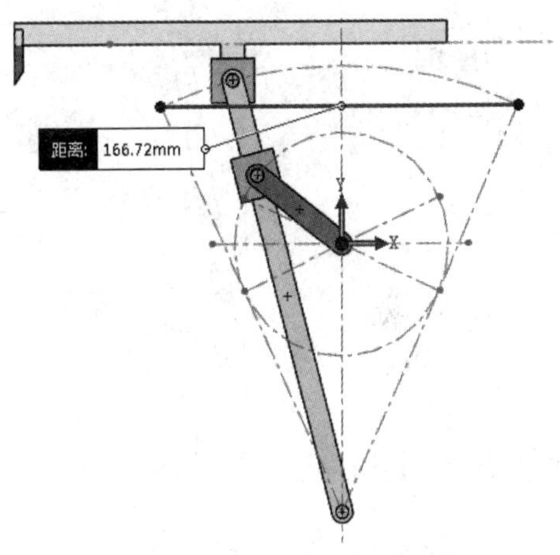


图 2-13　机身(刀具)行程测量

**STEP18　修改马达设置参数。**

要把轨迹曲线转化为样条曲线，要求轨迹不可自交叉，所以为了输出刀具的轨迹曲线，需要将曲柄的开始与结束位置调整到极位夹角的两个极限位置，即曲柄垂直于导杆的两个位置。具体的曲线输出详见第三章。

这里按照图 2-14 所示设置马达，并重新进行计算。

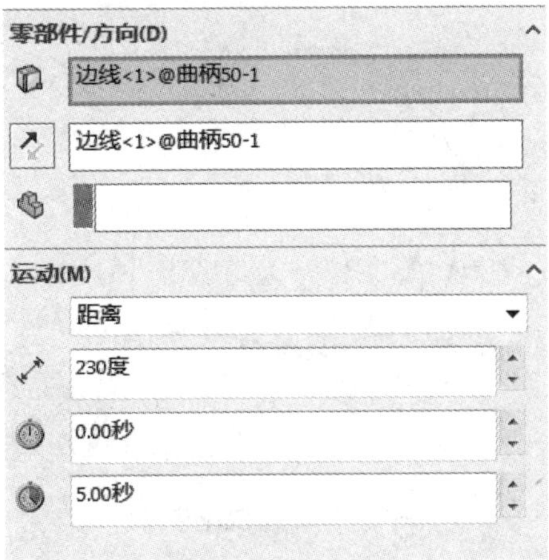

零部件/方向(D)
边线<1>@曲柄50-1
边线<1>@曲柄50-1
运动(M)
距离
230度
0.00秒
5.00秒

图 2-14　马达设置

STEP19　输出刀具轨迹。

单击【结果和图解】图标，在类别中选择【位移/速度/加速度】，在子类别中选择【跟踪路径】，在对象选项中选择刀具顶点，单击【确认】图标，结果如图 2-15 所示。

STEP20　输出摇杆的最大摆角。

单击【结果和图解】图标，生成摇杆角位移曲线，如图 2-16 所示。可以看出摆角 $\psi$=49.2° (114.6－65.4)，与理论值[①]49.25° 完全一致。

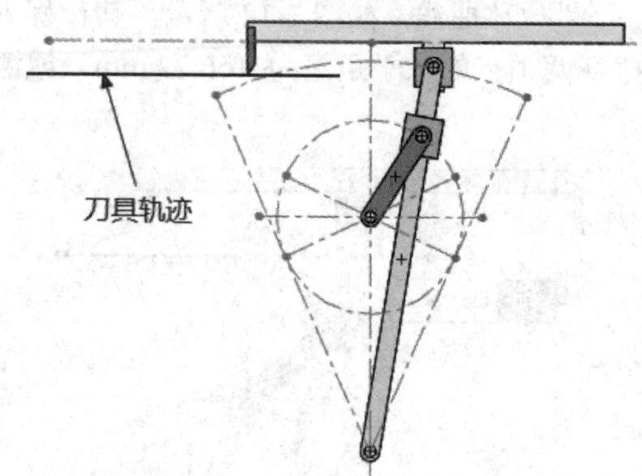


图 2-15　刀具轨迹

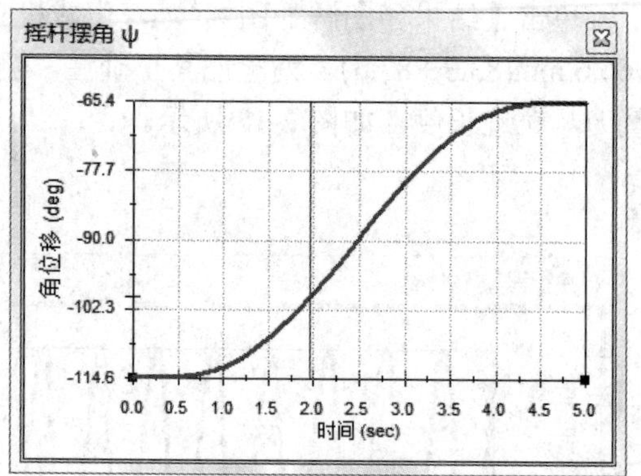


图 2-16　摇杆摆角

## 例题 2–2　瞬心线

瞬心线

由理论力学可知，互作平面相对运动的两个构件上瞬时速度相等的重合点，即为此两个构件的速度瞬心，简称瞬心。如果瞬心处的绝对速度为零，则为绝对瞬心，否则为相对瞬心。

瞬心的位置是随两个构件的运动而变动的。它将在各自构件上形成一条轨迹，这个瞬心轨迹称为瞬心线。而某一瞬心在静止构件上形成的轨迹称为定瞬心线，在运动构件上形成的轨迹称为动瞬心线。

图 2-17 为曲柄摇杆机构。

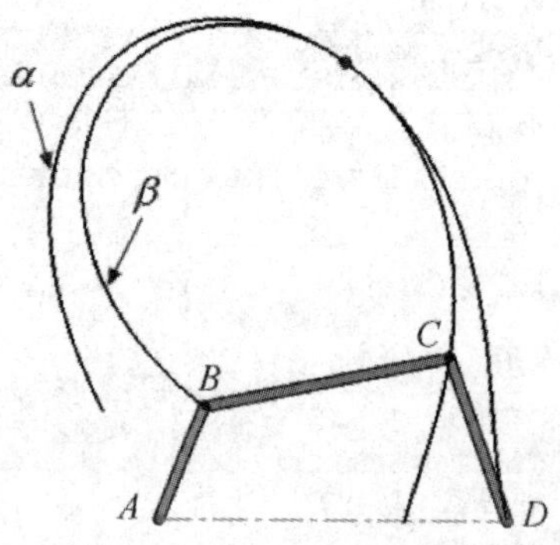


图 2-17　曲柄摇杆机构

① 利用三角函数，读者自行计算最大摆角理论值。

使用【Motion 分析】绘制出曲柄 *AB* 与摇杆 *CD* 的瞬心在机架 *AD* 和平动连杆 *BC* 上的轨迹即定瞬心线 $\alpha$ 和动瞬心线 $\beta$。具体步骤如下：

**STEP01　创建装配体。**

仿照例题 2-1，以 *AD* 为机架创建四杆机构，在 *A*、*B*、*C*、*D* 处都采用【铰链】配合。

**STEP02　添加球体。**

根据三心定理①可知，*AB* 和 *CD* 杆中心线的交点即为相对瞬心。在此处安装一球体，球心代表相对瞬心，球心分别与 *AB*、*CD* 杆的中心线采用【重合】配合，如图 2-18 所示。接下来将球心在固定杆 *AD*、平动连杆 *BC* 上的轨迹输出即为定瞬心线 $\alpha$ 和动瞬心线 $\beta$。

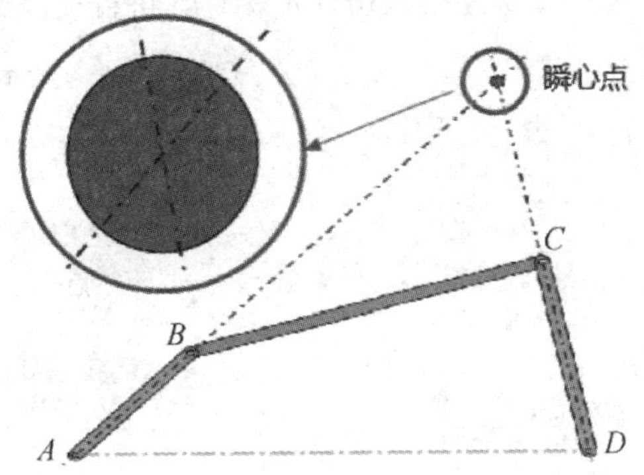


图 2-18　瞬心点的确定

**STEP03　添加旋转马达。**

切换至【运动算例】，在 Motion Manager 工具栏上单击【马达】图标，在【马达类型】处选择【旋转马达】，在【零部件/方向】中选择曲柄回转中心的圆柱面，【马达方向】将自动加入相同的面以指定方向，选择【距离】，大小设置为 170°，单击【反向】图标可以重新定向马达。

**STEP04　调整曲柄初始位置。**

将曲柄 *AB* 的初始运动位置设置到与机架 *AD* 共线的位置，如图 2-19 所示。

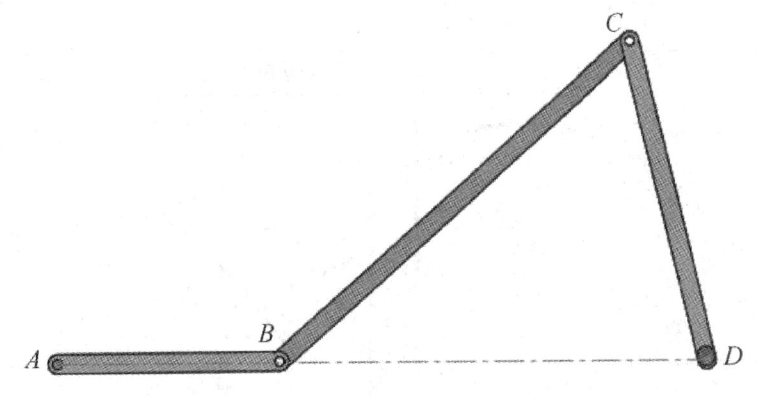


图 2-19　初始运动位置

① 三心定理(Kenedy-Aronhold Theorem)：三个彼此作平面平行运动的构件的三个瞬心必位于同一直线上。

注意这里使用【视向及相机视图】，具体操作方法如下：

(1) 将时间调整滑块调整到 0 s 处；

(2) 去除【禁止观阅键码播放】；

(3) 调整好初始仿真位置；

(4) 点开【禁止观阅键码播放】。

**STEP05 运算并输出轨迹。**

单击【计算】图标，进行计算。计算后，单击【结果和图解】图标，输出瞬心的绝对轨迹 $\alpha$ 和相对轨迹 $\beta$，其参数设置如图 2-20、图 2-21 所示。

提示：在装配体中，使用鼠标左键双击任意构件，可直接修改该构件的结构尺寸。

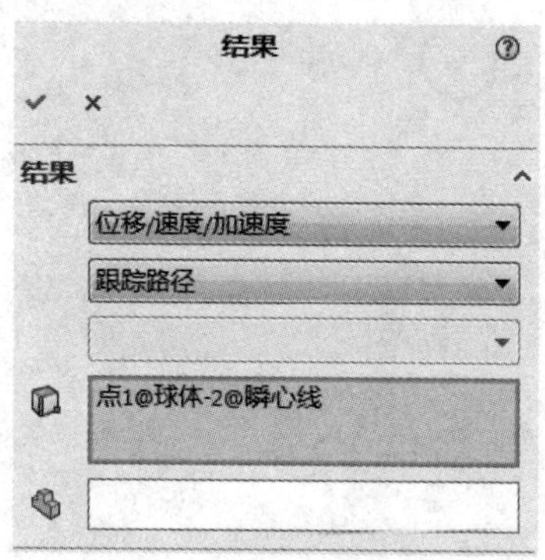


图 2-20 绝对轨迹参数设置

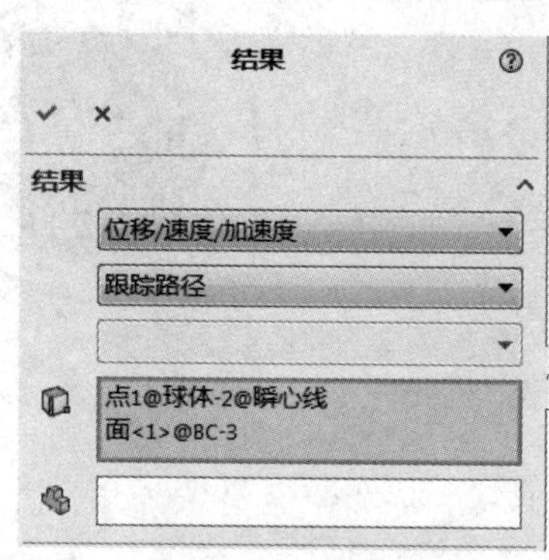


图 2-21 相对轨迹参数设置

**STEP06 观察结果。**

重新播放仿真动画，可以看到机构运动时，动瞬心线 $\beta$ 沿着定瞬心线 $\alpha$ 作无滑动的纯滚动。由此可见，就实现连杆 *BC* 的一般平面运动而言，原铰链四杆机构，完全可以用以这两个瞬心线为高副元素的两个构件的高复机构来代替。因此利用瞬心线可进行高副机构与低副机构之间的运动等效变换。

**STEP07 输出各杆角速度。**

修改纵轴属性后，分别输出 *AB*、*BC*、*CD* 杆的角速度，以及 *B* 点线速度，如图 2-22～图 2-25 所示。

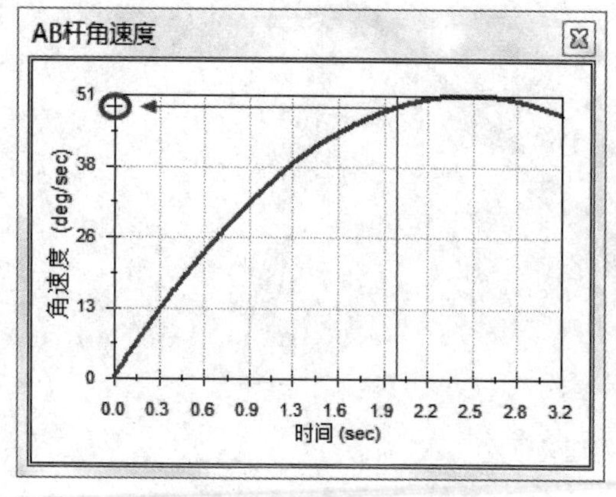


图 2-22 *AB* 杆角速度

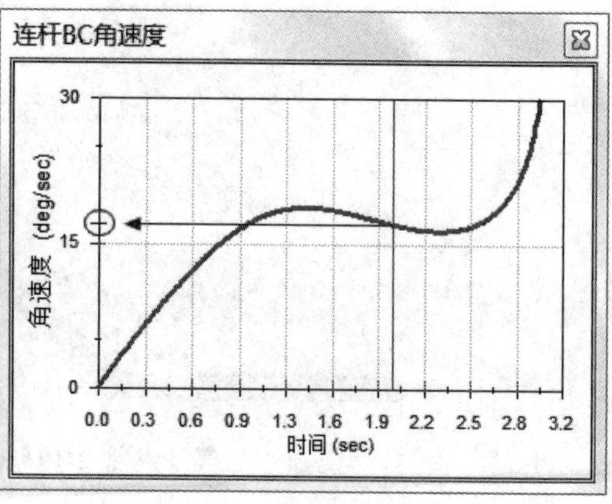


图 2-23 *BC* 杆角速度

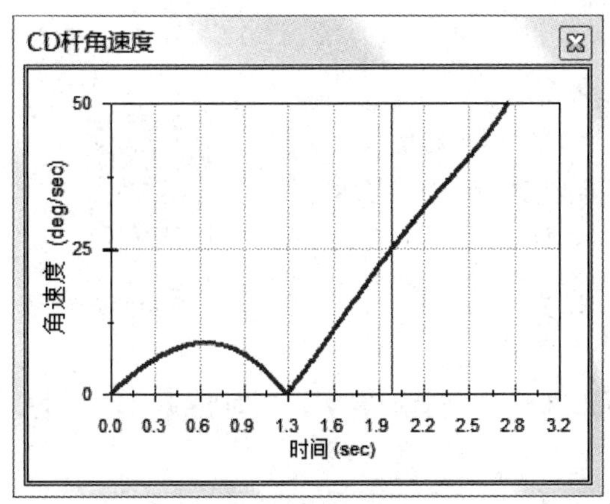


图 2-24 *CD* 杆角速度

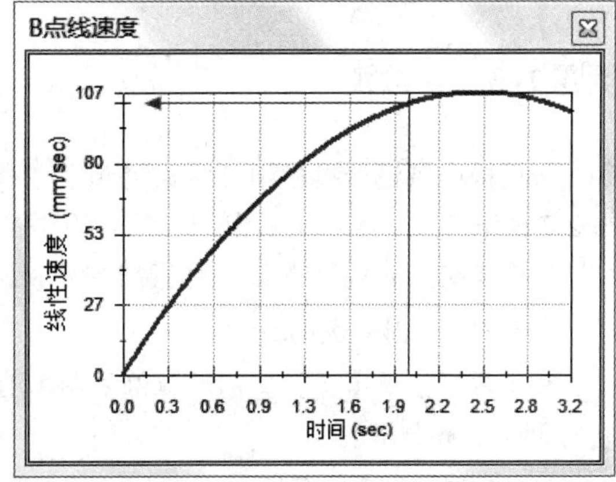


图 2-25 *B* 点线速度

STEP08 **测量 *BC* 杆某一时刻的回转半径。**

使用【测量】工具，测量 *BC* 杆大约在 2s 时的回转半径，如图 2-26 所示。

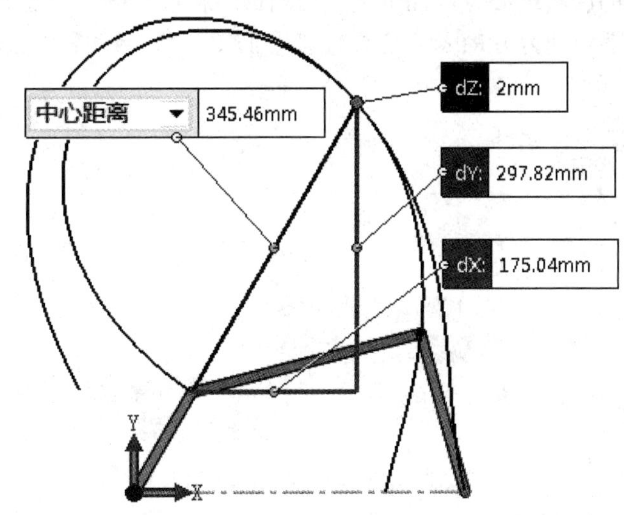


图 2-26 *BC* 杆的回转半径

STEP09 **结果验算。**

读取上述结果为

$$\omega_{AB}=49^\circ/\text{s}，\quad \omega_{BC}=17^\circ/\text{s}，\quad \rho_{BC}=345.46\ \text{mm}$$

$$v_B=\omega_{AB}\cdot\overline{AB}=\frac{49}{180}\times3.14\times120=102.57\ \text{mm/s}$$

$$v_B=\omega_{BC}\cdot\rho_{BC}=\frac{17}{180}\times3.14\times345.46=102.45\ \text{mm/s}$$

二者计算结果是相符合的，且与图 2-25 一致。

STEP10 **保存文件。**

单击【保存】图标，保存文件。

## 例题 2–3 环索线

环索线

在机构产品设计过程中，常常用到很多有关曲线的知识。这里将例题 2-2 稍作修改，就可仿真出一种著名的曲线——环索线。

使用【Motion 分析】绘制环索线的步骤如下：

**STEP01 创建运动算例。**

在工具栏上单击【新建运动算例】图标，新建一个运动算例，同时将【算例类型】改为【Motion 分析】。

**STEP02 创建装配体。**

将连杆删除的同时也将【图解结果】中的动瞬心线删除，只保留定瞬心线。

**STEP03 添加马达。**

在曲柄和摇杆的回转中心各添加两个方向相反的旋转马达，保证摇杆转速比曲柄转速快一倍，这里设曲柄转速为 6 RPM、摇杆转速为 12 RPM。启动和结束时间按照图 2-27 所示设置。

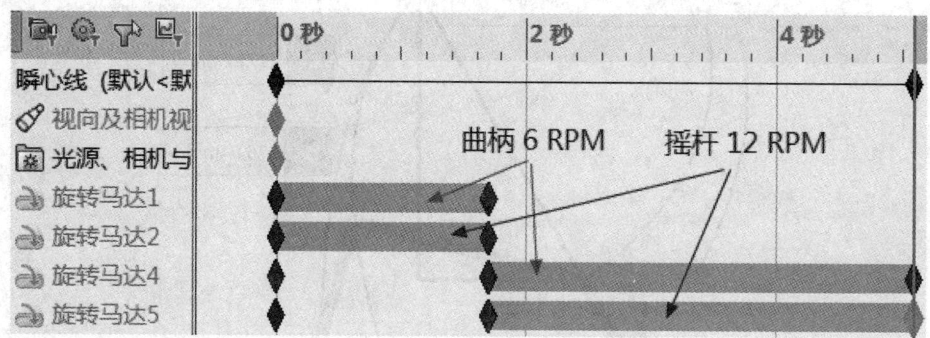


图 2-27 旋转马达时间线参数设置

**STEP04 调整初始位置。**

将开始位置调整到图 2-28 所示位置，即曲柄水平与摇杆铅垂位置。

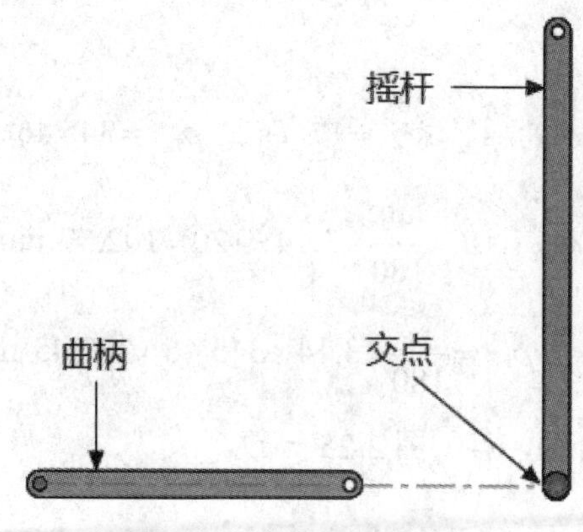


图 2-28 环索线仿真模型

曲柄与摇杆的交点轨迹就是标准的环索线，如图 2-29 所示。

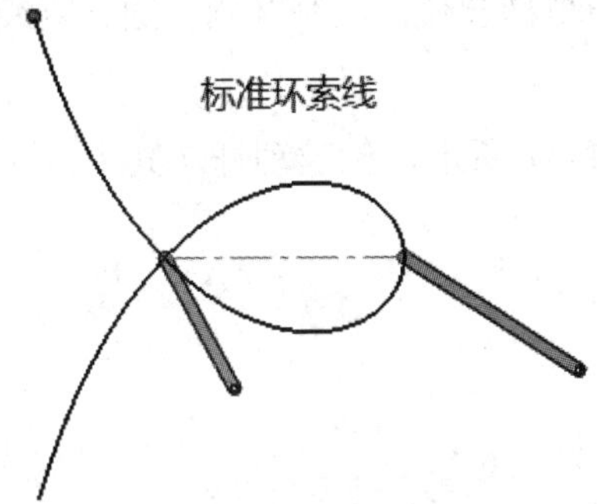


图 2-29　仿真曲线

STEP05　仿真计算。

单击【计算】图标，进行计算。

STEP06　对比方程曲线。

根据环索线直角坐标系方程

$$\begin{cases} x = \dfrac{a(1-t^2)}{1+t^2} \\ y = \dfrac{at(1-t^2)}{1+t^2} \end{cases}$$

使用 SolidWorks 的【方程驱动曲线】绘制方程曲线，如图 2-30 所示，二者完全重合。

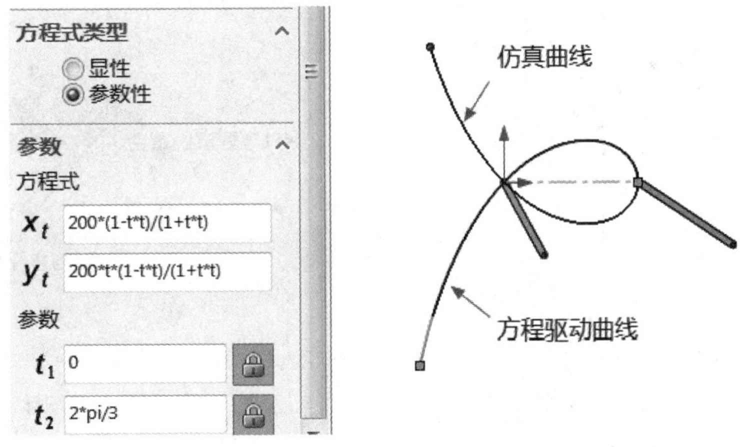


图 2-30　仿真曲线与方程曲线对比

STEP07　保存文件。

单击【保存】图标，保存文件。

## 例题 2–4　椭圆仪

椭圆仪

椭圆仪是画椭圆的一种仪器。由一根动杆和一个支架构成。在支架上有两条相交成直角的导向槽，把两个滑块分别放在其中，转动动杆，动杆上各点轨迹为长、短径不同的椭圆，特殊点的轨迹为圆或直线。

使用【Motion 分析】来模拟椭圆仪，绘制椭圆、圆、直线等。其操作步骤如下：

**STEP01 创建动杆。**

使用 SolidWorks 按照图 2-31 所示，创建动杆，其中点 1、点 3、点 4 到点 2 的距离相等。

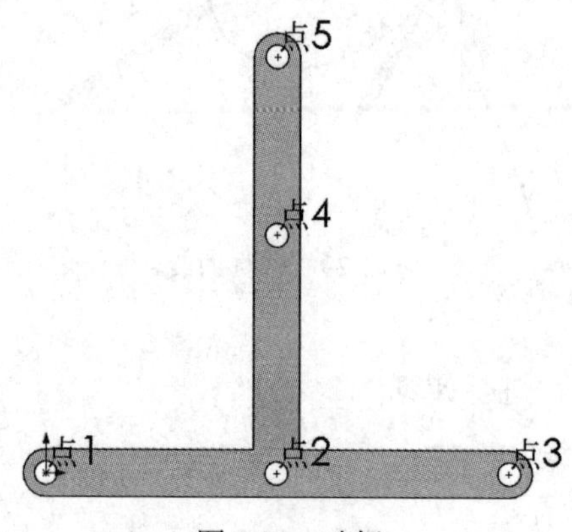


图 2-31 动杆

**STEP02 创建装配体。**

在装配体中创建图 2-32 所示的十字线来模拟椭圆仪的导向槽。在菜单栏上单击【插入零部件】图标，并插入动杆。右键单击模型树中的【动杆】，选择【浮动】。使用【重合】配合将点 1 与纵线、点 3 与横线进行约束，如图 2-33 所示。

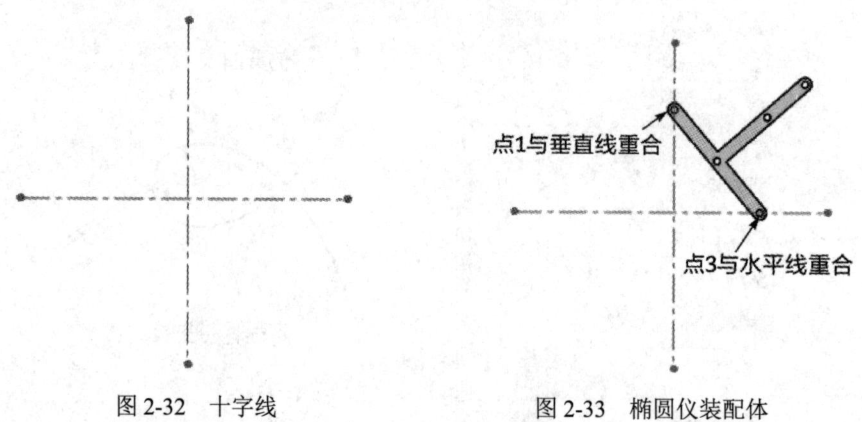


图 2-32 十字线　　图 2-33 椭圆仪装配体

**STEP03 创建运动算例。**

切换到【运动算例】或新建一个【运动算例】，确认【算例类型】为【Motion 分析】。

**STEP04 添加马达。**

在点 1 或点 3 处添加一个旋转马达，按照图 2-34 所示设置参数。

**STEP05 算例属性设置。**

单击 Motion Manager 工具栏上的【运动算例属性】图标，在弹出的运动算例属性窗口中重置【每秒帧数】，将其设置为 300 帧。同时将算例运行时间修改为 3s。

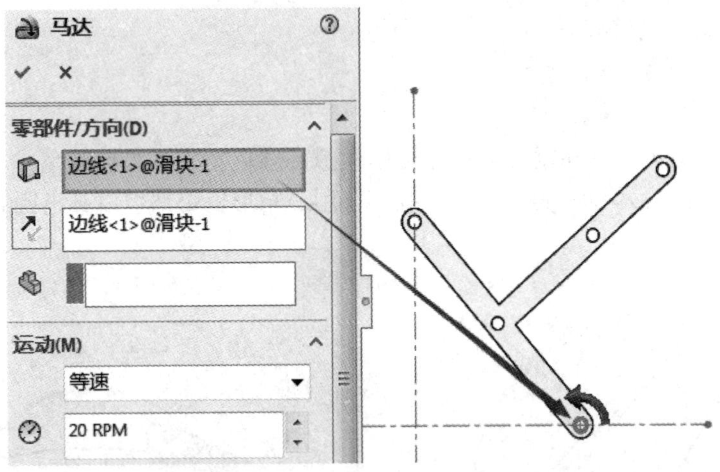


图 2-34　马达参数设置

**STEP06　运行算例并输出结果。**

单击【计算】图标，进行计算。

计算后，选择【位移/速度/加速度】和【跟踪路径】，分别查看点 2、4、5 绘出的轨迹，如图 2-35 所示。

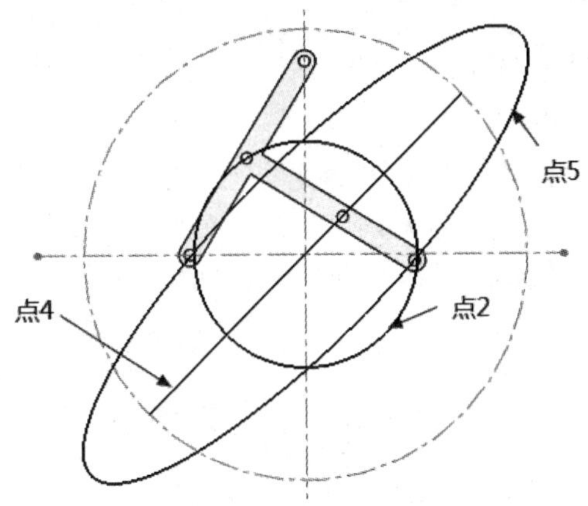


图 2-35　点 2、4、5 轨迹

**STEP07　隐藏全部轨迹。**

右键单击【结果】选择【隐藏图解】。

**STEP08　创建两个圆。**

在动杆上，创建一个以点 1 到点 3 距离为直径的圆。在装配体上创建一个以十字线中心为圆心，以点 1 到点 3 距离为半径的圆，如图 2-36 所示。

**STEP09　重新运行并观察运动过程。**

单击【计算】图标，可以看到小圆绕大圆作纯滚动运动。

**STEP10　输出小圆上任意一点的轨迹。**

在小圆上任意创建一点，并将其轨迹输出，可以观察到小圆上任意一点的轨迹均为直线(内摆线)，并为大圆直径，这也揭示了椭圆仪的工作原理，如图 2-36 所示。

STEP11　保存文件。

单击保存图标，保存文件。

提示：

① 将十字线改为相互不垂直，仍然可以模拟椭圆仪。读者可自行完成。

② 将十字线改为六边形的三个对角线，使用三角形板仍然可以画出圆、椭圆和直线，如图 2-37 所示。

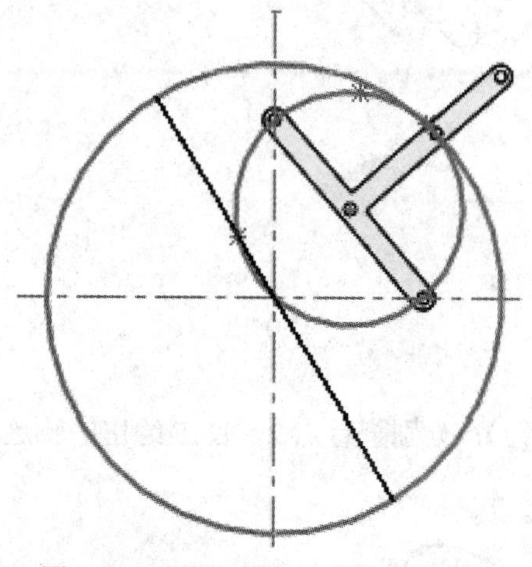

图 2-36　小圆上任意一点的直线轨迹

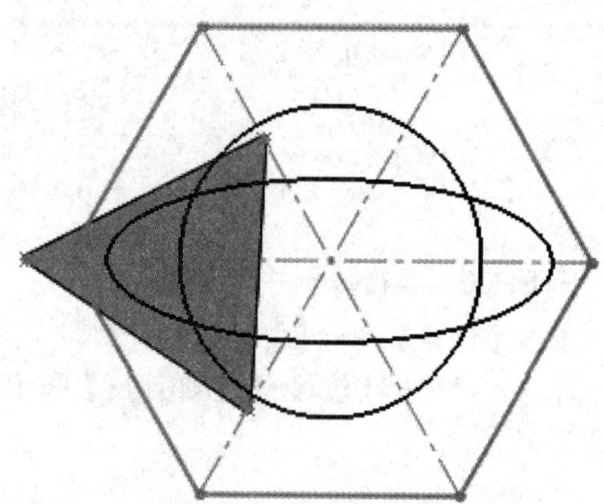

图 2-37　三角形椭圆仪

STEP12　创建新装配体。

利用椭圆仪的工作原理创建一个旋转转换成直线的机构，在当前文件夹下打开“旋转_直线机构”，如图 2-38 所示。任意方向均可找到一个直线运动的点。早期的莫里蒸汽机就是采用该原理制造的，现代发动机已改为曲柄滑块机构代替这一机构，但摆线减速器还是使用该原理实现相应功能。

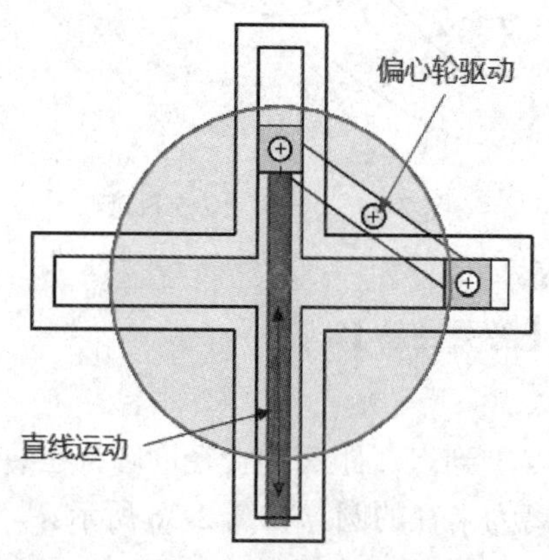


图 2-38　旋转直线机构

## 练习 2-1　摇块机构

曲柄摇块机构

在图 2-39 所示的曲柄摇块机构中，已知 $l_{AB} = 30$ mm，$l_{AC} = 100$ mm，$l_{BD} = 50$ mm，$l_{DE} = 4$ mm，曲柄以等角速度 $\omega = 10$ rad/s 回转。试创建装配

体并查看曲柄在 $\varphi=45°$ 位置时，$E$ 点的速度和加速度以及导杆的角速度和角加速度(要求在同一张图内输出)。

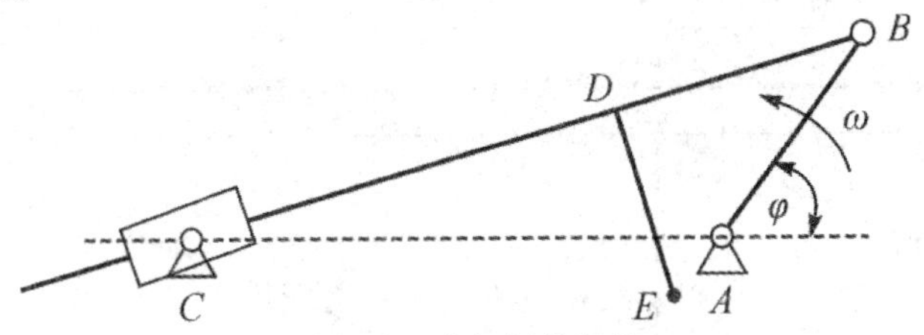


图 2-39　曲柄摇块机构

使用【Motion 分析】模拟曲柄摇块机构并实现同一张图表内输出结果的步骤如下：

**STEP01　创建各个构件。**

根据图 2-39 中的曲柄摇块机构，分别创建曲柄、导杆、摇块和机架。

**STEP02　创建装配体。**

在创建装配体时，建议将曲柄回转中心 $A$ 固定在全局坐标系的原点上，机架 $AC$ 与某一坐标轴重合，为了便于后面的结果分析，本题与 X 轴重合。创建好装配体后，利用鼠标左键拖动一下曲柄，看看是否符合预期运动。创建好的装配体如图 2-40 所示。

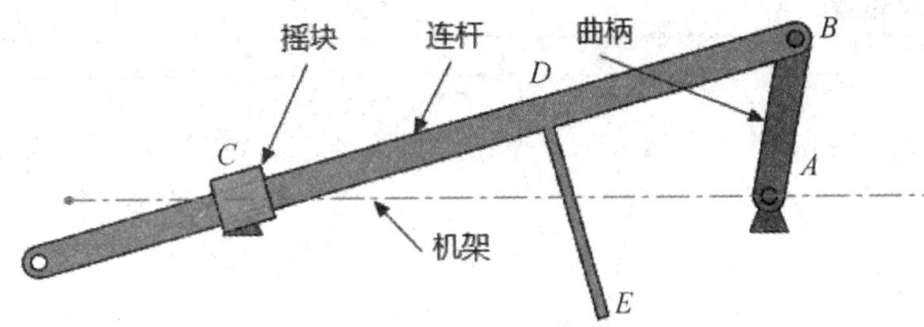


图 2-40　曲柄摇块机构装配体模型

**STEP03　添加马达。**

根据题目要求，在曲柄回转副 $A$ 处添加【旋转马达】，选择【等速】，在数值文本框内直接输入速度值及单位，本题直接输入 10 rad/sec，系统会自动转换为工程单位 95.5 RPM。为了便于结果分析，加一个逆时针旋转马达。

**STEP04　分析计算。**

将计算时间设置为 1 s，同时单击窗口右下角的放大按钮，将键码放大到合适的位置。并单击 Motion Manager 工具栏上的【运动算例属性】图标，在弹出的窗口中重置【每秒帧数】，设置为 2000 帧。

为了便于结果分析，将曲柄的起始位置设置在与机架(X 轴)重合的位置上，即 $\varphi=0°$ 。

操作方法：首先将播放器时间调整到 0 s 的位置。然后单击【配合】图标，选择【角度】并输入角度值 0，在弹出的【更新初始动画状态】对话框中单击【是】，接下来直接单击【关闭】图标，不要单击【确认】图标，否则需要将该配合删除或压缩，由于该配合的限制，曲柄转动不起来。这样做的目的是确保装配体模型在开始仿真时，各个构件处于预期的位置。

单击【计算】图标。

STEP05 图解输出。

① 曲柄角位移，如图 2-41 所示。

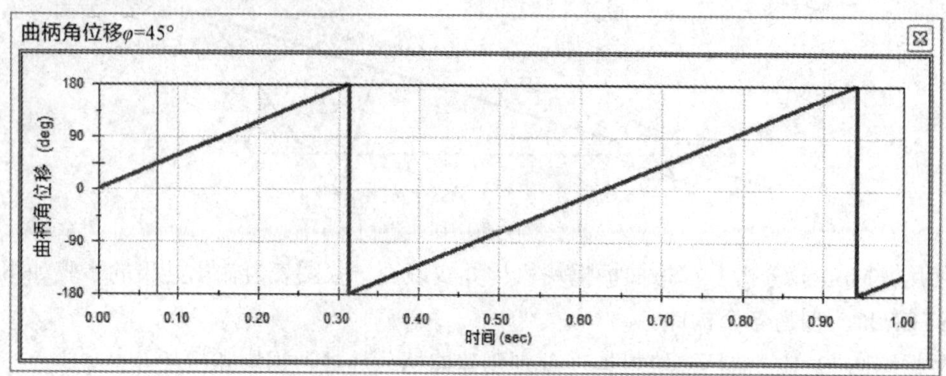


图 2-41 曲柄角位移

② 导杆上 *E* 点的线角单速度和线加速度，如图 2-42、图 2-43 所示。

在曲柄角位移图上，单击鼠标左键，将位置定位在曲柄 $\varphi = 45°$ 时的时间点上，读取 *E* 点的速度值和加速度值，$v_e = 180$ mm/s、$a_e = 2870$ mm/s$^2$ 与理论值[①]完全相符。

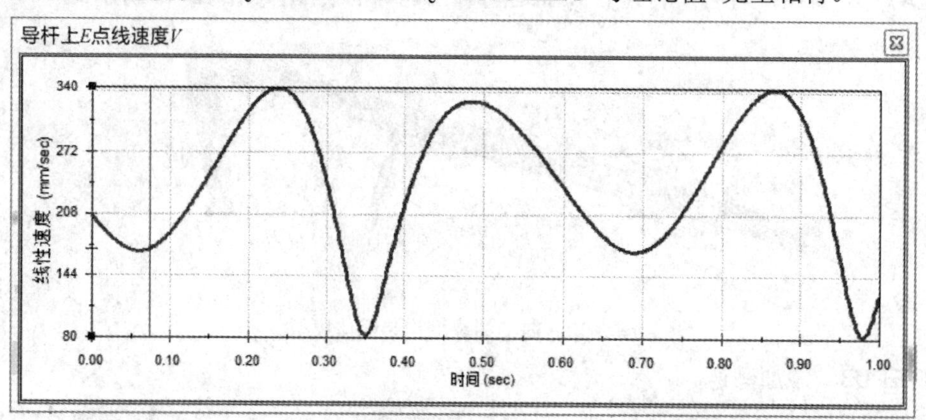


图 2-42 *E* 点线速度

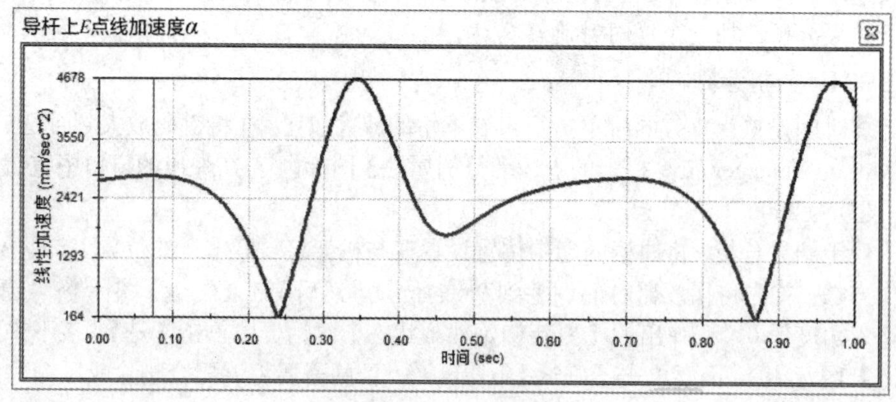


图 2-43 *E* 点线加速度

① 理论值参见书末参考文献[1]。

③ 导杆的角速度和角加速度，与理论值 $\omega_{BC} = 2$ rad/s = 114.65 deg/s、$\alpha_{BC} = 8336$ rad/s = 479.24 deg/s 也相符，如图 2-44 所示。

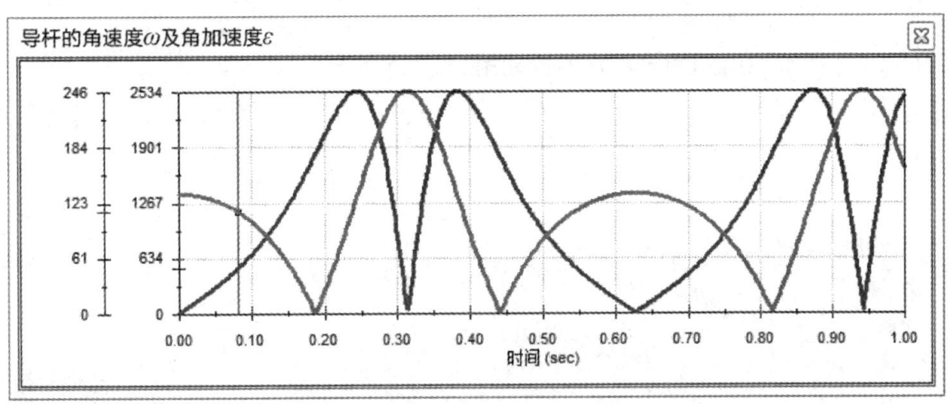


图 2-44　导杆的角速度及角加速度

④ 输出 $E$ 点的轨迹，同时勾选【在图形窗口中显示向量】，如图 2-45、图 2-46 所示。

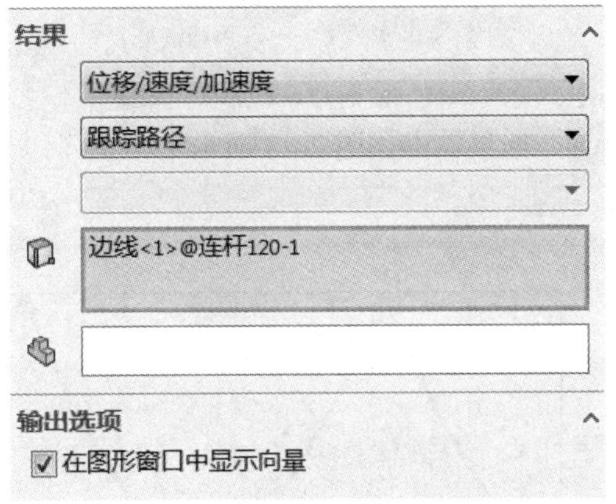


图 2-45　$E$ 点轨迹及速度方向设置

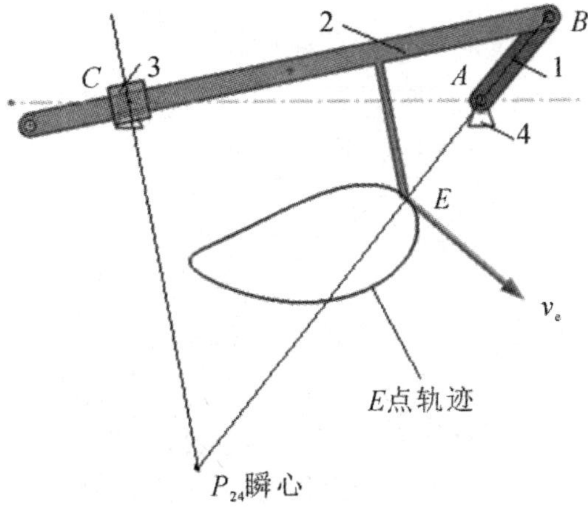


图 2-46　$E$ 点轨迹及速度方向

在图 2-46 中可以看到此时导杆的绝对速度瞬心在 $P_{24}$ 处，$E$ 点的速度方向完全正确。

提示：右键单击图表，再单击【图表属性】，可对图表各个选项进行修改，其中部分选项可直接使用鼠标左键双击进行修改。

**STEP06　图解输出曲柄与导杆的传动角。**

这里采用三点输出曲柄和导杆之间的夹角方法是：先选择两个边线点，再选择角顶点，如图 2-47 所示。

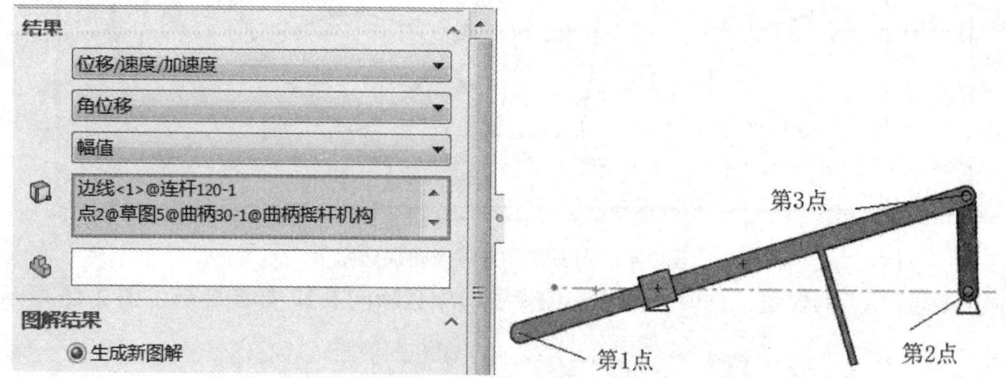


图 2-47　曲柄与导杆的夹角设置

单击【计算】图标，结果输出如图 2-48 所示。

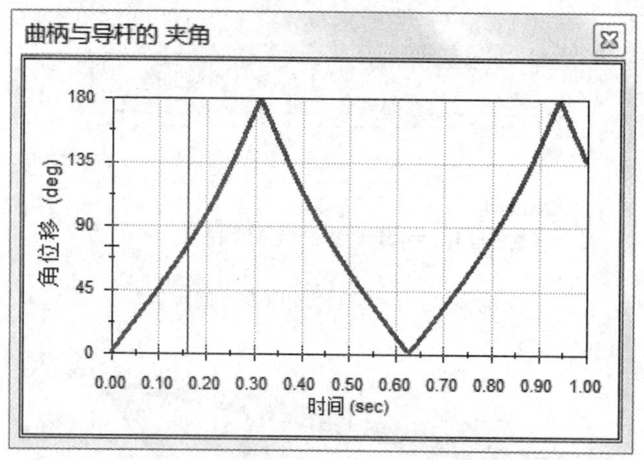


图 2-48　曲柄与导杆的夹角

**STEP07　保存文件。**

单击【保存】图标，保存文件。

## 练习 2–2　正弦机构

当曲柄等速转动时，从动件作往复移动，而其位移、速度、加速度、猝度等均按正弦规律变化的连杆机构称为正弦机构，又称苏格兰轭机构。该机构常用于往复式水泵、缝纫机、震动台、数字结算装置和操纵机构。图 2-49 为正弦机构模型，由曲柄、从动件、圆柱销和机架组成。

正弦机构

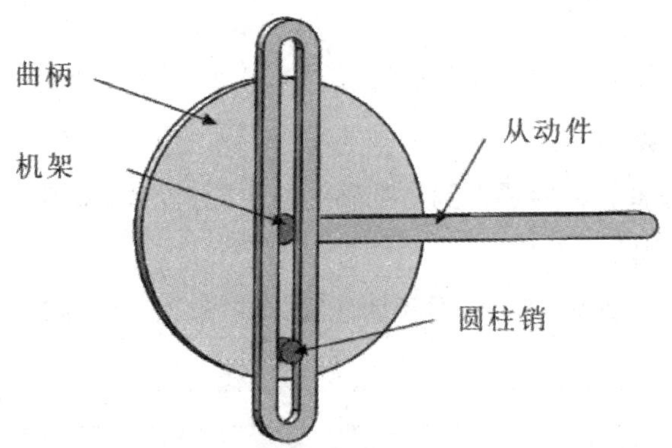


图 2-49　正弦机构模型

使用【Motion 分析】模拟正弦机构并输出各个参数变化规律的步骤如下：

**STEP01　创建各个构件。**

根据图 2-49 所示的正弦机构，分别创建曲柄(带销圆盘)、滑块和机架。

**STEP02　创建装配体。**

在创建装配体时，建议将曲柄回转中心固定在全局坐标系的原点上，这是为了便于后面的结果分析，右侧的滑块与装配体中 X 轴参考线重合，这条参考线作为固定机架。

**STEP03　添加凸轮或槽口配合。**

添加【机械配合】→【凸轮】或【槽口】配合，参数设置如图 2-50 所示。

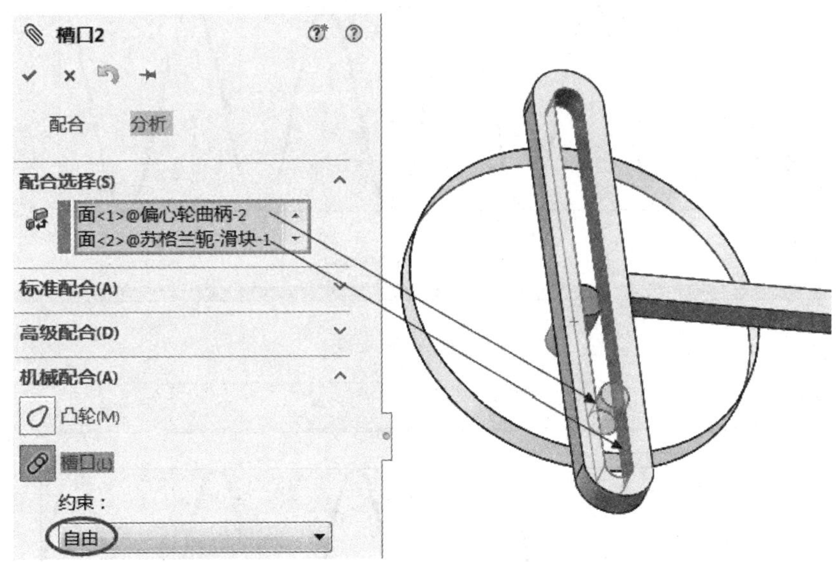


图 2-50　槽口参数设置

提示：如使用【槽口】配合，槽口必须是使用草图绘制中的【槽口】功能创建的，否则不可使用【槽口】配合，因为软件识别不出是槽口，其参数不是槽口参数。

**STEP04　创建新运动算例。**

创建新运动算例，设置【每秒帧数】为 100 帧。

STEP05　添加马达。

根据题目要求，在曲柄回转副处添加【旋转马达】→【等速】，大小为 60 RPM。

STEP06　分析计算。

单击【计算】图标 。为了得到易观察的结果图解，需调整初始位置。

STEP07　图解输出。

输出滑块上任意一点的位移、速度和加速度，如图 2-51～图 2-53 所示。

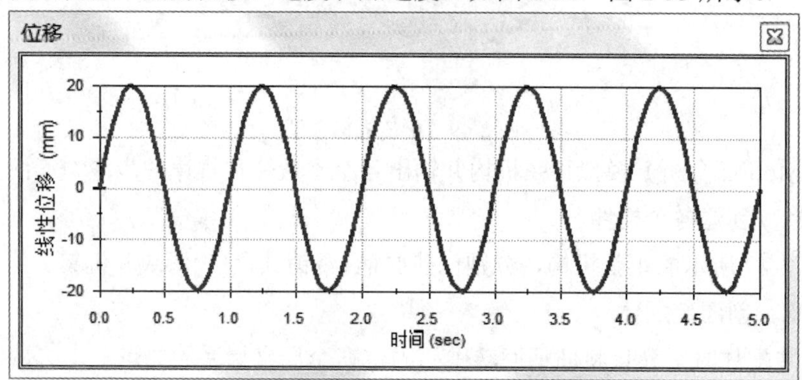


图 2-51　滑块位移

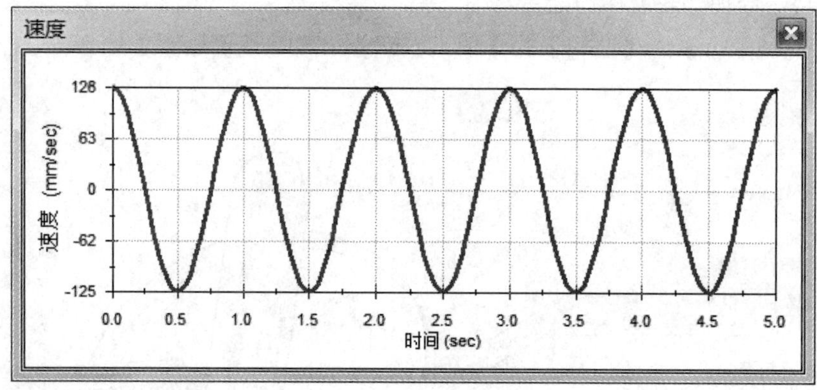


图 2-52　滑块速度

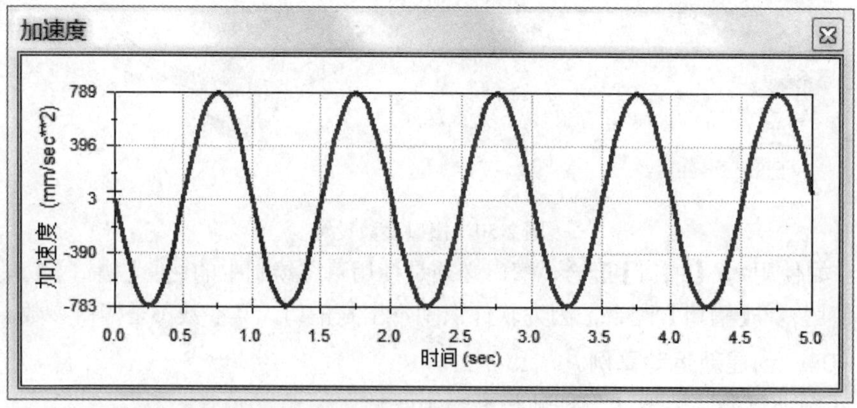


图 2-53　滑块加速度

**STEP08　结果验证。**

由理论分析可知：

(1) 位移：$x = x_0 + l_0 \sin\theta = 20 \sin\theta$，其中曲柄长度 $l_0 = 20$ mm。

(2) 速度：$v = x' = l_0\omega \cos\theta = 20 \times 2\pi \cos\theta = 125.6 \cos\theta$。

(3) 加速度：$a = x'' = -l_0\omega^2 \sin\theta = -20 \times 2\pi \times 2\pi \sin\theta = -788.8 \sin\theta$。

观察图 2-51、图 2-52 和图 2-53 所示结果与上述理论值完全一致，且均是标准的正弦曲线。

思考：曲柄滑块机构是不是正弦曲线？参见练习 1-2。

**STEP09　保存文件。**

单击【保存】图标，保存文件。

# 第三章 配 合

学习目标

- 清楚本地配合与装配体配合；
- 清楚 SolidWorks Motion 视为单一刚体的零部件；
- 了解配合种类和类型；
- 掌握路径配合的应用；
- 了解线性/线性耦合配合的应用及其应用条件；
- 了解限制(直线、转角)配合参数的上、下限设置；
- 掌握圆在面上的纯滚动的仿真；
- 掌握输出圆与面切点的绝对轨迹和相对轨迹；
- 掌握两圆间的纯滚动仿真；
- 掌握正、反转大于180°铰链配合的设置；
- 掌握马达力矩、功率输出方法；
- 掌握马达的换向控制。

## 一、基 本 知 识

### 1. 配合

所谓配合就是我们常说的构件间的连接方式或约束方式。在 SolidWorks 中进行装配体的装配时，必不可少地要用到配合这一命令，据此对装配体中各零部件进行约束定位。

刚体作为单一的个体移动并起作用。SolidWorks 中位于根目录层的零部件被认为是刚体，这也意味着 SolidWorks 和 SolidWorks Motion 将子装配体视为单个刚体。

1) 本地配合

在 SolidWorks 中所创建的配合可以转移到 SolidWorks Motion 分析中，并被作为机械连接使用。如果在 SolidWorks 装配体中没有配合或者希望定义区别于 SolidWorks 配合的连接，则可以直接在运动算例中添加本地配合。本地配合只适用于添加了这些本地配合的算例中。要想添加本地配合，需要确保该运动算例处于活动状态。当运动算例处于活动状态时，任何添加的配合只会加载到这个运动算例中。

2) 配合的类型

在 SolidWorks 中把配合划分为物理配合和几何配合两大类，如图 3-1 所示。

(1) 物理配合：用于通过物理连接的一对刚体的相对运动的配合，如铰链、齿轮等。

(2) 几何配合：用于加强标准几何约束的配合，如距离、平行、同轴心、线性耦合等。

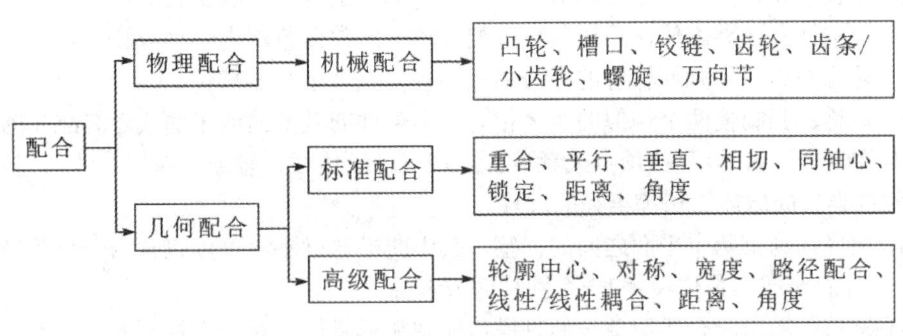


图 3-1　配合的类型

## 2. 常见配合类型

常见配合类型如下：

(1) 同轴心：允许一个刚体相对于另一个刚体同时作相对旋转运动和相对平移运动。同轴心配合的原点可以位于轴线上的任意一个位置，而刚体之间可以相对于该轴线进行转动和平移。

(2) 铰链：铰链配合本质上就是两个零部件之间移动受限的同轴心配合。在 SolidWorks Motion 中使用铰链配合，而不是采用【同轴心】加上【重合】配合。因为机构的接头为一个铰链，可以在配合 Property Manager 的【机械配合】选项卡中找到【铰链】配合。

(3) 点对点重合：这类配合允许一个刚体绕着两个刚体的共同点相对于另一个刚体进行自由旋转。配合的原点位置决定了这个共同点，使得刚体可以以此为中心点，彼此之间进行自由旋转。

(4) 锁定：将两个刚体锁定在一起，使得彼此之间无法移动和转动，对于一个锁定配合而言，原点位置及方向不会影响到仿真结果，将两个零部件连到一起的焊接便属于锁定配合。

(5) 面对面的重合：该配合允许一个刚体相对于第二个刚体在面内做任何运动。

(6) 万向节：万向节配合能够将旋转从一个刚体转移至另一个刚体，这个配合用于在转角处传递旋转运动，或在两个相连的并允许在连接处呈一定角度的杆件。万向节配合的原点位置表现为两个刚体的连接点。两根轴线确定了由万向节连在一起的两个刚体的中心线。

(7) 螺旋：螺旋配合是指一个刚体相对于另一个刚体在平移的同时进行旋转运动。当定义一个螺旋配合时，可以定义距离(螺距)。距离是指第一个刚体绕第二个刚体一整圈所平移的相对位移。第一个刚体相对于第二个刚体平移的位移是第一个刚体围绕转轴所旋转角度的函数。每转一整圈，第一个刚体沿着轴线位移等于所设距离的值。

(8) 点在轴线上的重合：此类配合允许一个零部件相对于另一个零部件拥有一个平移和三个旋转运动。两个零部件之间的平移运动受制于轴线的方向。点用于定义轴线上初始的位置。

(9) 平行：平行配合只允许一个零部件相对于另一个零部件进行平移，绝不允许向面内(外)旋转。

(10) 垂直：允许一个零部件相对于另一个零部件进行平移和旋转。

(11) 限制：允许零部件在距离(角度)配合的一定数值范围内移动或转动。

(12) 轮廓中心：将几何轮廓的中心相互对齐并完全定义零部件。

(13) 对称：强制使两个相似的实体相对于零部件的基准面或平面或者装配体的基准面对称。对称配合可以使用点(顶点或者草图点)、直线(边线、轴或者草图直线)、基准面或平面、相等半径的球体、相等半径的圆柱。

(14) 宽度：约束两个平面之间的标签，其中凹槽宽度参考可以包含两个平行平面、两个非平行平面(带或不带拔模)和一个圆柱面或者轴。

(15) 槽口：槽口配合适用单一的直槽口和圆弧形槽口，对于不规则的槽口并不适用，比如圆形和直线的混合配合。槽口配合必须是通过槽口功能创建的槽，销与槽口的中心线重合，而轴向自由运动。

(16) 路径配合：将零部件上所选的点约束到路径，并且在装配体中可以选择一个或多个实体来定义路径，同时可以定义零部件在沿路径运动时的纵倾、偏转和摇摆。在配合选择时要选择需要约束的零部件顶点，其可以为零部件中悬空的草图点或者零部件上的点。

(17) 线性/线性耦合：在一个零部件的平移和另一个零部件的平移之间建立几何关系。可相对于地面或相对于参考零部件设置每个零部件的运动。

需要指出的是，在构建运动装配体时，需要尽可能接近真实的机械连接来建立配合。例如，所有现实中的机械铰链都以铰链配合进行模拟，而不是使用重合配合和同轴配合的组合。这是获得运动结果最合适的方法。

位于SolidWorks运动算例选项卡配合，并不会影响原始的SolidWorks装配体及设计意图。在这种情况下，每个运动算例都能建立自身独立的配合特征。

刚体作为单一的个体移动并起作用。SolidWorks不仅把位于根目录层的零部件被认为是单一刚体，而且SolidWorks Motion模块将子装配体、通过锁定配合的构件、通过刚性组构成的部件等也视为单一刚体。

## 二、实践操作

### 例题3-1　升降机

升降机

图3-2、图3-3为手动升降机及其爆炸图，主要由工作台、支架、滑块、手轮和底座等组成。

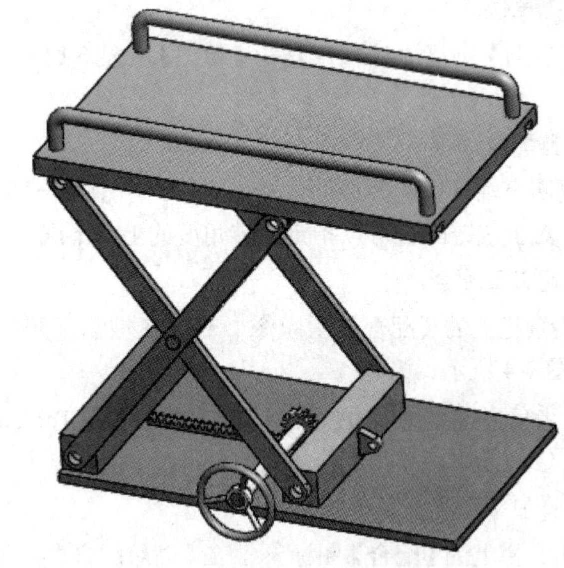

图 3-2 手动升降机

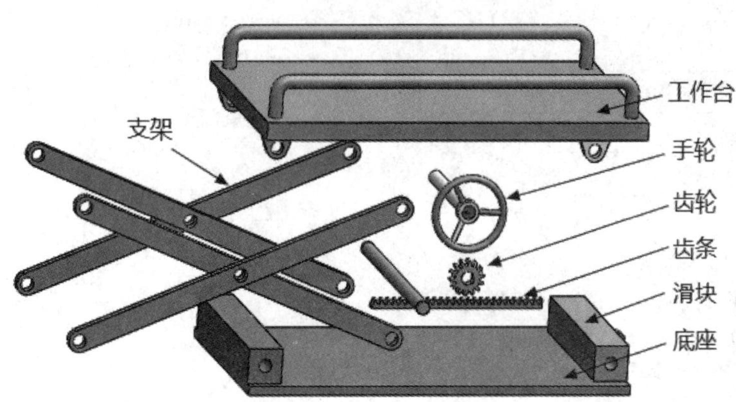


图 3-3 升降机爆炸图

手动升降机的工作原理是：转动手轮，手轮带动小齿轮来推动滑块，滑块进一步通过支架升起工作台。

使用【Motion 分析】对其工作过程进行模拟的步骤如下：

**STEP01 创建装配体。**

按照系统默认模板，创建一个装配体。

**STEP02 安装基座。**

单击【插入零部件】图标，打开文件夹“SolidWorks Motion Simulation\第三章\配合”下的文件“基座.SLDPRT”。

单击 SolidWorks 工具栏上的【配合】图标，通过【插入零部件】→【浏览】打开【基座】，单击工具栏上的【隐藏/显示】图标，单击【观阅原点】图标，对准全局坐标系原点，使二者重合，单击【确认】图标。

**STEP03　设置文档单位。**

单击【工具】→【选项】→【文档属性】→【单位】，选择【MMGS(毫米、克、秒)】为单位。

**STEP04　添加铰链配合。**

对于铰链配合需要两个轴重合和两个面重合。对于两个轴重合可以使用两个实体或实体表面，如圆柱表面。对于铰链配合可以指定旋转角度的上、下限。

**STEP05　添加齿轮齿条配合。**

单击 SolidWorks 工具栏上的【配合】图标，在【机械配合】中选择【齿条/小齿轮】图标，参数设置如图 3-4 所示。

提示：本例题中的齿条/小齿轮使用的是【SOLIDWORKS Toolbox Library】中的标准件，这里其只起到外观修饰作用，真正起作用是它们的参数设置。

**STEP06　给滑块添加【距离】限制配合。**

单击 SolidWorks 工具栏上的【配合】图标，在【高级配合】中选择【距离】图标，分别输入滑块相对于某一固定面距离的上、下限值，其参数设置如图 3-5 所示。

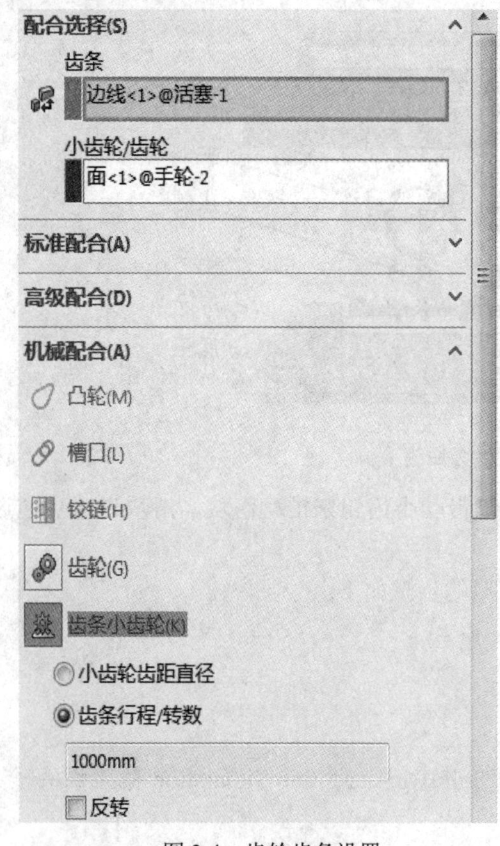


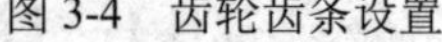
图 3-4　齿轮齿条设置

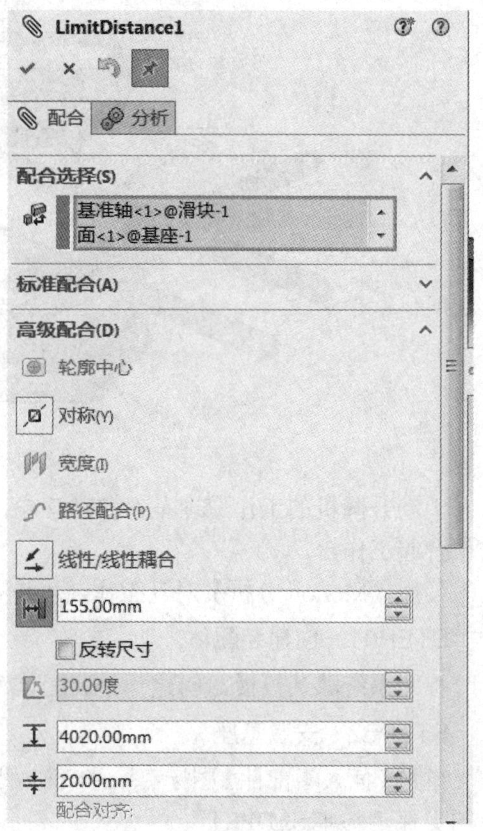


图 3-5　距离配合设置

**STEP07　手动手轮测试。**

使用鼠标左键转动手轮，待运转正常后，进入下一步。建议在创建运动算例之前最好使工作台处于最低位置，将其作为最初的工作状态，如图 3-6 所示。这便于在运动算例模拟时，工作台总是从该位置开始升起。

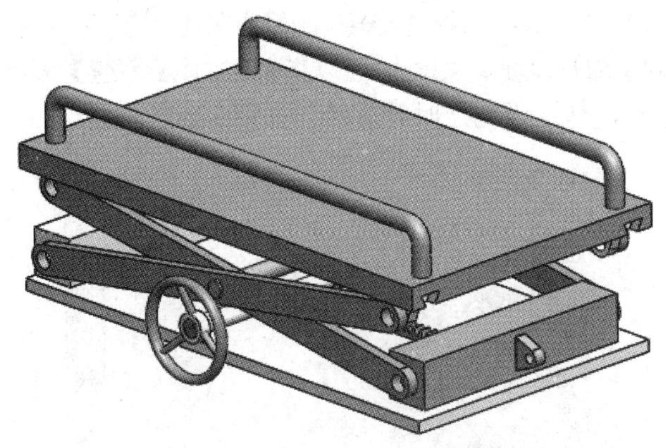

图 3-6　工作台的起始工作状态

**STEP08　添加其他配合。**

读者自行完成其他配合，包括支架、燕尾槽等。

**STEP09　创建运动算例。**

单击 SolidWorks 工具栏上的【新建运动算例】图标，在【算例类型】选项卡中选择【Motion 分析】。

**STEP10　添加工作载荷。**

在 Motion Manager 工具栏上单击【力】图标，采用向下的集中力来模拟工作载荷，选取工作台的上面为承载面，其大小为 1000 牛顿，其参数设置如图 3-7 所示。

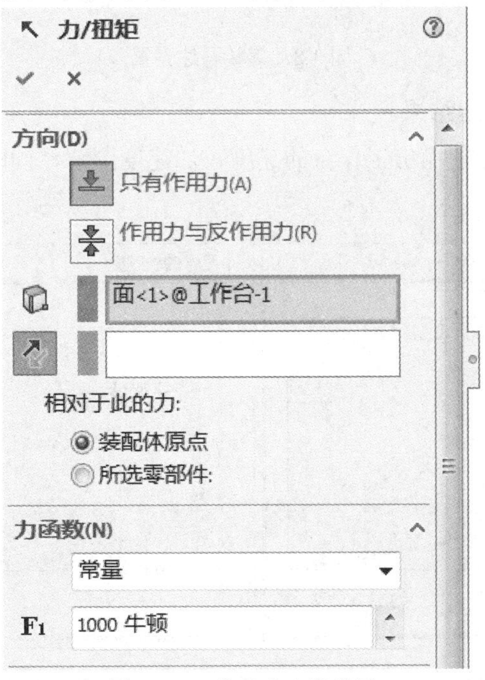


图 3-7　工作载荷参数设置

STEP11　添加驱动马达。

生成一个驱动手轮的马达，来模拟手动。在 Motion Manager 工具栏中单击【马达】图标，在【马达类型】选项卡中选择【旋转马达】，在【零部件/方向】中选择手柄回转轴的圆柱面，【马达方向】将自动加入相同的面以指定方向，【等速】大小设置为 60 RPM，单击【反向】以重新定向，马达设为逆时针旋转，如图 3-8 所示。

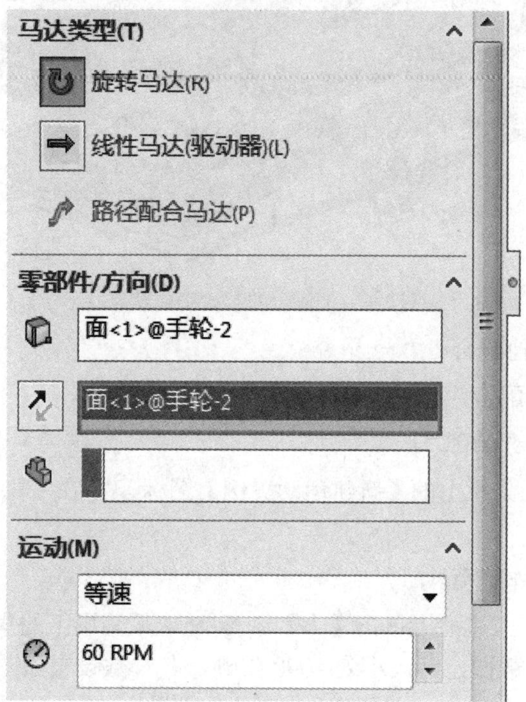


图 3-8　旋转马达设置

STEP12　计算并输出结果。

单击【计算】后，分别输出工作台的速度、加速度图解，同时输出马达力矩和功率，如图 3-9～图 3-12 所示。

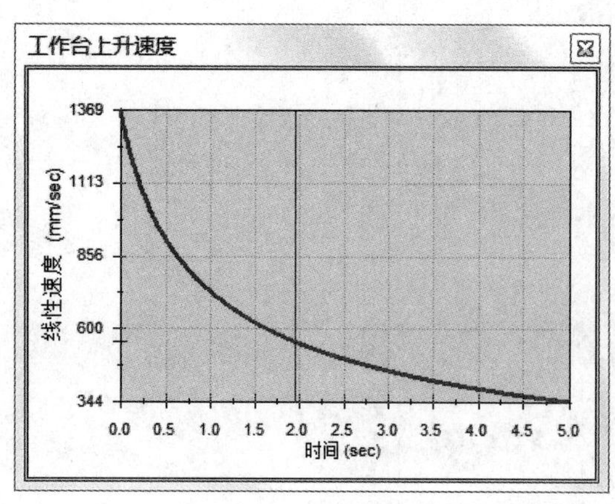


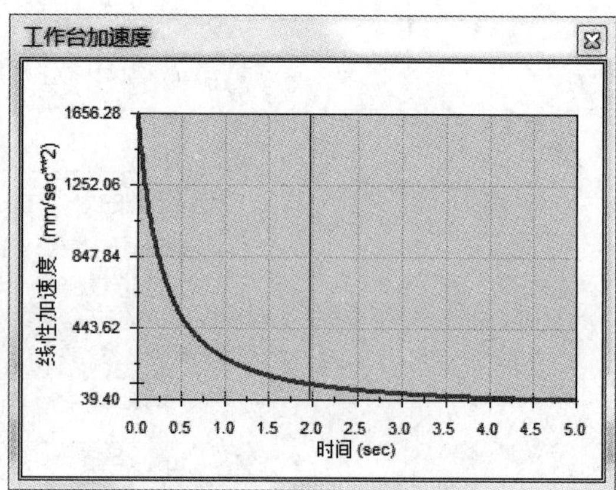


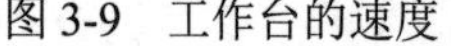
图 3-9　工作台的速度

图 3-10　工作台的加速度

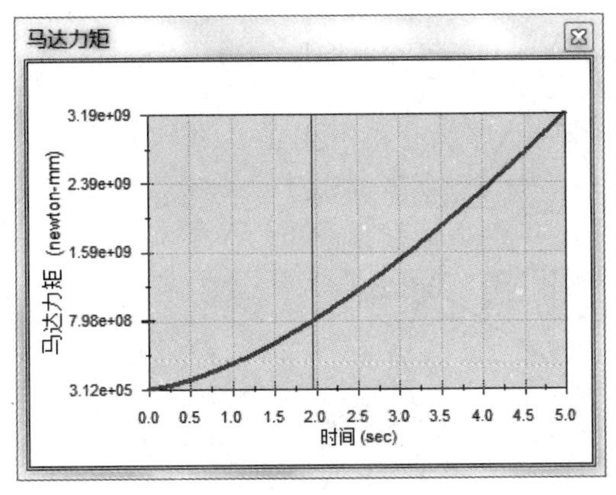


图 3-11　马达力矩

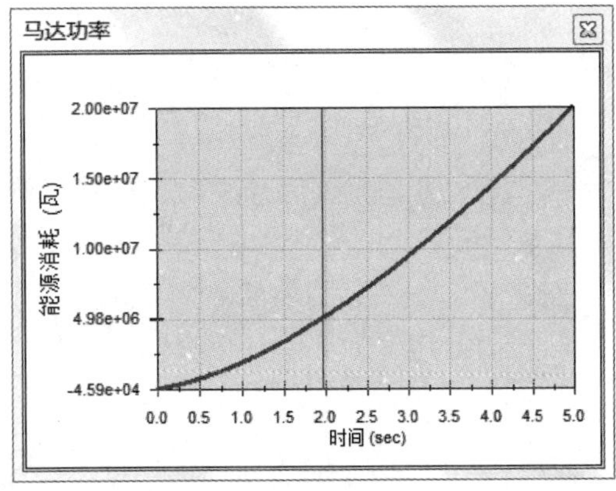


图 3-12　马达功率(能量)

**STEP13　结果分析。**

对于速度和加速度图解，可以观察到都在逐渐减小并趋近于 0，这与其结构相适应。

对于线位移功率：

$$P = F \times v$$

对于角位移功率：

$$P = M \times \omega$$

针对上述图解曲线，取时间 2 s 附近处的值进行观测验证。

从速度图解可以看出，大约在 2 s 处，速度值为 0.5 m/s，由于工作载荷为 $F = 1000$ N，所以功率 $P = F \times v = 1000 \times 0.5 = 500$ W。

从马达力矩图解可以看出，马达力矩为

$$M = 8.0 \times 10^8 \text{N·mm} = 8.0 \times 10^5 \text{N·m}$$

与图 3-10 所示力矩完全一致。而角速度是 60 r/min = 2π rad/s，所以功率为

$$P = M \times \omega = 8.0 \times 10^5 \times 2\pi = 5.02 \times 10^6 \text{ W}$$

与图 3-12 所示功率完全一致。

**STEP14　保存文件。**

单击【保存】图标，保存文件。

## 例题 3–2　齿轮机构

齿轮机构是各种机械中应用最为广泛的一种传动机构。最早采用摆线齿廓，而后是渐开线廓。一般在建模时，通常采用方程式的方法来创建齿廓，而我们这里通过运动仿真直接画出齿轮的齿廓，进而创建齿轮模型，从而绕过理论方程。

以渐开线齿轮为例，创建一个模数 $m = 5$，压力角 $\alpha = 20°$，齿数 $z = 20$ 的标准齿轮。

其他齿轮如摆线齿轮、锥齿轮、椭圆齿轮以及凸轮等均可仿照该方法即相对运动原理，同样可以快速、准确完成齿廓的创建。

渐开线形成原理：发生线沿半径为 $r_b$ 的基圆作纯滚动，发生线上任意一点 $K$ 相对于基圆的轨迹曲线，称为该基圆的渐开线，如图 3-13 所示。

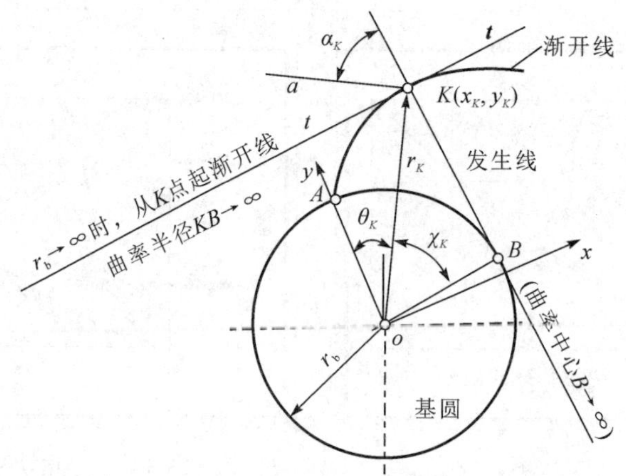


图 3-13 渐开线的形成

由标准齿轮的几何尺寸关系可知该齿轮的几何参数如下：

基圆大小：
$$d_b = \frac{d}{\cos\alpha} = \frac{m \cdot z}{\cos\alpha} = \frac{5 \times 20}{\cos 20^\circ} = 93.98 \text{ mm}$$

齿顶圆大小：
$$d_a = d + 2h_a = m(z+2) = 5 \times (20+2) = 110 \text{ mm}$$

根据渐开线形成原理，使用【Motion 分析】绘制渐开线和摆线(旋转线)的步骤如下：

STEP01 创建毛坯。

创建一个直径为 93.98 mm 的毛坯，如图 3-14 所示。

STEP02 创建装配体。

创建装配体如图 3-15 所示，该装配体由刚创建的毛坯和平板组成。为了保证渐开线形成的准确性，在装配过程中先将平板固定，再将毛坯与板(模拟发生线)使用【相切】配合，切点作为 $K$ 点，$K$ 点与毛坯内一条径向线使用【重合】配合，同时为了保证在平面内运动，在毛坯端面与板端面之间使用【重合】配合。使用【齿条小齿轮】配合来确保毛坯与板作无滑动的纯滚动。

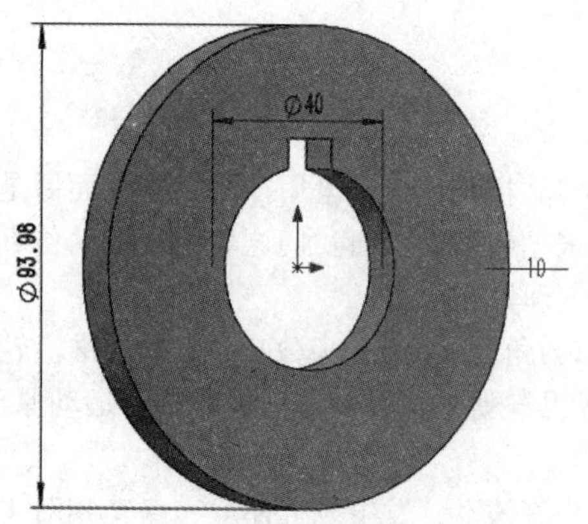


图 3-14 齿轮毛坯

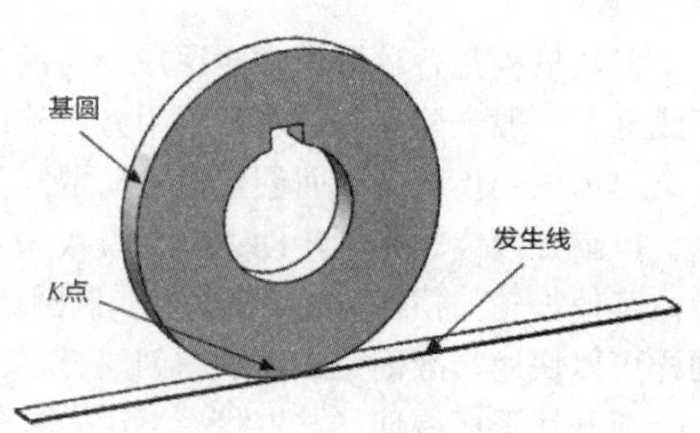


图 3-15 创建装配体

STEP03 创建运动算例。

新建一个运动算例，确认选择了【Motion 分析】，单位默认【毫米、千克、秒】。

STEP04 压缩配合。

将垂直线与板上 $K$ 点【重合】这一配合压缩掉，否则毛坯无法相对板进行运动。这是为了确保 $K$ 点为切点，使得输出 $K$ 点轨迹就是输出切点轨迹。

STEP05 添加旋转马达。

在毛坯上添加【旋转马达】，选择【等速】，其值设置为 20 RPM。

STEP06 设置运动算例属性。

单击 Motion Manager 工具栏上的【运动算例属性】图标，在弹出的运动算例属性窗口中重置【每秒帧数】，将其设置为 300 帧，同时将计算时间修改为 1 s。

STEP07 仿真计算。

单击 Motion Manager 工具栏上的【计算】图标，进行运动仿真计算。

渐开线_摆线

STEP08 结果输出。

在 SolidWorks Motion 工具栏上单击【结果和图解】图标，分别输出毛坯上 $K$ 点在全局坐标系下的绝对运动轨迹就是摆线(又称旋轮线)和板上 $K$ 点在局部坐标系下对毛坯的相对运动轨迹就是渐开线，如图 3-16、图 3-17 所示。

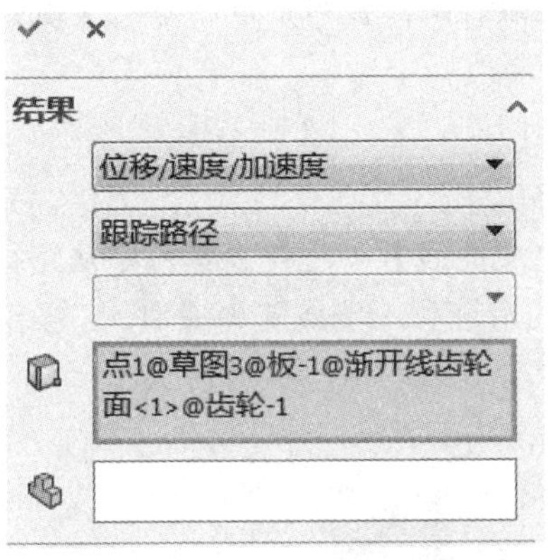


图 3-16 $K$ 点相对轨迹参数设置

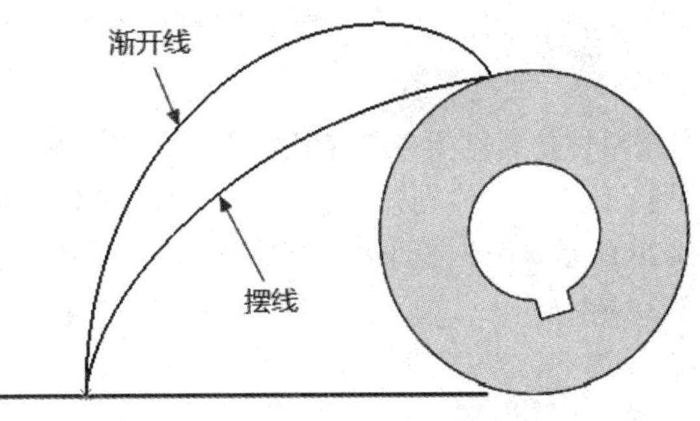


图 3-17 轨迹输出

STEP09 保存渐开线。

右键单击仿真结果中的【渐开线】→【从跟踪路径生成曲线】→【在参考零件中从路径生成曲线】。

STEP10 打开毛坯文件。

打开毛坯(齿轮)文件，上面创建的渐开线曲线已在齿轮当中。

STEP11 绘制齿轮草图。

在运动算例窗口单击【草图】→【草图绘制】图标，进入草图绘制窗口，选择毛坯端面作为绘制基准面。

使用【转换实体引用】，将曲线及基圆转换为草图曲线。通过【镜像】形成另一侧的轮廓，接下来绘制齿顶圆。齿轮轮齿的完整轮廓如图 3-18 所示。

STEP12 创建齿轮实体。

直接拉伸轮齿部分并与毛坯合并，再经过【圆周阵列】形成标准的齿轮，如图 3-19 所示。

注意：由于齿数小于 41 个，故基圆大于齿根圆，基圆以下不是渐开线，而是过渡曲线，一般由铣刀正常加工自然形成。

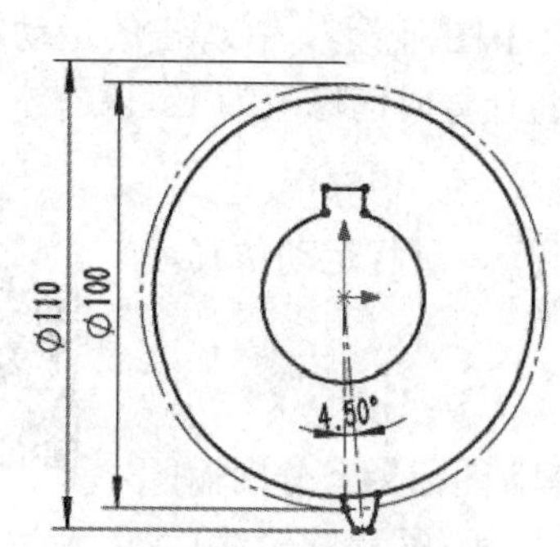


图 3-18 齿轮轮齿轮廓

图 3-19 齿轮

STEP13 保存实体。

单击【保存】齿轮零件并关闭文件，弹出【是否更改装配体】对话框，单击【是】。

至此完整的标准的渐开线齿轮创建完毕。

接下来我们使用刚刚创建的摆线验证另一个有趣的问题。

STEP14 创建滑道。

右键单击仿真结果中的【摆线】→【从跟踪路径生成曲线】→【在新零件中从路径生成曲线】，基于该曲线创建一条滑道，同时创建一条直线滑道和一条最陡峭滑道，三条滑道如图 3-20 所示。另外再创建一条单一的最速降线(摆线)滑道，在其任意位置摆放三个小球，如图 3-21 所示。

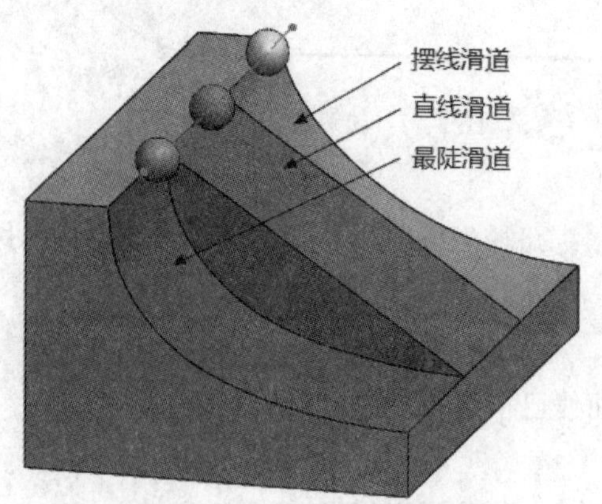


图 3-20 三条不同坡度的滑道

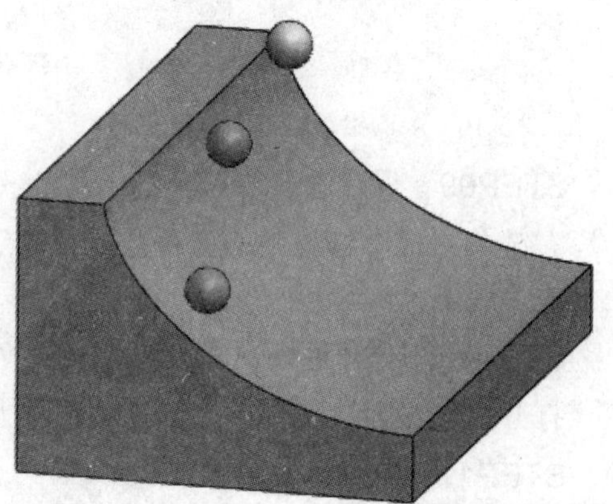

图 3-21 单一的最速降线滑道

STEP15 分别创建两个装配体。

参照图 3-20 在每条滑道上方等高处，在每条轨道上分别放置一个同样的小球。为了确保放在同一高度上，可将球心与事先作好的等高线重合。

参照图 3-21 在最速降线滑道上的不同位置分别摆放三个小球，使用【相切】配合使球面与滑道表面相切。

STEP16 切换到运动算例。

将运行时间设置为 0.25 s，在【算例属性】中设置【每秒帧数】为 500 帧。

STEP17 添加引力。

单击 Motion Manager 工具栏上的【引力】图标，在 Y 轴负方向添加引力，大小采用默认值。

STEP18 添加接触。

在 Motion Manager 工具栏上单击【接触】图标，在接触类型中，选择【实体】，勾选【使用接触组】，勾选【材料】并使用【Steel(Dry)】。将 3 个小球与滑道分别放在组 1 和组 2 中。

STEP19 仿真计算。

单击 Motion Manager 工具栏上的【计算】图标，进行运动仿真计算。

STEP20 结果输出。

输出 X 方向线性位移图，如图 3-22 所示。Y 方向线性位移图，如图 3-23 所示。

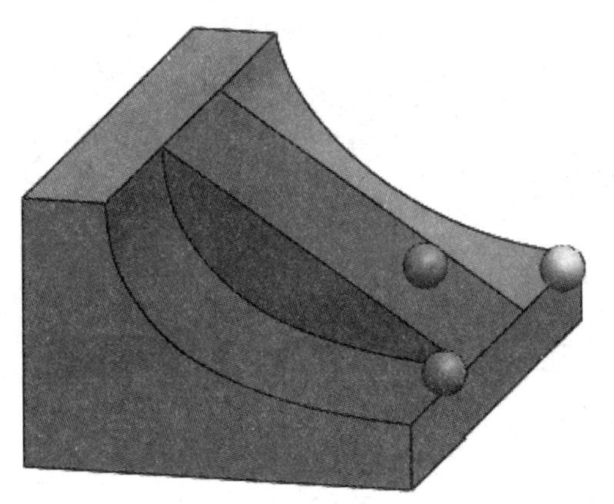

图 3-22 X 方向线性位移图

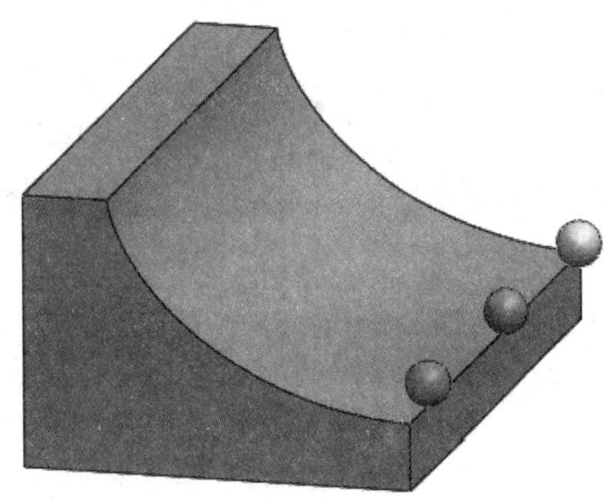

图 3-23 Y 方向线性位移图

STEP21 结果分析。

由图 3-22 可以观察到最速降线滑道上的球滚得最快，与理论分析[①]完全一致。图 3-23 所示虽然 3 个小球开始处在不同位置，但同时通过滑道最低处。图 3-24、图 3-25 所示为随时间变化的位移图。观察图 3-24 可以看到经过 0.12 s 后摆线滑道上的小球已滚到了最前面。而从图 3-25 可以观察到无论把小球放到摆线滑道的什么地方，所有小球都同时到达滑道终

---

① 参见有关变分理论。

点，因此摆线又称同时线。

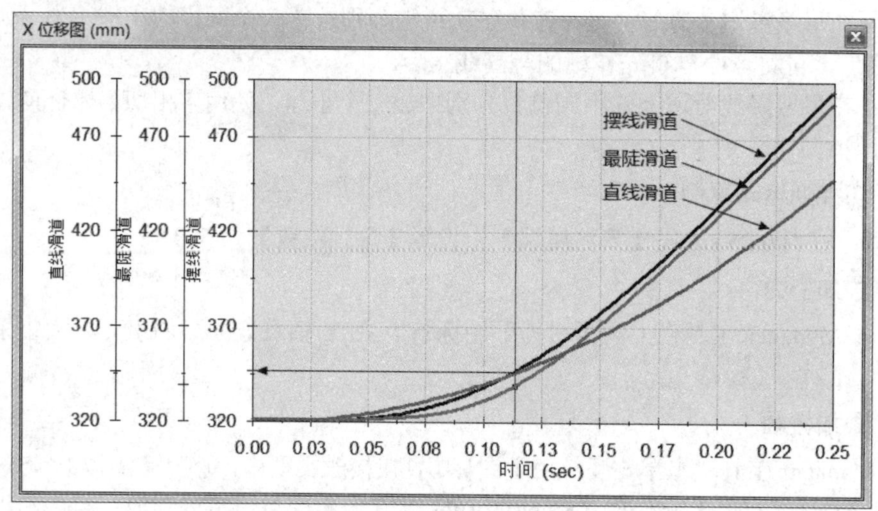


图 3-24　下降速度对比

最速降线

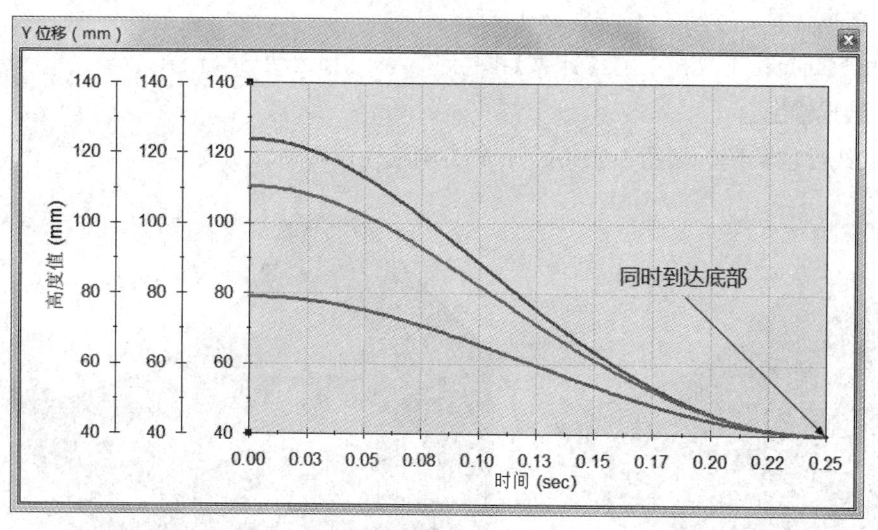


图 3-25　同时到达最低处

同时线

STEP22　保存文件。

单击【保存】图标，保存文件。

## 例题 3–3　齿轮系统

行星轮系

用一系列互相啮合的齿轮将主动轴和从动轴连接起来，用于传递运动或动力，这种多齿轮的传动装置称为齿轮系，简称轮系。轮系分为定轴轮系和周转轮系两大类。轮系在各行各业的设备中都有极其广泛的应用。

图 3-26 为差动轮系。已知 $z_1 = 30$，$z_2 = 20$，$z_3 = 70$，$n_1 = n_3 = 30$ r/min，转动方向相反。

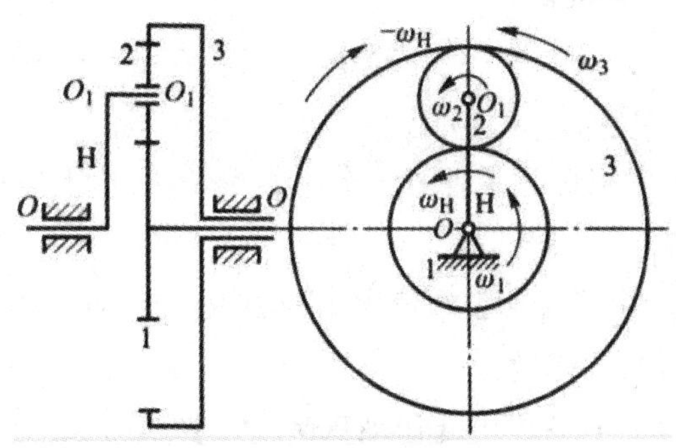


图 3-26 差动轮系

使用【Motion 分析】来模拟这一齿轮系统的步骤如下：

**STEP01 创建三个齿轮。**

创建三个圆盘来代表 3 个齿轮 1、2、3 和一个系杆 H，它们的几何尺寸最好符合实际分度圆大小，代表齿轮几何尺寸，但并非必需的，目的便于计算机自动识别出传动比(直径比率)，当然可以手动填写，这里的图形仅仅用于显示。为了使外表更加逼真可使用插件【SOLIDWORKS Toolbox Library】中的标准件中的标准齿轮来代替这 3 个圆盘，不影响仿真结果。

**STEP02 创建装配体。**

该齿轮系统共有 4 个构件，由太阳轮 1、太阳轮 3、行星轮 2、系杆 H 与机架组成。其中太阳轮 1、太阳轮 3、系杆 H 与机架以及系杆 H 与行星轮 2 之间均采用铰链配合。

**STEP03 添加齿轮配合。**

在齿轮 2、3 之间添加齿轮配合，方法是：在【机械配合】中选择【齿轮】，分别选择回转中心线，再在【比率】里输入齿数之比或系统自动识别出的分度圆直径之比，黄色背景意味着与系统识别的白色背景结果不同，是用户自己输入的，如图 3-27 所示。

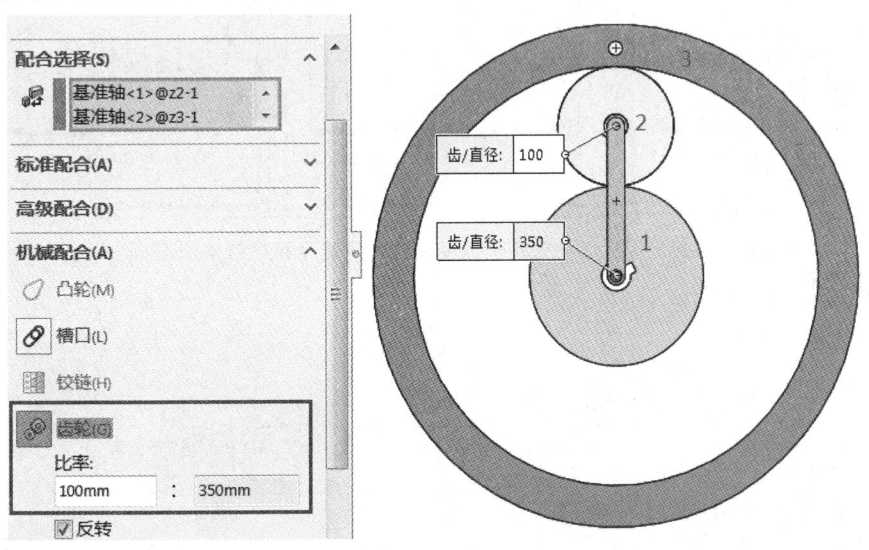


图 3-27 齿轮配合参数设置

STEP04　添加另一对齿轮配合。

仿照上一步，在齿轮 1、2 之间添加齿轮配合，比率为 150:100。

STEP05　切换到运动算例。

在【算例类型】选项卡中选择【Motion 分析】。

STEP06　添加马达。

在齿轮 1、3 上各加一个【等速】数值大小为 30RPM，且方向相反的【旋转马达】。

STEP07　设置算例属性并计算。

单击 Motion Manager 工具栏上的【运动算例属性】图标，在弹出的运动算例属性窗口中重置【每秒帧数】，将其设置为 300 帧。计算时间设置 2 s，并进行计算。

STEP08　结果输出。

分别输出太阳轮 1、3 的角速度(如图 3-28 所示)以及行星轮 2 的公转角速度、自转角速度和绝对角速度，如图 3-29 所示。

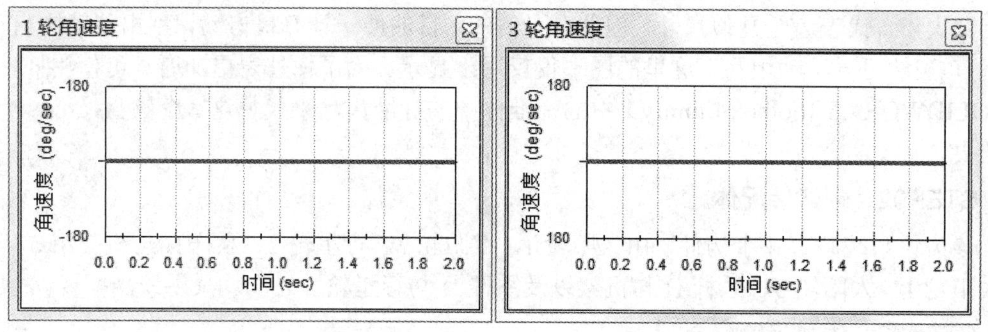


图 3-28　齿轮 1、3 的角速度

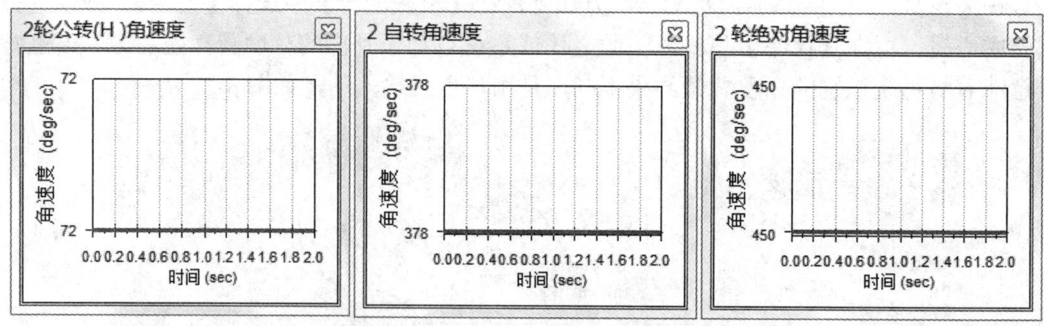


图 3-29　齿轮 2 的公转角速度、自转角速度和绝对角速度

STEP09　理论分析。

由相对运动原理可知：

$$n_{13}^{\mathrm{H}}=\frac{n_1^{\mathrm{H}}}{n_3^{\mathrm{H}}}=\frac{n_1-n_{\mathrm{H}}}{n_3-n_{\mathrm{H}}}=\frac{-30-n_{\mathrm{H}}}{30-n_{\mathrm{H}}}=-\frac{z_3}{z_1}=-\frac{70}{30}=-\frac{7}{3}$$

行星轮 2 的公转角速度(系杆 H)：

$$n_{\mathrm{H}}=12\ \mathrm{r/min}=72\ \mathrm{deg/s}$$

方向与 $n_3$ 一致。

行星轮 2 的自转角速度：

$$n_2^{\mathrm{H}}=(n_3-n_{\mathrm{H}})\frac{R_3}{r_2}=(30-12)\times\frac{70}{20}=63\ \mathrm{r/min}=378\ \mathrm{deg/s}$$

方向与 $n_3$ 一致。

行星轮 2 的绝对角速度：

$$n_2=n_{\mathrm{H}}+n_2^{\mathrm{H}}=75\ \mathrm{r/min}=450\ \mathrm{deg/s}$$

方向与 $n_3$ 一致。

仿真结果与理论计算完全符合，不仅大小相等，方向也一致。

需指出的是，这里虽然给出的是一个简单的差动轮系模拟，但是无论多么复杂的轮系，只要【配合】设置正确，采用该方法进行仿真均没有问题，特别是有些棘手的、复杂的复合轮系采用该方法仿真既简单又可靠。另外，对于空间轮系代表转动方向的“正、负号”已失去意义，可通过观察获得转动方向。

## 练习 3-1 旋转角度设定

旋转角度设定

针对旋转构件，旋转角度范围的设置，通常在【高级配合】的角度【限制配合】中设置上、下限值，【铰链】当中也可设置上、下限值。但对于正、反转各超过 180°的时候就无能为力了，原因是当旋转构件处于某个位置时，软件无法识别出是从正方向还是负方向旋转到该位置的。那么如何处理这类问题呢？这里我们以手轮(方向盘)为例，通过间接方法对其进行 ±200°的设置。

**STEP01 创建装配体。**

在 SolidWorks 菜单栏上单击【文件】→【新建】→【gb_assembly】→【确认】→【浏览】，打开文件夹“SolidWorks Motion\第三章\配合\练习\螺旋配合”下的文件“手轮.SLDPRT”。

**STEP02 设置文档单位。**

单击【工具】→【选项】→【文档属性】→【单位】→【MMGS(毫米、克、秒)】为单位。

**STEP03 显示参考。**

单击【视图】→【显示/隐藏】，将【基准轴】、【临时轴】、【原点】设置为处于显示状态。

**STEP04 定位手轮。**

单击工具栏上的【参考】图标→【基准轴】→【上视基准面】和【右视基准面】，创建一个基准轴，将手轮【固定】改为【浮动】。使用【配合】将手轮临时轴与前面创建的基准轴重合。

再次单击【参考】图标，选择【右视基准面】，创建一个垂直于手轮轴线的基准面。单击【配合】，使手轮底端面与该基准面重合。

**STEP05 插入辅助构件。**

在工具栏上单击【插入零部件】图标，在默认文件夹下打开文件“套筒.SLDPRT”。

单击工具栏上的【配合】图标，将套筒的临时轴与手轮的临时轴设置为重合，同时为了防止套筒随手轮一起转动，将套筒的【前视基准面】与装配体的【前视基准面】设置为重合。

使用鼠标左键进行测试，发现手轮只能转动，而套筒只能沿手轮轴移动。

STEP06　使用螺旋配合。

单击工具栏上的【配合】图标，使用【机械配合】中的【螺旋】配合，【要配合的实体】选择两个圆柱面(手轮和圆筒)，参数设置如图 3-30 所示。也就是说手轮每旋转 360°，套筒移动 360 mm。

STEP07　使用距离配合。

单击工具栏上的【配合】图标，使用【高级配合】中的【距离】配合，【要配合的实体】选择两圆柱(手轮和圆筒)的端面，参数设置如图 3-31 所示。其中为起始值、为上限值、为下限值。这里需要说明的是需要将手轮的 0° 位置对应套筒的起始位置(行程的正中间) 200 mm 处。

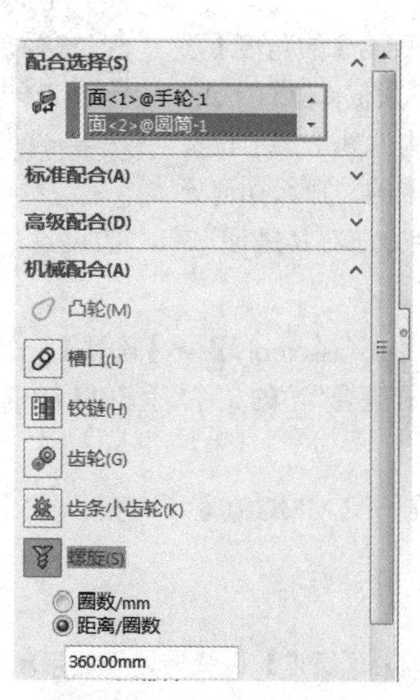


图 3-30　螺旋配合参数设置

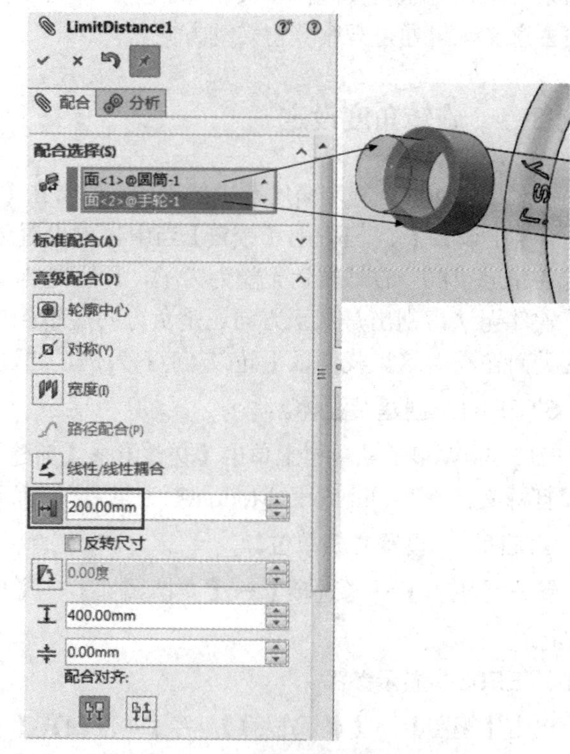


图 3-31　距离配合参数设置

STEP08　隐藏套筒。

将非工作构件套筒设置为不显示状态，进行测试，结果达到预期。

STEP09　保存文件。

单击【保存】图标，保存文件。

提示：采用【齿轮/齿条】配合同样也可以实现。套筒这一辅助构件在动力学仿真时并不影响正常分析，可将其轻量化处理。

## 练习 3-2　线性耦合机构

线性耦合机构

随着设计、加工制造水平的不断提高，耦合机构应用越来越多，以教鞭为例对此类型机构进行运动仿真，具体步骤如下：

STEP01　创建装配体。

创建教鞭装配体，共 4 节，每节长均为 20 mm，内、外直径由自己设定，顶部一节的外径等于底部一节的内径，重叠部分为 1mm。

采用系统默认第 1 节固定，将其原点调整到与全局坐标系原点重合。其工作状态与非工作状态如图 3-32、图 3-33 所示。

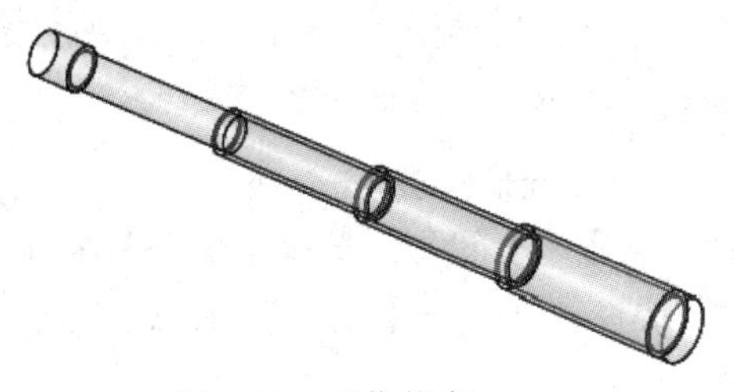

图 3-32　工作状态

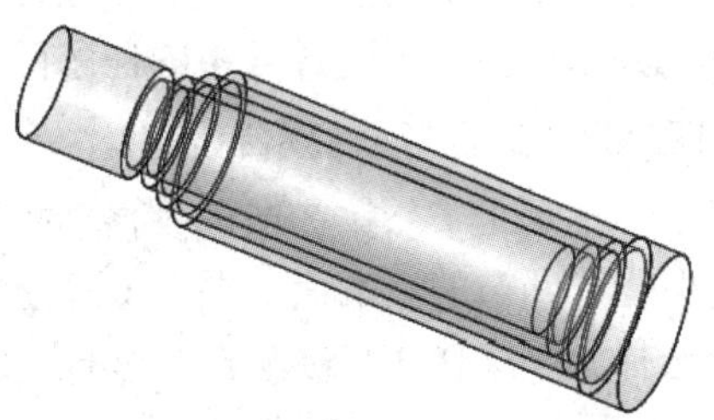

图 3-33　非工作状态

STEP02　创建配合。

由于每节长度均为 20 mm，重叠部分 1 mm，所以设置前一节相对于后一节的移动变化范围为 1～19 mm。

选取相邻两节的上端面进行配合设置，如图 3-34 所示。单击【配合】图标，在【配合选择】中选择【高级配合】，单击【线性/线性耦合】→【距离】，将运动距离上限设置为 19 mm，下限设置为 1 mm。参数设置如图 3-35 所示。

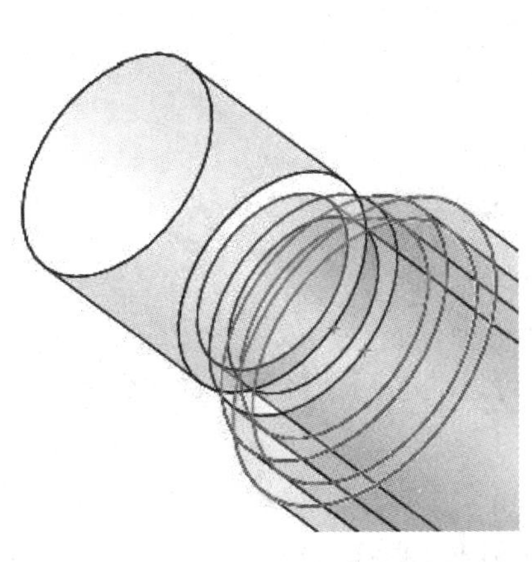

图 3-34　选取相邻两节的上端面

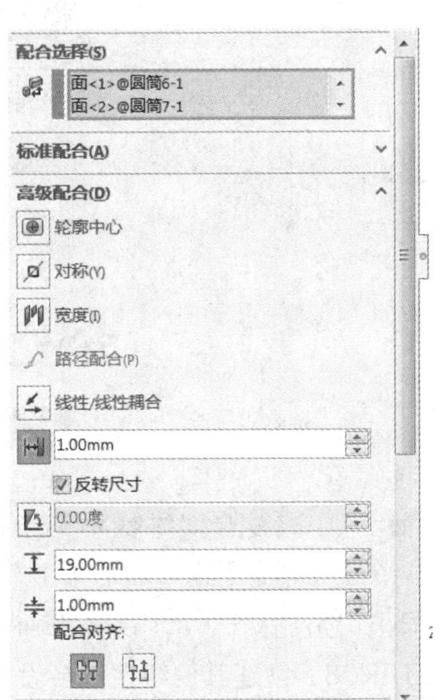


图 3-35　变化范围设置

STEP03　创建其他配合。

重复 STEP02，创建第 1 节与第 2 节和第 2 节与第 3 节之间的限制配合。至此完成配合工作的设置。

STEP04　检验结果。

采用手动对各节进行拉动，观察运动情况是否符合设计要求。

STEP05　保存文件。

单击【保存】图标，保存文件。

STEP06　压缩配合。

上面采用了【限制】配合的方法进行设置，下面采取【线性/线性耦合】配合方法来实现。为此先压缩掉 3 个配合当中的任意两个配合，这里只保留 3、4 节间的配合。

STEP07　线性/线性耦合设置。

可以看出第 1 节、第 2 节最大移动距离分别是 57mm 和 38 mm。

选取相邻两节的上端面，进行【线性/线性耦合】配合设置。单击【配合】图标，在【配合选择】中选择【高级配合】，单击【线性/线性耦合】→【距离】，在【比率】中分别输入 57 mm 和 38 mm，如图 3-36 所示。

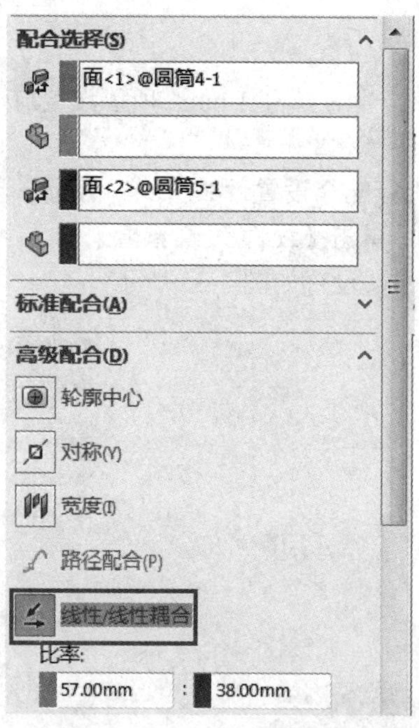


图 3-36　线性耦合参数设置

提示：① 【配合实体参考零部件】默认是全局坐标系，此处可为空白。

② 在【比率】下输入的是第 1 节相对第 2 节可运动的两个极限位置的坐标值。也可输入相应的比例，只要保证比率正确即可。

STEP08　创建其他线性耦合设置。

重复 STEP06，创建第 2 节与第 3 节的【线性/线性耦合】配合。

**STEP09 创建新运动算例。**

创建新运动算例，【算例类型】选择【Motion 分析】。

**STEP10 添加线性马达。**

在第 1 节端面上添加一个【线性马达】，设置【等速】大小为 10 mm/s。

**STEP11 运算并结果输出。**

将第 1、2 两节的速度图输出在同一张图上，如图 3-37 所示。

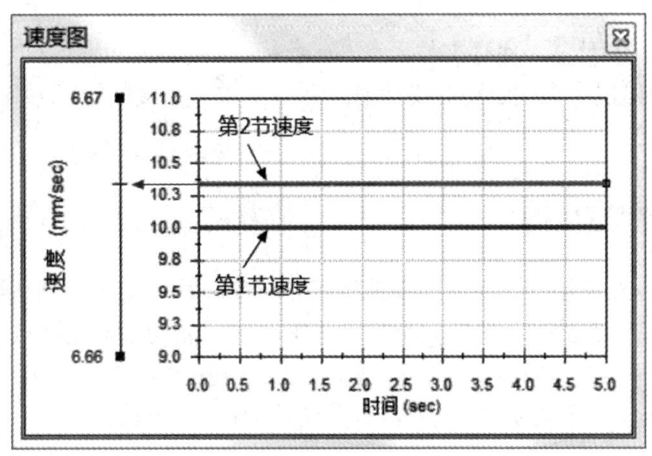


图 3-37 第 1、2 两节的速度

从图 3-37 中可以看出二者速度之比为 1.50(10.0/6.66)，而线性耦合设置为 1.50(57/38)，两者数据一致。【线性/线性耦合】配合对于等速运动也可说是速度之比设置。

手动拉压第 1 节，比较两种不同方法的设置所带来的不同运动方式。

**STEP12 设置换向开关。**

第一步：将时间线拖至终点 11 s（双行程时间）。

第二步：在 Motion Manager 工具栏上单击【添加/更新键码】图标，放置键码，右键单击同样可以放置键码。

第三步：修改终点键码方向换成反向，这时时间线呈现为。

第四步：分别复制开始点、终点的正、反向键码，在中间适当位置粘贴，开关设置完成。

**STEP13 重新计算并输出顶端面线速度。**

计算后，输出第 1 节端面线速度如，图 3-38 所示（含时间线）。

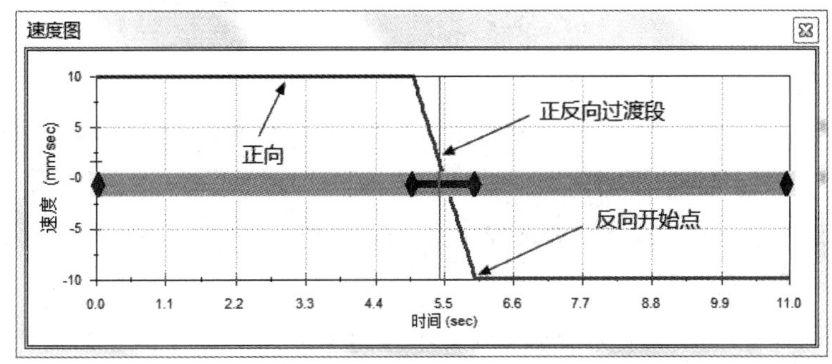


图 3-38 正反变向时间线

STEP14　观察结果。

观察图 3-38，可以看到前半程为正向运动，中间为线性过渡段，最后为回程段。键码位置决定运行时间长短。

提示：注意上面 STEP14 所添加的马达运动模式是【速度】，而如是【距离】就无法实现正、反向运动，因为不合乎逻辑。如用【距离】可采用双马达，根据时间启动第二个反向马达。

STEP15　保存文件。

单击【保存】图标，保存文件。

提示：本练习给出了直线运动的线性/线性耦合，关于角度的线性/线性耦合参见例题 4-2。

无级变速机构

## 练习 3–3　无级变速机构

图 3-39 所示为双滚子——半球面变速摩擦轮传动机构。由主动轴、半球面调速器和从动轴组成。通过调整球面轴 $\varphi$ 角的大小来调整主动轴、从动轴与球面接触位置，进而改变球面摩擦圆的直径，实现传动比的改变，属于无级变速机构，一般应用在无级变速器。

使用【Motion 分析】对其进行仿真(只关注传动比)的步骤如下：

STEP01　创建装配体。

创建装配体如图 3-40 所示，使用 3 个【铰链】配合将 3 个轴与各自的轴承(机架)相连接，球面调节轴采用【固定】。

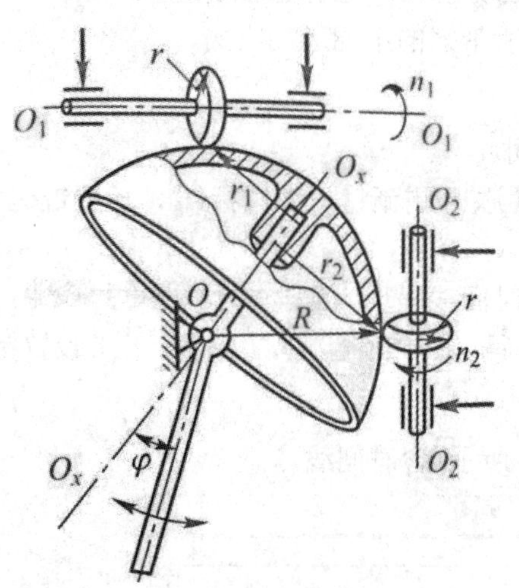

图 3-39　半球面变速摩擦轮传动机构

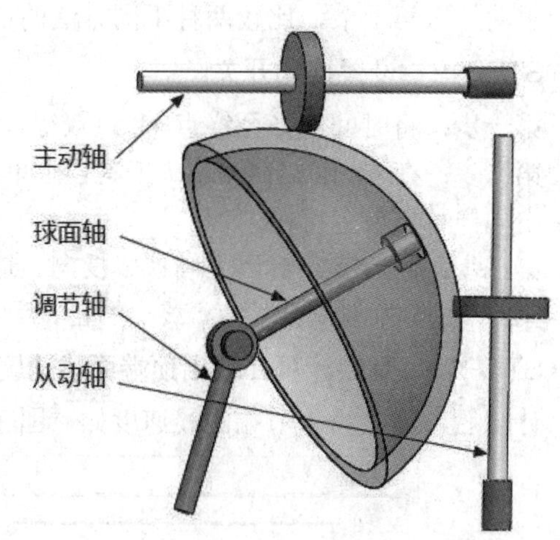

图 3-40　半球面变速摩擦轮传动机构模型

STEP02　创建新运动算例。

创建新运动算例，【算例类型】选择【Motion 分析】。

STEP03　添加本地配合。

由于滚子与球面之间属于无滑动接触，所以这里采用两个【齿轮】配合，选择各自的轴和垂直于轴的接触处直径作为参数(参照例题 3-2)。

STEP04 添加马达。

在球面轴上添加一个【旋转马达】,【等速】的数值大小设置为 60 RPM。

STEP05 运行并输出结果。

运行后，分别输出 3 个轴的角速度，如图 3-41 所示。

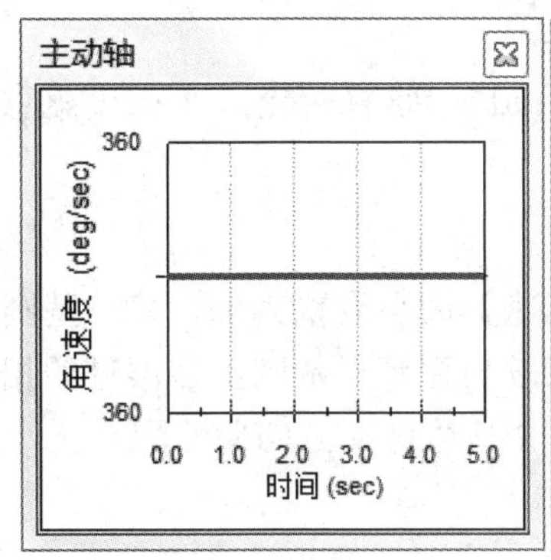

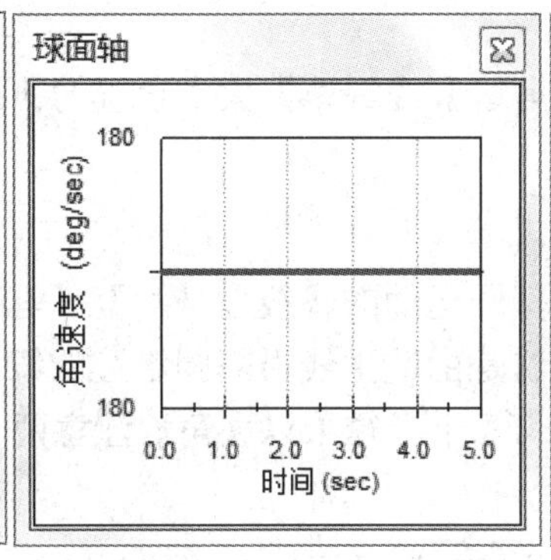

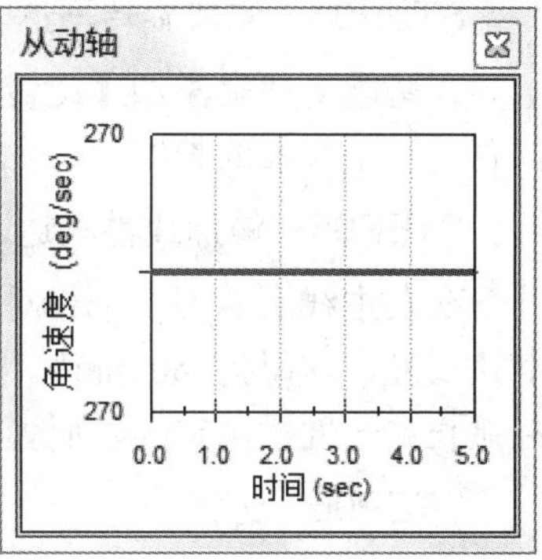


图 3-41 各个轴的角速度

STEP06 结果分析。

根据传动比等于直径之比可知，仿真结果与理论值完全一致。其实软件内部就是根据这一理论算法计算的，所以毫无疑问一致，读者可自行改变直径比去尝试。

STEP07 保存文件。

单击【保存】图标，保存文件。

## 练习 3-4 渐开线

在例题 3-2 中已根据渐开线形成原理画出了渐开线，这里将根据渐开线的性质来画出渐开线。由渐开线的性质可知：发生线沿基圆滚过的线段长度等于基圆上被滚过的相应弧长。利用这一性质并使用【Motion 分析】画出渐开线的步骤如下：

STEP01 打开装配体文件。

从文件夹“SolidWorks Motion\第三章\练习\”下打开文件“渐开线性质.SLDASM”。

STEP02 查看零部件配合。

模型由两个固定件基圆、机架和两个活动件发生线、基圆半径组成，如图 3-42 所示。

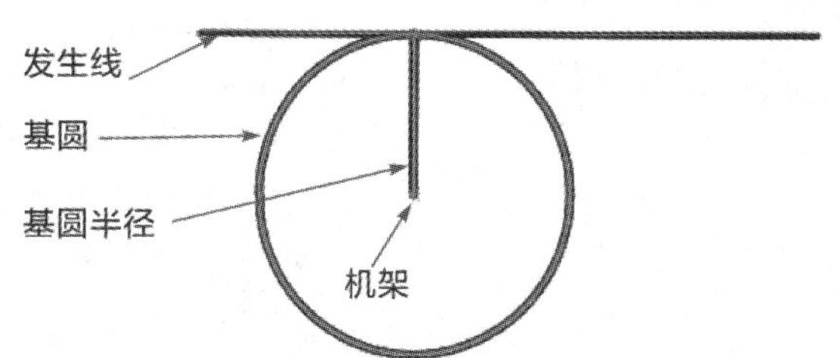

渐开线性质

图 3-42 渐开线模型

模型中使用铰链配合将基圆半径与机架相连，使用重合加垂直配合将基圆半径的另一端与发生线相连，这是画出渐开线的关键。

**STEP03 创建新的运动算例。**

创建新的运动算例，在【算例类型】中选择【Motion 分析】。

**STEP04 添加旋转马达。**

在基圆半径上添加【旋转马达】，【等速】大小设置为 1 rad/s，这样每走过 1 弧度就意味着走过了半径的长度。

**STEP05 添加线性马达。**

在发生线上添加一个相对基圆运动的【线性马达】，【等速】大小设置为每秒移动基圆半径长度，这里为 50 mm/s。这是由发生线沿基圆滚过的线段长度等于基圆上被滚过的相应弧长这一性质决定的。而弧长等于半径乘以夹角。注意两个马达运动方向要匹配。

**STEP06 运行。**

调整运行时间为 2 s，【每秒帧数】设置为 200 帧并运行。

**STEP07 输出结果。**

使用【跟踪路径】输出发生线与基圆切点的轨迹，如图 3-43 所示。

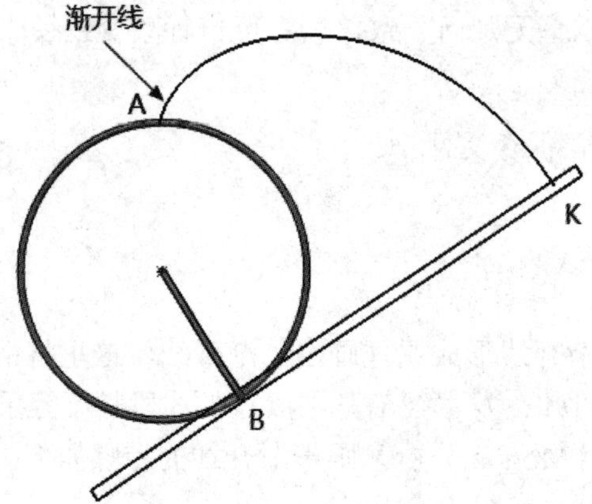


图 3-43 渐开线轨迹

**STEP08 将曲线输出。**

右键单击仿真结果中的【跟踪路径】→【从跟踪路径生成曲线】→【在参考零件中从路径生成曲线】，该曲线即为渐开线。

**STEP09 保存文件。**

单击【保存】图标，保存文件。

# 第四章 马达与驱动

学习目标

- 清楚零部件最优先的驱动；
- 了解马达的类型和驱动模式；
- 了解函数编制程序的类型；
- 掌握使用函数编制程序驱动马达；
- 掌握步进函数 STEP、判断函数 IF 的使用；
- 了解使用马达代替配合固定零部件；
- 掌握从跟踪路径生成曲线；
- 掌握路径配合的创建；
- 掌握如何创建和使用路径配合马达；
- 掌握设置马达正、反两个方向驱动。

## 一、基本知识

### 1. 马达

SolidWorks 中的马达是通过模拟各种马达类型的效果而在装配体中驱移动零部件的运动算例单元。其类型有旋转马达、线性马达和路径配合马达三种。

马达模拟模式有等速、距离、振荡、函数编制程序(线段、数据点、表达式)、伺服马达、用户函数、从文件装入函数等。

在运动算例中使用马达不考虑质量或惯性，而是将运动应用到零部件。由马达产生的运动优先于由任何其他运动算例单元所产生的运动。任何阻挡马达运动的单元可增加马达的能量消耗，但不会减缓马达运动。然而，如果有物体引起马达方向的参考出现变更，马达运动将以新方向应用。

### 2. 函数编制程序

函数编制程序用于对马达和力建立函数方程式或配置文件。

建立函数方程式的方法有：

(1) 使用预定义的【线段】——从时间或循环角度的分段连续函数定义轮廓。

(2) 输入一系列离散的【数据点】——从插值数据组(如时间、循环角度或运动算例结果函数)定义轮廓。

(3) 数学【表达式】——定义轮廓为时间、循环角度或运动算例结果的数学表达式。

(4) 单击【函数编制程序】窗口右上角的导入图标，把“.sldfnc”文件导入自定义函数。

图 4-1 显示了【函数编制程序】对话框的【线段】视图。

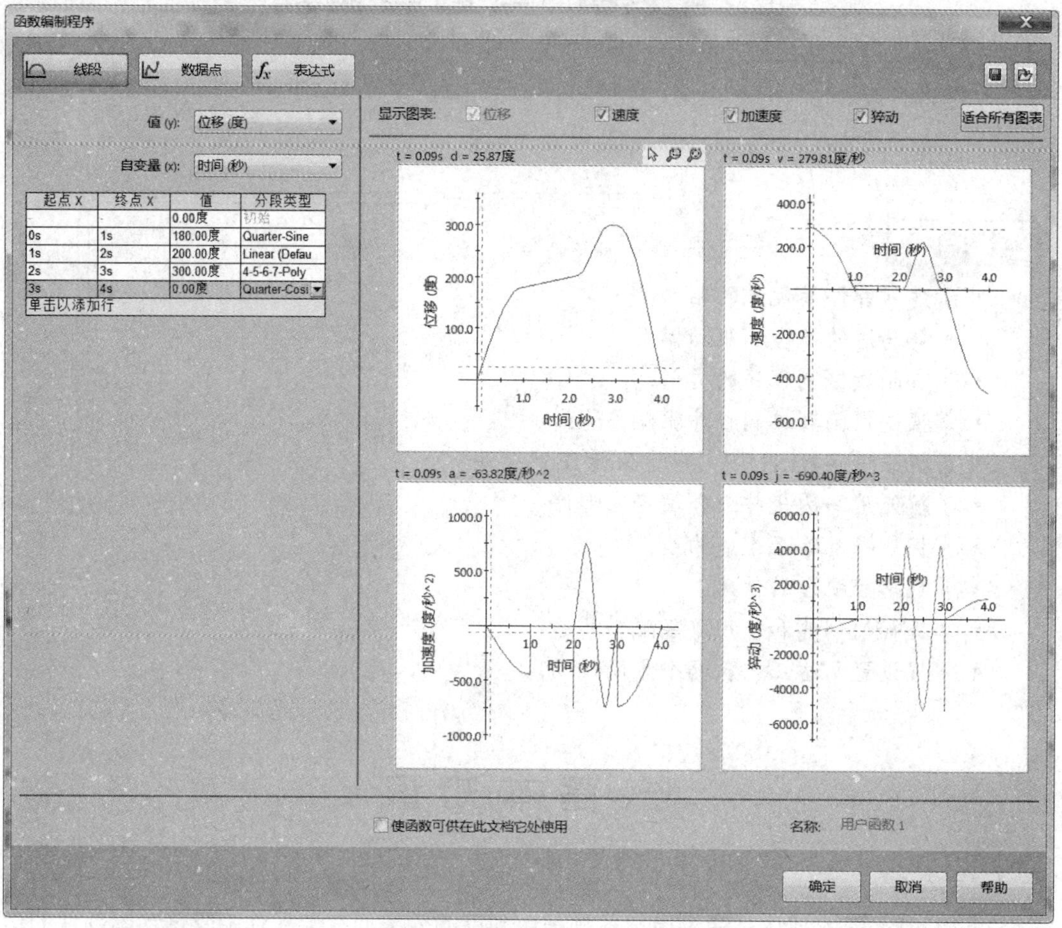

| 起点 X | 终点 X | 值 | 分段类型 |
|---|---|---|---|
| - | - | 0.00度 | 初始 |
| 0s | 1s | 180.00度 | Quarter-Sine |
| 1s | 2s | 200.00度 | Linear (Defau |
| 2s | 3s | 300.00度 | 4-5-6-7-Poly |
| 3s | 4s | 0.00度 | Quarter-Cosi |
| 单击以添加行 | | | |

图 4-1 【函数编制程序】对话框

1) 线段

在【线段】视图中需要同时选择自变量(以时间为代表)和因变量(位移、速度或加速度)，对于每个指定的间隔，从开始直到最终值之间的过渡受制于预定义的轮廓曲线。轮廓曲线已经被集成在程序中的有 Linear、Cubic、Quarter-Sine、Half-Cosine、3-4-5 Poly-nominal 等。当函数建立完成时，图形窗口将显示位移、速度、加速度和跳度(加速度对时间的导数)的相应变化。注意：可以保存并从存储的位置重新获取函数。

2) 数据点

使用输入数据点可以使用自己的运动数据来控制运动的位移、速度或加速度。可以输入到 SolidWorks Motion 的数据点数据必须是文本文件(*.TXT)或以逗号分隔的文件(*.CSV)格式。文件的每一行应当只对应一个数据点。数据点包含两个数值即时间和该时间点对应的值，逗号或空格可以用于分隔这两个值。除了这些限制以外，这个文件在本质上是自由格式的。SolidWorks Motion 允许使用不限数量的数据点，数据点的最小数量为 4 个数据点。

模板中第一列通常为时间，但是也可以使用其他参数，例如循环角度、角位移等。第二列可以设为位移、速度或加速度。这些数据可以手工输入，也可以通过文件导入。

除了线性插值外，还有两个样条匹配选项来分析数据，分别是 Akima 样条曲线和立方样条曲线。推荐使用立方样条曲线，因为即使数据点分布不均，该样条曲线仍然可以得到较好的结果。虽然 Akima 样条曲线生成的速度更快，但是当数据点分布不均匀时效果不好。

3) 表达式

在预定义的数学函数、变量和常量以及现有运动算例结果等辅助下，表达式能够建立起函数。和前面两类情况一样，函数也可以保存在指定的位置。

默认情况下，如果表达式中包括三角函数(如 sin())，则自变量单位以弧度表示。若要在表达式函数中指定自变量单位为度数，则将“D”附加到函数自变量中。

### 3. 路径配合马达

路径配合马达是驱动实体沿某一给定路径移动。这一路径通过【高级配合】→【路径配合】来创建。路径配合马达的生成，必须先创建出当地路径配合，然后才能选择路径和某一个运动点来创建路径配合马达。

### 4. 跟踪路径曲线

跟踪路径可在 SolidWorks 装配体(或零件)中生成一条曲线，将该曲线映射成样条曲线后，使用该样条曲线创建模型。SolidWorks Motion 有两种方式将跟踪路径生成曲线，具体如下：

① 【在参考零件中从路径生成曲线】曲线生成到装配体的参考零件中。

② 【在新零件中从路径生成曲线】曲线生成到新零件中。

### 5 常用函数

1) 步进函数 STEP

STEP()或 STEP5()函数通常用于步进马达或力的表达式中。其格式为 STEP($a$，$x_1$，$y_1$，$x_2$，$y_2$)或 STEP5($a$，$x_1$，$y_1$，$x_2$，$y_2$)。其中：

$a$——从列表中选取任何有效结果，或输入 time(不分大小写)；

$x_1$——水平轴上步长开始上升的点；

$y_1$——步长函数在点 $x_1$ 之前的值；

$x_2$——水平轴上步长保持平衡的点；

$y_2$——步长函数在点 $x_2$ 处的值。

函数 STEP()和 STEP5()的区别就是采用 3 次或 5 次多项式过渡，采用 STEP5()会更加柔和一些。如果是马达，则最大加速度会小一些；如果是力，则冲击力会小一些，然而提供力的原动件加工和制造工序会更加复杂。

2) 判断函数 IF

判断函数 IF 的格式为 IF(1：2，3，4)。具体执行过程如下：

如果表达式 1 的值 < 0，则函数值 = 表达式 2 的值；

如果表达式 1 的值 = 0，则函数值 = 表达式 3 的值；

如果表达式 1 的值 > 0，则函数值 = 表达式 4 的值。

3) 判断函数 IIF

判断函数 IIF 的格式为 IIF(1：2，3)。具体执行过程如下：

如果表达式 1 的值 < 0，则函数值 = 表达式 2 的值；

如果表达式 1 的值 > 0，则函数值 = 表达式 3 的值。

## 二、实践操作

创建凸轮轮廓

### 例题 4-1　凸轮轮廓设计

设有一个对心直动尖顶推杆盘形凸轮机构，其工作条件为高速轻载。对推杆的运动要求为：当凸轮转过 90° 时，推杆上升 15 mm；凸轮继续转过 90° 时，推杆停止不动；凸轮再继续转过 60° 时，推杆下降 15 mm；凸轮转过其余角度时，推杆又停止不动。试设计该凸轮机构。

在仿真之前先进行凸轮轮廓理论推导：由于是高速轻载，推程运动规律选用正弦加速度运动规律，回程运动规律选用五次多项式运动规律。

推杆位移 $s$ 分段计算公式如下：

(1) 推程阶段

$$\delta_{01} = 90^\circ = \frac{\pi}{2}$$

$$s_1 = \left[h\left(\frac{2\delta_1}{\pi}\right) - \sin\frac{4\delta_1}{2\pi}\right] \qquad \delta_1 = \left[0,\ \frac{\pi}{2}\right]$$

(2) 远休止阶段

$$\delta_{02} = 90^\circ = \frac{\pi}{2}$$

$$s_2 = 15 \qquad \delta_2 = \left[0,\ \frac{\pi}{2}\right]$$

(3) 回程阶段

$$\delta_{03} = 60^\circ = \frac{\pi}{3}$$

$$s_3 = \frac{270h\delta_3^3}{\pi^3} - \frac{1215h\delta_3^4}{\pi^4} + \frac{1458h\delta_3^5}{\pi^5} \qquad \delta_3 = \left[0,\ \frac{\pi}{3}\right]$$

(4) 近休止阶段

$$\delta_{04} = 120^\circ = \frac{2\pi}{3}$$

$$s_4 = 0 \qquad \delta_4 = \left[0,\ \frac{2\pi}{3}\right]$$

**方法一　【数据点】驱动**

使用【数据点】驱动的操作步骤如下：

STEP01　创建数据表。

使用 Excel 表格，对上述方程进行【数据点】创建，软件在读取数据时，把第一列作为时间，第二列作为该时间点对应的值，所创建的表格(这里是推程段的部分数据)如图 4-2 所示，确保文件扩展名为.csv。需指出的是自己创建的 Excel 表格不要表头。

STEP02　打开文件。

在 SolidWorks 菜单栏上单击【文件】→【打开】，打开文件夹 SolidWorks Motion\第四章\马达与驱动\例题\凸轮设计\下的文件“凸轮轮廓.SLDPRT”。

STEP03　添加线性马达。

添加一个【线性马达】，选择从动件的表面，选择【数据点】，打开【函数编制程序】对话框。选择【位移】下的【输入数据】，选择“凸轮轮廓.csv”文件，单击【确认】图标✔。

STEP04　添加旋转马达。

选择基圆轮廓面为【马达位置】，由于在数据表格中每隔 5° 取一个点，故在【运动】中选择【等速】，速度值大小在文本框中直接输入 5 deg/sec，系统将自动转换为 0.833 RPM，如图 4-3 所示，单击【确认】图标✔。

凸轮轨迹.csv

| | A | B | C |
|---|---|---|---|
| 1 | 1 | 0.778898 | |
| 2 | 2 | 1.564355 | |
| 3 | 3 | 2.36214 | |
| 4 | 4 | 3.176536 | |
| 5 | 5 | 4.009826 | |
| 6 | 6 | 4.862013 | |
| 7 | 7 | 5.730828 | |
| 8 | 8 | 6.611993 | |
| 9 | 9 | 7.499746 | |
| 10 | 10 | 8.38753 | |
| 11 | 11 | 9.268784 | |
| 12 | 12 | 10.13773 | |
| 13 | 13 | 10.99009 | |
| 14 | 14 | 11.82355 | |
| 15 | 15 | 12.63811 | |
| 16 | 16 | 13.43603 | |
| 17 | 17 | 14.22158 | |
| 18 | 18 | 15.00051 | |
| 19 | 19 | 15 | |

图 4-2　推程段数据点

图 4-3　旋转马达设置与大小

STEP05　设置仿真时间。

由于从路径生成曲线时，要求必须没有交叉点或者重合点，所以计算时间设置为 72 s 整转一周($72 \times 5 = 360°$)。

STEP06　进行仿真。

单击 Motion Manager 工具栏上的【运动算例属性】图标⚙，在弹出的运动算例属性窗口中重置【每秒帧数】，将其设置为 50 帧，并进行计算。

STEP07　结果图解。

新建一个结果图解，选择【位移/速度/加速度】下的【跟踪路径】，选择从动件的端点。

查看绘出的凸轮轮廓是否完整，如图 4-4 所示。

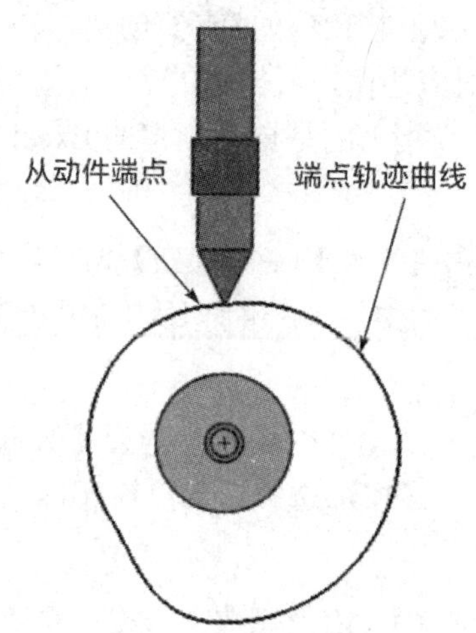


图 4-4　从动件端点轨迹

STEP08　生成轮廓曲线。

右键单击仿真结果中的【跟踪路径】→【从跟踪路径生成曲线】→【在参考零件中从路径生成曲线】。

STEP09　打开凸轮文件。

打开凸轮文件，上面创建的曲线已在参考零件凸轮当中，如图 4-5 所示。

STEP10　光滑处理。

单击【转换实体引用】图标，将曲线转换为草图曲线。单击菜单栏上的【工具】→【样条曲线工具】→【套合样条曲线】，将曲线光滑处理。

其实为了得到更精确的凸轮轮廓，需每秒 1° 甚至更小的间隔，以及增加每秒帧数，但这将大大增加计算时间。

STEP11　创建凸轮实体。

直接拉伸并与基圆合并，形成凸轮，如图 4-6 所示。

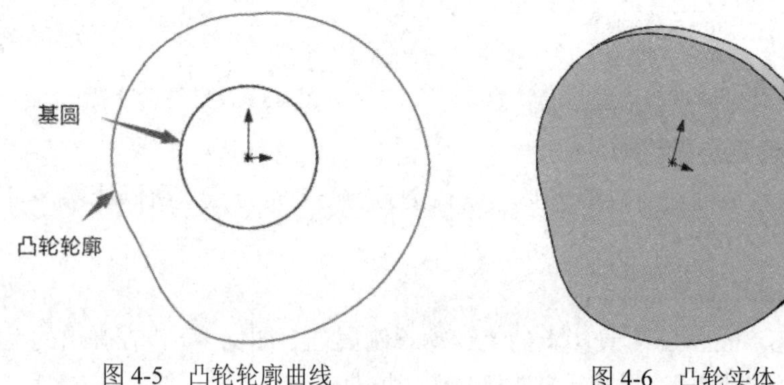


图 4-5　凸轮轮廓曲线　　　　图 4-6　凸轮实体

STEP12　保存实体。

单击【保存】图标，并关闭文件，弹出【是否更改装配体】对话框，确认【是】。

STEP13　保存装配体。

单击【保存】图标，保存装配体文件，最后的凸轮机构如图 4-7 所示。

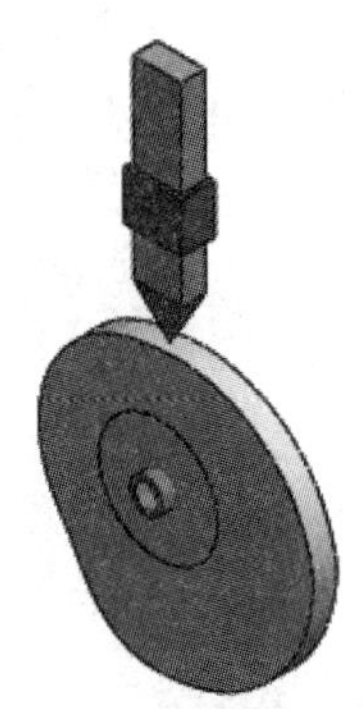

图 4-7　凸轮机构

**方法二**　**表达式驱动**

直接使用【表达式】驱动代替方法一的【数据点】驱动，其操作步骤如下：

STEP01　创建表达式驱动马达。

添加一个【线性马达】，选择从动件的上表面。选择【表达式】，打开【函数编制程序】对话框，选择【位移】，根据从动件运动方程，使用三层嵌套的 IF 函数，在【表达式定义】窗口内，输入如下表达式：

IF((Time-90):15*((Time/180*PI)/(PI/2)-SIN(4*(Time/180*PI)/(2*PI))),15,IF((Time-180):15,15,IF((Time-240):270*15*((240-Time)/180*PI)^3/PI^3-1215*15*((240-Time)/180*PI)^4/PI^4+1458*15*((240-Time)/180*PI)^5/PI^5,0,0)))

其中：Time 为时间，由于设置旋转马达为【等速】，大小为 1°/s，所以 Time 也就代表凸轮转过的角度。为了加快运行速度，可设置旋转马达为 5°/s，而将上述方程中时间变量 Time 同时也要乘以 5 与之匹配。

这里需要着重指出的是：当使用 IF 函数定义运动时，要确保所产生的运动或力是连续的。如果运动或力不连续，那么运动模拟可能找不到解。用来定义运动或力的所有函数最好具有连续的第一和第二阶导数。

为了克服软件在这一算法上的缺点可更改积分器，可采用 WSTIFF 积分器，但该积分器比较耗时。

操作方法是：单击 Motion Manager 工具栏上的【运动算例属性】图标，依次选择【高级选项】→【积分器类型】→【WSTIFF】，单击【确认】图标，进行下一步。

STEP02　添加旋转马达。

选用基圆轮廓面为【马达位置】，选择【等速】，设置其速度值为 1°/s，单击【确认】图标。

后续步骤同方法一，这里不再赘述。

**方法三**　**分段驱动**

在不同的曲线段使用不同的马达对从动件进行驱动，也就是将每个行程段分别处理。其操作步骤如下：

**STEP01　添加马达。**

添加 3 个线性马达和 1 个旋转马达，采用表达式驱动。对应的表达式分别如下：

线性马达 1　推程段 15*((2*(Time/180*PI))/PI)-15*SIN(4*(Time/180*PI))/(2*PI)

线性马达 2　远停留 20(注：正确值为 15，此处必须错开，否则不能生成曲线)

线性马达 3　回程段 270*15*((240-Time)/180*PI)^3/3.14^3-1215*15*((240-Time)/180*PI)^4/3.14^4 + 1458*15*((240-Time)/180*PI)^5/3.14^5

旋转马达 4　等速 1 deg/sec

相应的时间键码如图 4-8 所示。

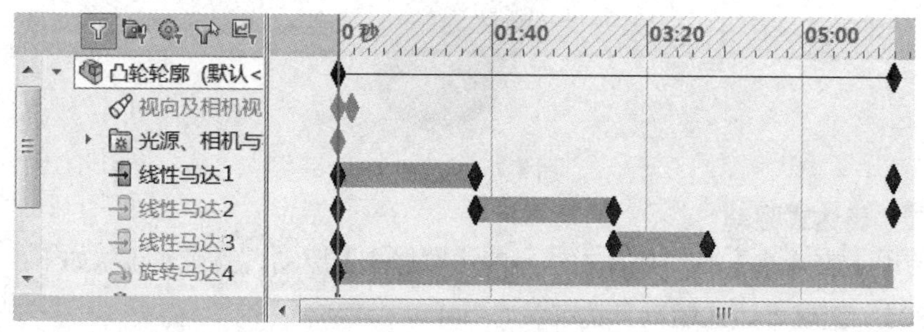


图 4-8　时间键码

**STEP02　进行计算。**

计算后，对输出跟踪路径加以简单处理，以圆弧补齐远、近停留段。最终形成完整的凸轮轮廓曲线，如图 4-9 所示。

**STEP03　生成凸轮。**

通过【拉伸凸台】形成凸轮，如图 4-10 所示。

需要强调的是 STEP01 也可采用一个 STEP()函数代替，尽管这种分段函数适合处理此类问题，但这里由于函数过于复杂，不建议采用，读者可自行完成。

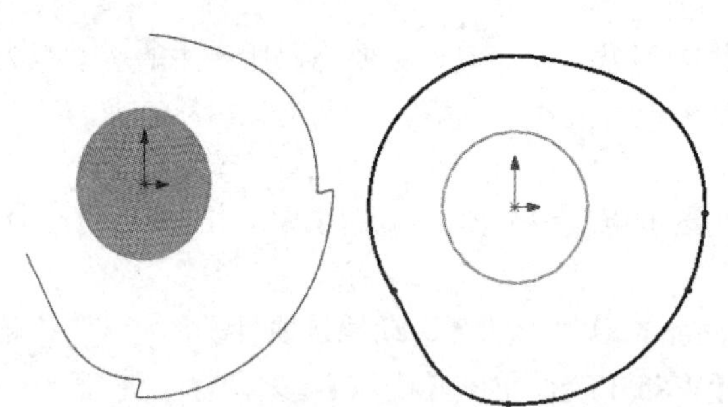

图 4-9　最终形成的凸轮轮廓曲线

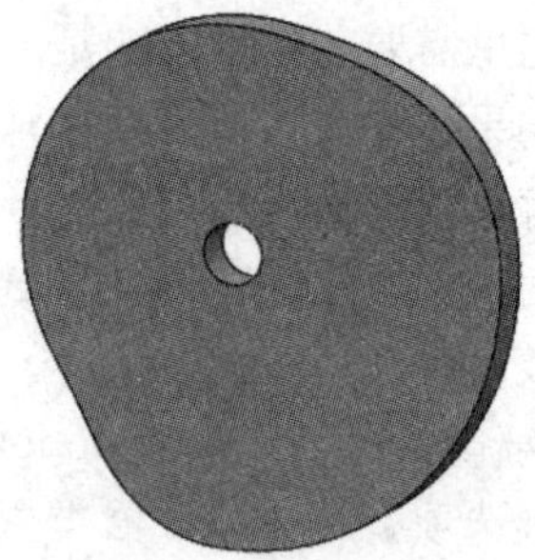

图 4-10　最后生成的凸轮

**STEP04　保存文件。**

单击【保存】图标，保存文件。

## 例题 4-2　伦敦 Rolling Bridge

Rolling Bridge

伦敦的折叠滚桥(Rolling Bridge)坐落于伦敦运河，其设计曾获得多项国际大奖，整个桥由 8 个部分组成，当在一系列液压油缸作用下，可以卷曲成正八边形，反之伸展开后如同普通桥梁，如图 4-11 所示。

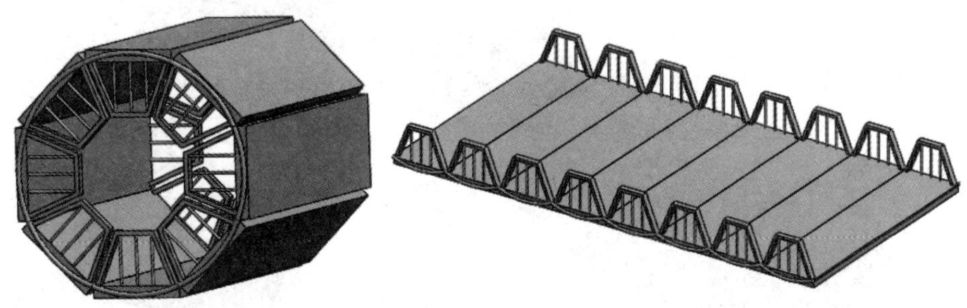

图 4-11 滚桥的两种状态

略去液压驱动，使用【Motion 分析】来模拟其卷曲和伸展运动的步骤如下：

**STEP01 创建一块桥板。**

创建一块桥板，板宽为八分之一外接圆的弦长，对应的圆心角为 45°，如图 4-12 所示。

**STEP02 创建装配体。**

将八块桥板通过 7 个【铰链】配合连接到一起，同时【固定】第一块桥板。

**STEP03 添加旋转马达。**

添加 7 个【旋转马达】是关键。需要说明的是相邻两块桥板相对旋转 45°，除第一块固定不动，其他每块都相对前一块旋转 45°，这样一来就必须指定相对哪个零部件转 45°，否则软件默认按绝对坐标系旋转 45°，参照图 4-13 设置马达参数，图中给出的是第 4 块相对第 3 块旋转 45°。其他照此同样处理，这里不再赘述。

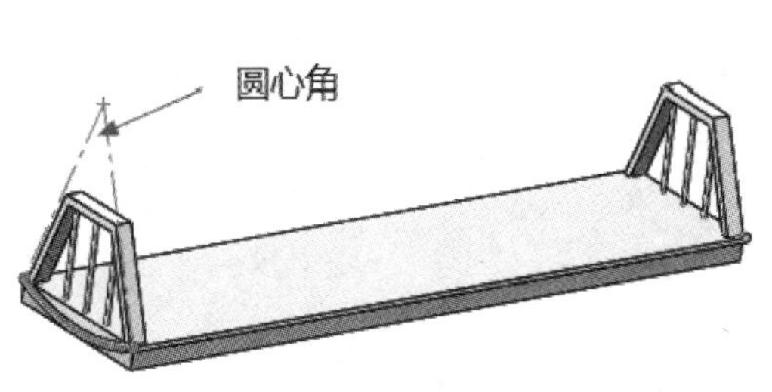


图 4-12 一块桥板

图 4-13 马达参数设置

**STEP04 运行计算。**

在运行前将所有板放到同一平面上，可通过与一条直线共线实现，单击【计算】图标。

**STEP05 观察运动状态。**

图 4-14 展示了运动过程中的两个时刻的空中姿态，在卷曲过程中，运动轨迹光滑顺畅。

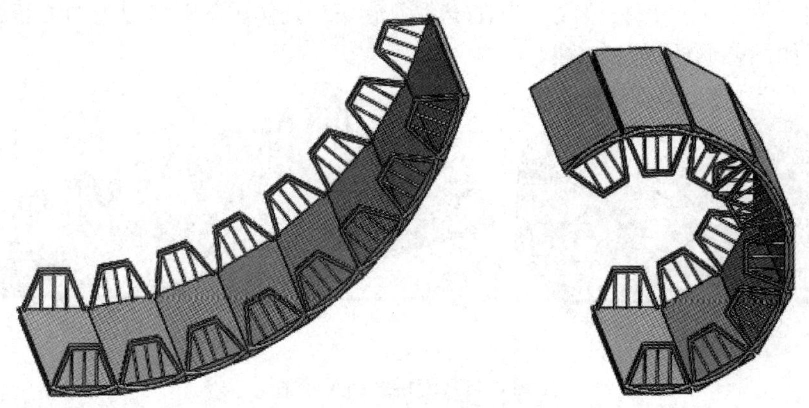

图 4-14　两个时刻的空中姿态

**STEP06　复制算例。**

右键单击【运动算例 1】选择复制，这样状态栏出现了【运动算例 2】，重命名为“线段驱动”。

**STEP07　修改运行时间。**

将总运行时间调整到 10 s，其中 0～5 s 收起、5～6 s 马达方向过渡，6～10 s 展开。

**STEP07-1　修改马达(方法一)。**

对所有马达采用【线段】驱动。参考如图 4-15 所示的【函数编制程序】对话框，完成三段【线段】的填写，以五次多项式过渡。

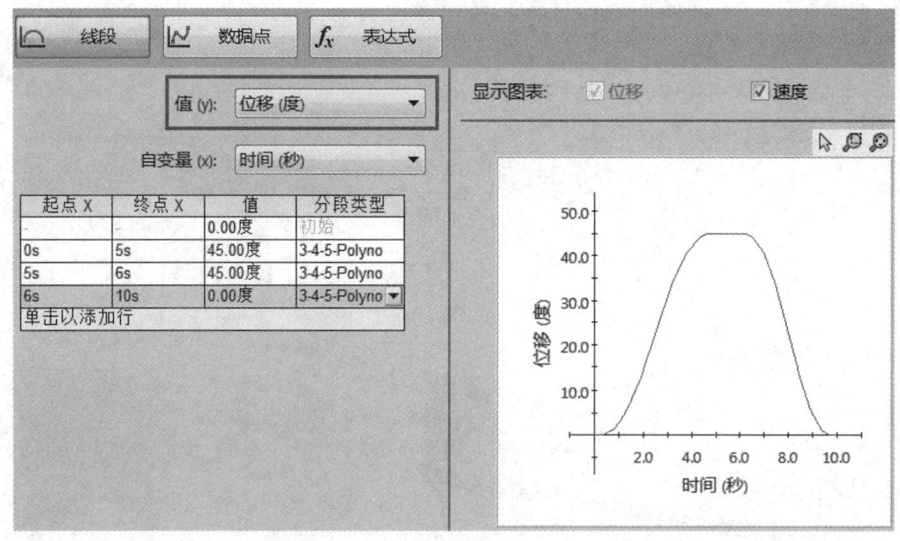


图 4-15　【函数编制程序】对话框

**STEP07-2　修改马达(方法二)。**

马达也可采用更为方便的【表达式】来驱动。参考如图 4-16 所示的【函数编制程序】对话框，具体操作如下：

(1) 右键单击马达【编辑特征】，将驱动模式改为【表达式】。

(2) 在【值】域里选择【位移】，在右侧【数学函数】里选择 STEP5()或 STEP()函数。

(3) 输入表达式“STEP5(Time, 0, 0 D, 5, 45D) + STEP5(Time, 6, 0 D，10, −45D)”，其中变量 Time 在右侧变量里选择，也可直接输入，而“D”代表单位是 DEG(度)。

上面的表达式组合了两个步进函数，中间留 1s 过渡。

第一个步进函数将使滚桥在 0～5 s 收起，然后保持 1 s 过渡，直到第 6 s。在第 6 s 处添加了第二个步进函数，即在 6～10 s 将滚桥反向旋转 45° 展开。

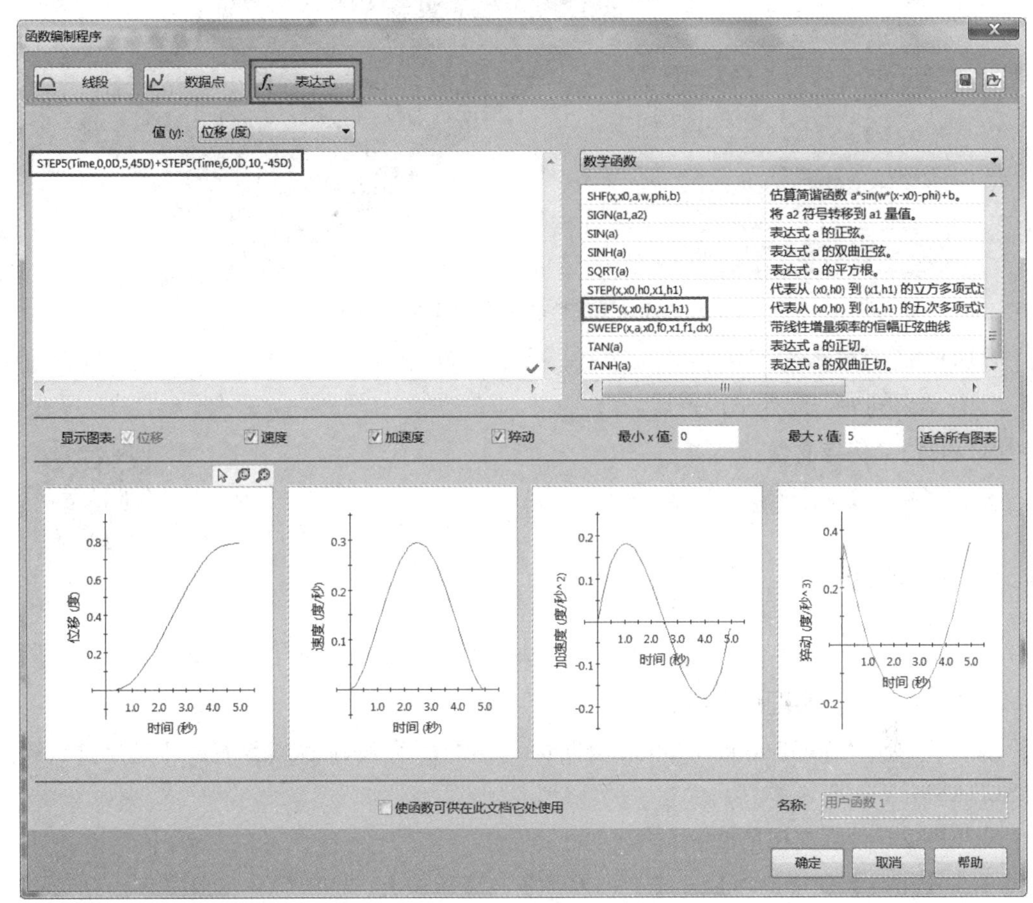


图 4-16 【函数编制程序】对话框

需要指出的是，设计时注意角加速度、猝度不可过大，否则惯性力太大不可用。

STEP08 运行计算。

运行并观察仿真过程，可以看到桥面顺畅地收起，经 1s 过渡后，反向展开。

STEP09 复制算例。

右键单击【线段驱动】选择复制，这样状态栏出现了【运动算例 2】，重命名“线性/线性配合驱动”。

STEP10 删除马达。

只保留一个马达。例如，只保留第 1 个马达，删除其他 6 个马达。

STEP11 添加配合。

以第 2、3 两块桥板为例加以说明。参照图 4-17 所示的【线性/线性耦合】配合来设置参数，其他 5 个配合采取同样的操作即可。

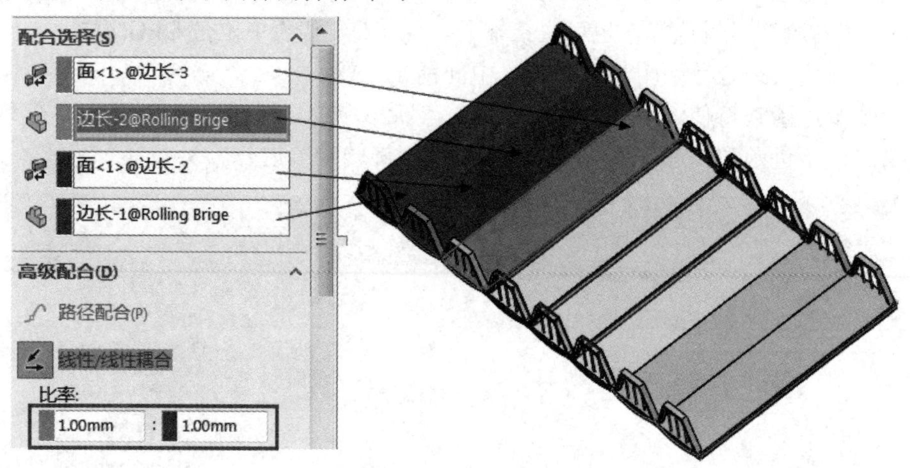


图 4-17 【线性/线性耦合】参数设置

STEP12 运行。

运行结果同前，此处不再赘述。

STEP13 保存文件。

单击【保存】图标，保存文件。

## 练习 4–1 绘图仪

绘图仪

本练习中将使用表格中的数据驱动马达来控制笔试绘图仪工作，其操作步骤如下：

STEP01 打开装配体文件。

打开文件夹“SolidWorks Motion\第四章\马达与驱动\练习\跟踪路径”下的文件“绘图仪.SLDASM”。

STEP02 设置文档单位。

单击【工具】→【选项】→【文档属性】→【单位】，选择【MMGS(毫米、克、秒)】为单位。

STEP03 新建一个算例。

新建一个运动算例，【算例类型】确保选择了【Motion 分析】。

STEP04 检查装配体。

查看装配体，如图 4-18 所示，现有的配合允许横梁沿着支架的导轨移动，而画笔不仅可以沿着横梁移动，还可以绕横梁自由转动，这个转动是不需要的，需将其固定禁止转动。

STEP05 添加旋转马达。

为了防止画笔转动，可使用一个旋转马达代替配合，将画笔固定。

【马达位置】选择画笔下的基准轴 1，在运动类别中选择【距离】，设定位移为“0 度”，并从“0.00 秒”变化到“120.00 秒”，如图 4-19 所示，单击【确认】图标完成设置。

提示：学会使用电机来代替【配合】(约束)。有助于减少运动模型冗余约束，甚至可以固定组件。有关冗余的介绍参见第八章。

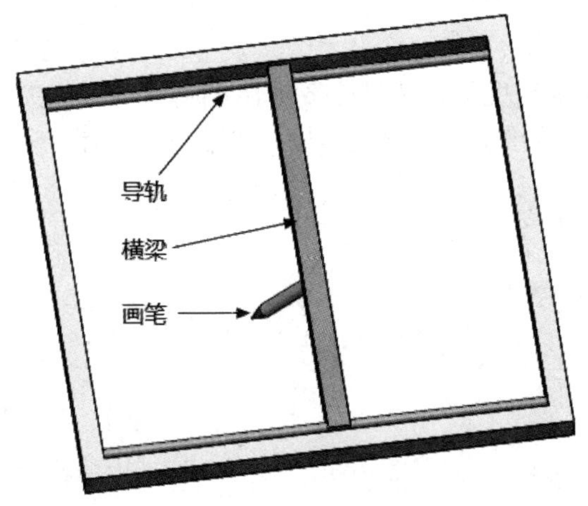


图 4-18　绘图仪模型

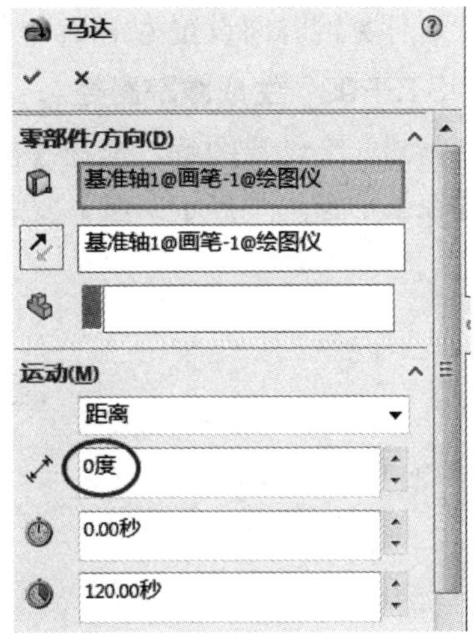


图 4-19　马达参数设置

STEP06　添加 Y 向线性马达。

第一个线性马达用于驱动横梁沿支架导轨移动。在文件夹“练习/跟踪路径”下包含两个 csv 文件：“Move_x.csv”和“Move_y.csv”。这两个文件各自包含两组数值，第一组数值代表时间，第二组数值代表位置。

建议每一组数值中的时间间隔都是均匀的，这么做的好处是允许使用 Akima 插值类型。

添加第一个【线性马达】，按照图 4-20 所示选择表面。选择【数据点】，打开【函数编制程序】对话框。选择【位移】下的【输入数据】，选择“Move_y.csv”文件，单击【确认】图标✔。

STEP07　添加 X 向线性马达。

添加另一个线性马达，使用文件“Move_x.csv”，驱动笔尖沿着横梁移动。马达的方向参照图 4-20，其参数设置如图 4-21 所示。

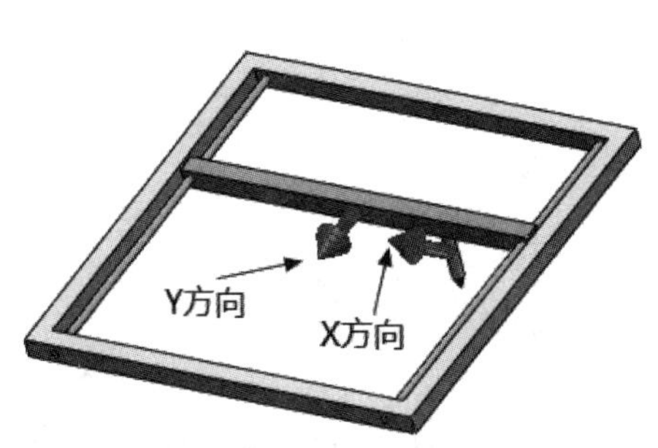


图 4-20　定义马达方向

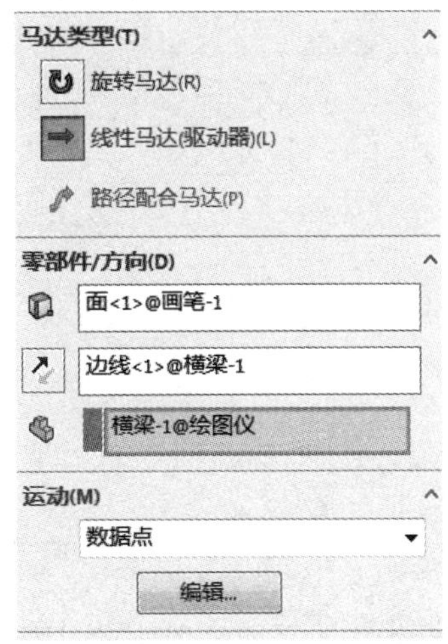


图 4-21　X 向马达设置

**STEP08　运行算例。**

运行算例时间设置为 120s，单击【计算】图标。

**STEP09　生成跟踪路径。**

新建一个结果图解，选择【位移/速度/加速度】和【跟踪路径】。选择画笔的笔尖。勾选【在图形窗口中显示向量】复选框，以查看绘出的五角星形状，如图 4-22 所示。

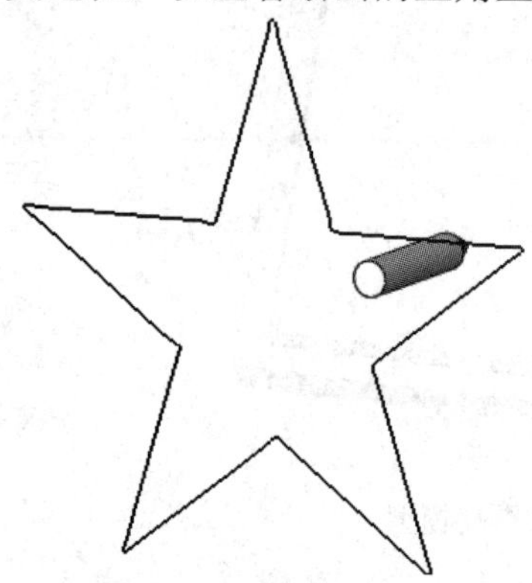

图 4-22　画笔的笔尖笔迹

**STEP10　保存并关闭文件。**

提示：该轨迹可直接以数据文件 .csv 格式输出，也可作为样条曲线保留。

## 练习 4–2　路径配合马达

路径配合马达是 SolidWorks 中【Motion 分析】提供的三种马达类型之一，要想使用路径配合马达，用户必须先创建它，方可使用。路径配合马达的创建与使用步骤如下：

**STEP01　创建草图文件。**

创建五角星草图，并倒圆角，也就是在角顶点圆弧过渡，理论上确保路径导数连续，如图 4-23 所示。单击【保存】图标，保存文件。

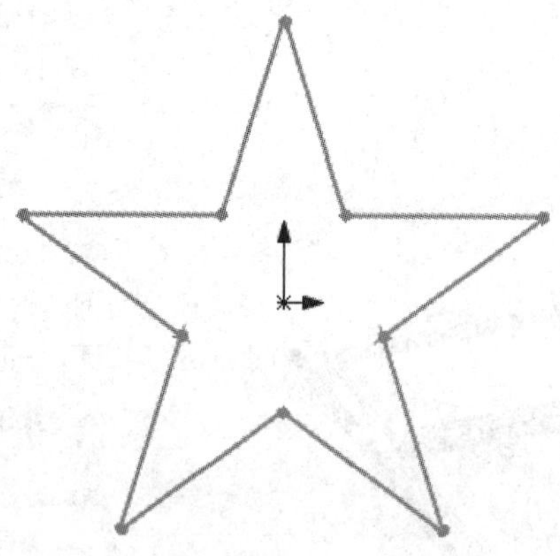

图 4-23　五角星草图

提示：如果采取分段驱动，则可以不倒圆角，或者采用多点驱动也可以，但比较麻烦。读者可加以尝试。

STEP02 创建当地路径配合。

为了创建路径配合马达，必须先创建出【当地路径配合】供路径配合马达使用，具体操作如下：

① 创建装配体文件，选择上述的草图文件作为装配体的原配件(第一个零部件)，将草图的局部坐标系原点与全局坐标系原点重合。

② 单击【插入零部件】，选择小球。

③ 单击【配合】，选择【高级配合】中的【路径配合】，在【路径约束】中选择【沿路径的距离】，将其设置为0。【零部件顶点】选择小球的坐标原点，【路径选择】使用下面的【SelectionManager】进行【闭环】选取五角星的各个边。单击【确认】图标✔。这时在当地配合窗口内出现【当地配合路径1】。各操作如图4-24～图4-26所示。

图4-24 选取框

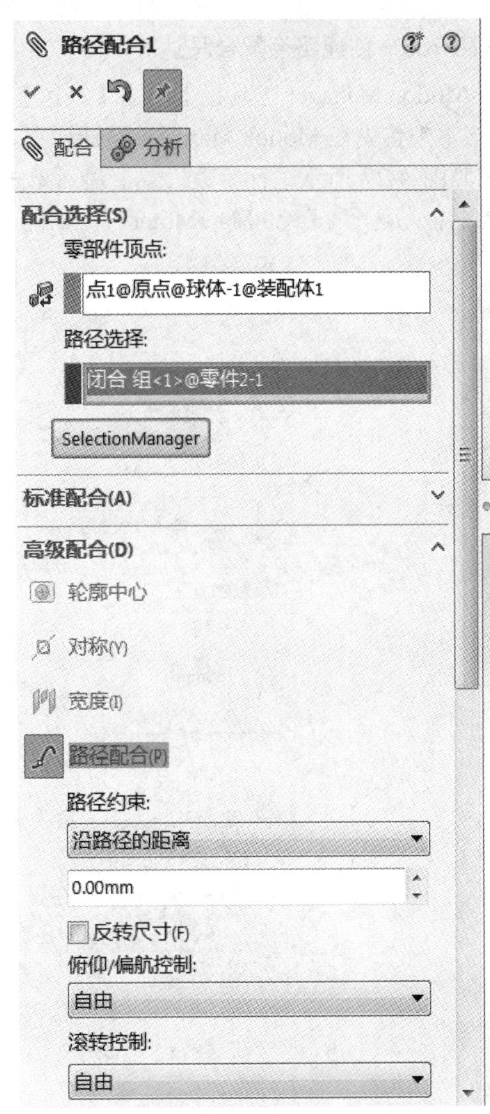


图4-25 路径配合设置

装配体1 (默认<默认_显示状态-1>)
视向及相机视图
光源、相机与布景
(-) 5角星<1> (默认<<默认>_显示状态 1>
(-) 球体<1> (默认<<默认>_显示状态 1>)
配合
当地 路径配合1

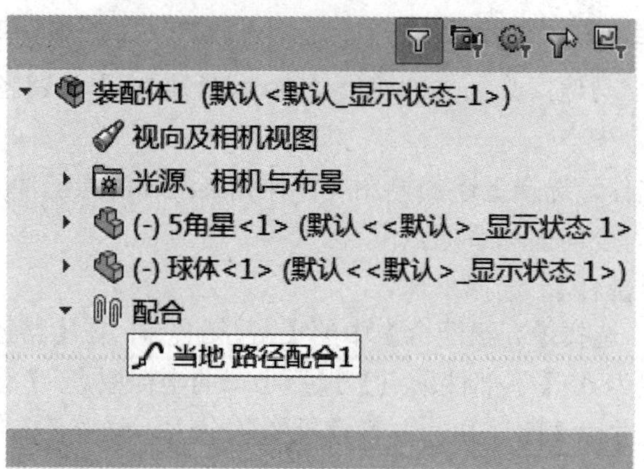

图 4-26　当地路径配合

STEP03　创建路径配合马达。

在 Motion Manager 工具栏上单击【马达】图标，【马达类型】选择【路径配合马达】，接下来首先在 Motion Manager 设计树里，选择【配合】中的【当地 路径配合】，然后按照图 4-27 所示进行参数设置，最后单击【确认】图标。这时在当地窗口内出现一路径配合马达【PathMateMotor1】，如图 4-28 所示，至此路径配合马达创建完毕。

马达
配合/方向(D)
路径配合1
闭环<1>@5角星-1
5角星-1@装配体1
运动(M)
等速
60mm/s

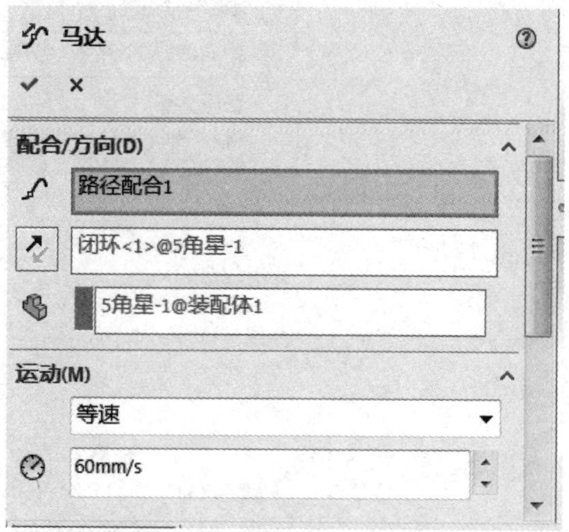

图 4-27　路径配合马达设置

装配体1 (默认<默认_显示状态-1>)
视向及相机视图
光源、相机与布景
PathMateMotor1
(固定) 5角星<1> (默认<<默认>_显示状态 1>
(-) 球体<1> (默认<<默认>_显示状态 1>)
配合 (2 冗余)

图 4-28　当地路径配合马达

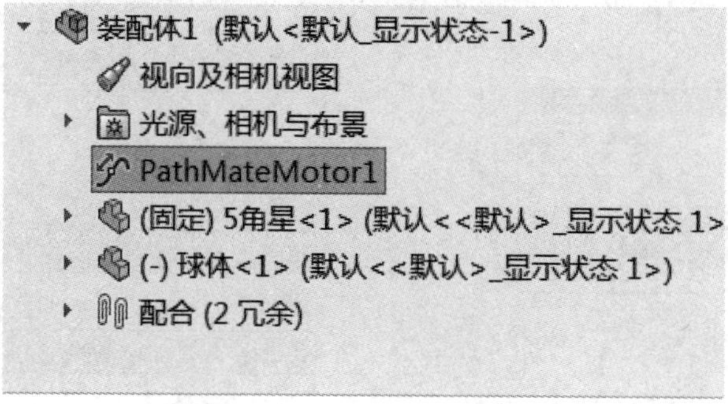

提示：随时随地可对该马达进行编辑。

STEP04　设置仿真时间。

由于从路径生成曲线时，要求整个路径必须没有交叉点或者重合点，所以先通过测量工具，测得整个路径长度为 360 mm，根据我们前面设置的马达运动速度是 60 mm/s，时间设置为 6 s(360/60)，小球在该马达的驱动下正好跑完整个路径，如图 4-29 所示。

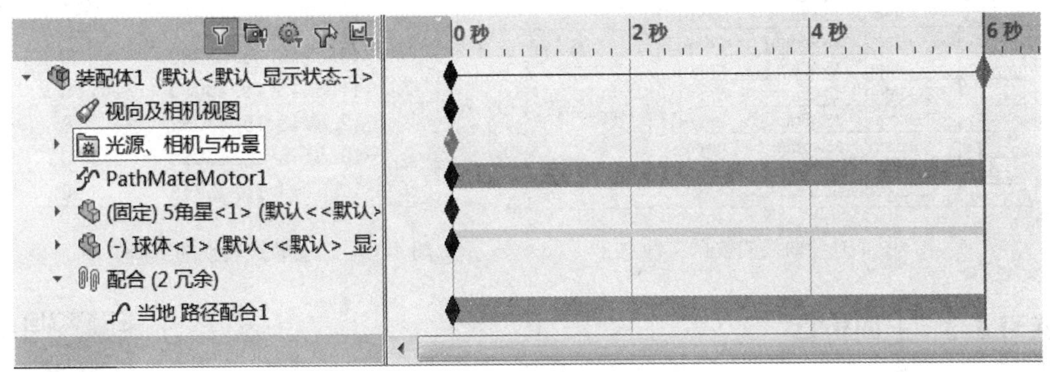


图 4-29　马达时间设置

【每秒帧数】控制着数据文件中记录的数据点数，此处记录 25 帧。帧数越多，数据文件越大。

STEP05　运行并输出跟踪路径。

通过右键单击仿真结果【跟踪路径 1】，选择【从跟踪路径生成曲线】，这时在设计树中出现曲线1，如图 4-30 所示。

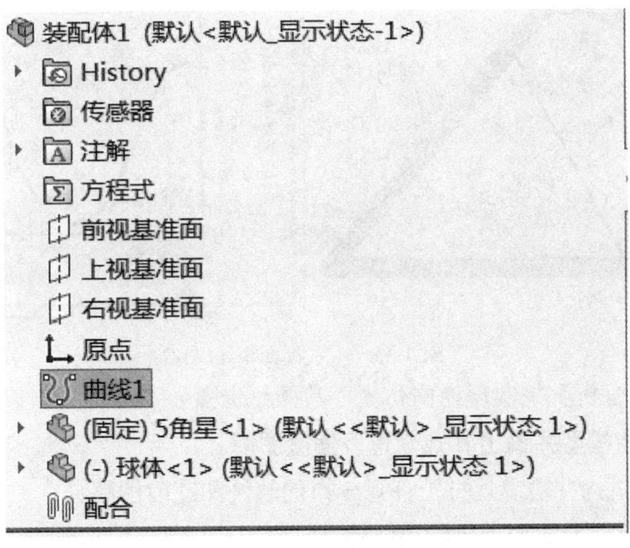


图 4-30　将路径转化为样条曲线

STEP06　创建数据文件。

右键单击【跟踪路径】或上面创建的曲线，均可生成数据文件，如图 4-31、图 4-32 所示。这些数据可作为【数据点】来驱动马达。其他步骤同练习 4-1，这里不再赘述。

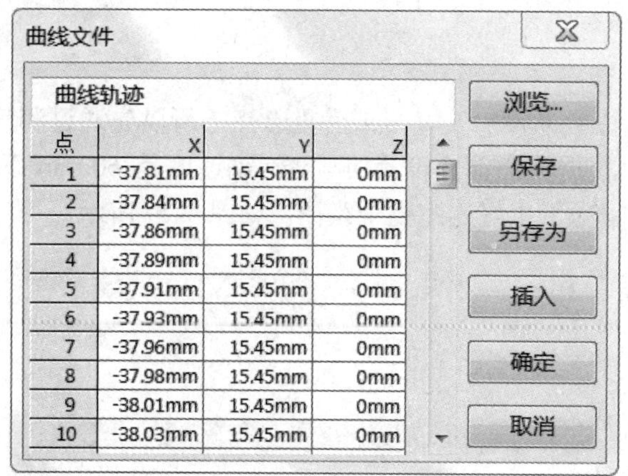

曲线文件

曲线轨迹

| 点 | X | Y | Z |
|---|---|---|---|
| 1 | -37.81mm | 15.45mm | 0mm |
| 2 | -37.84mm | 15.45mm | 0mm |
| 3 | -37.86mm | 15.45mm | 0mm |
| 4 | -37.89mm | 15.45mm | 0mm |
| 5 | -37.91mm | 15.45mm | 0mm |
| 6 | -37.93mm | 15.45mm | 0mm |
| 7 | -37.96mm | 15.45mm | 0mm |
| 8 | -37.98mm | 15.45mm | 0mm |
| 9 | -38.01mm | 15.45mm | 0mm |
| 10 | -38.03mm | 15.45mm | 0mm |



图 4-31　曲线的数据文件

跟踪路径.csv

|  | A | B | C |
|---|---|---|---|
| 1 | 跟踪路径1 |  |  |
| 2 | X(mm) | Y(mm) | Z(mm) |
| 3 | -37.8143 | 15.45085 | 0 |
| 4 | -38.8143 | 15.45085 | 0 |
| 5 | -39.8143 | 15.45085 | 0 |
| 6 | -40.8143 | 15.45085 | 0 |
| 7 | -41.8143 | 15.45085 | 0 |
| 8 | -42.8143 | 15.45082 | 0 |
| 9 | -43.8143 | 15.45085 | 0 |
| 10 | -44.8143 | 15.45218 | 0 |

图 4-32　运动轨迹转换的数据文件

## 练习 4–3　逆向仿真

逆向仿真

图 4-33 为曲柄摇杆机构，曲柄以 60 r/min 转动，连杆上任意一点 A 的轨迹和速度如图中所示。现在的问题是用连杆上 *A* 点驱动或在摇杆上驱动来代替原来的曲柄驱动，且要完全重复曲柄驱动，不仅轨迹相同而且速度、加速度等运动参数也要完全一致。

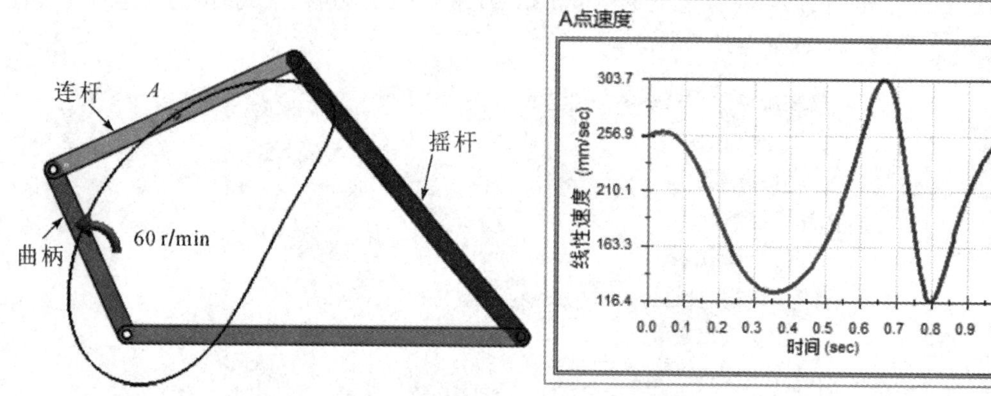



图 4-33　*A* 点轨迹和速度

使用【Motion 分析】来实现逆向仿真，其操作步骤如下：

**STEP01　创建模型并输出 *A* 点轨迹及速度图解。**

创建一个四杆机构并输出连杆上任意一点的轨迹和速度图解。

**STEP02　创建速度或加速度数值文件。**

在【结果】中通过右键单击【轨迹名称】输出样条曲线，或者通过右键单击速度图创建数值文件，命名为“A 的速度.CSV(E)”。

**STEP03　添加球体。**

在 *A* 点添加一个球体，使用【重合】配合将球心固定到 *A* 点。

STEP04 创建轨迹草图。

通过工具栏上的【转换实体引用】创建一个含有 *A* 点轨迹的草图。

STEP05 创建路径配合。

使用球心和 *A* 点轨迹的草图曲线，创建路径配合。

STEP06 创建路径配合马达。

打开【函数编制程序】对话框，在球心处添加【路径配合马达】，如图 4-34 所示。注意所使用的数据文件就是“A 的速度.CSV(E)”。

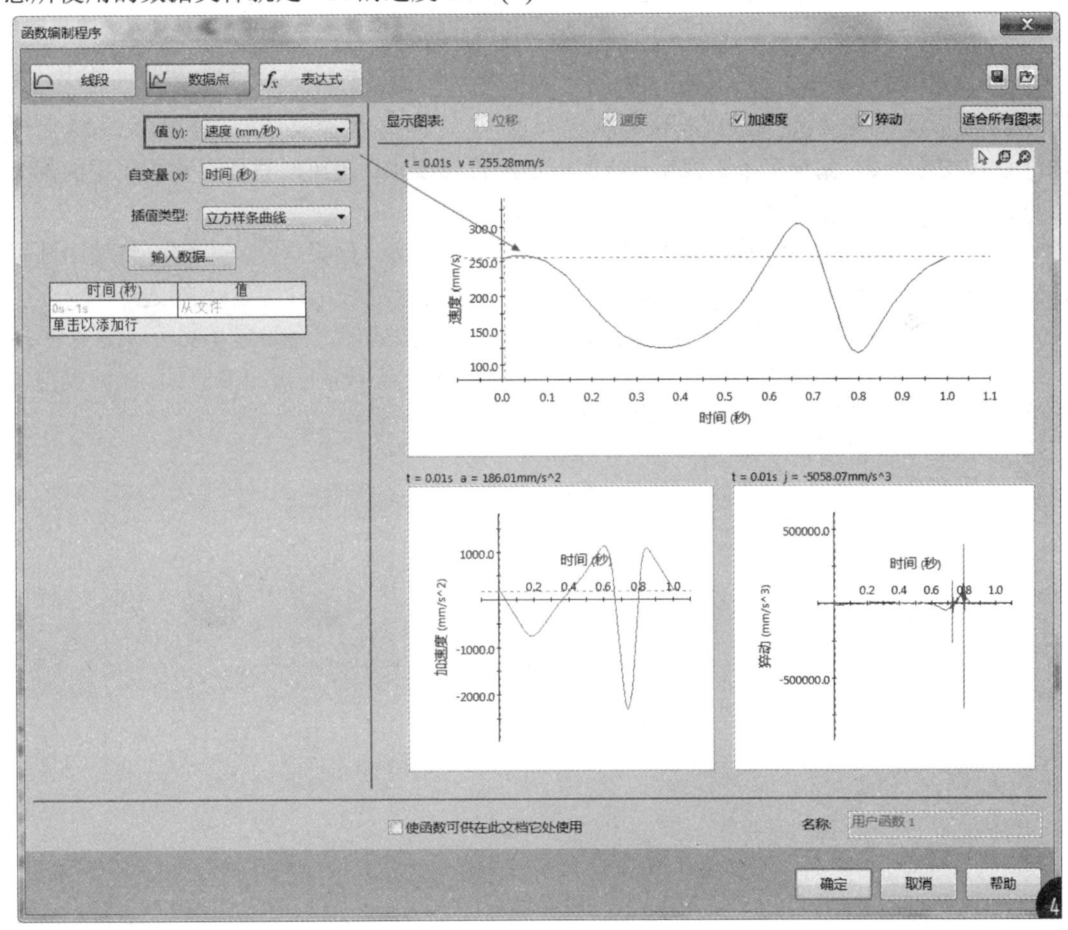


图 4-34 【函数编制程序】对话框

STEP07 压缩曲柄的驱动马达。

将曲柄的【旋转马达】压缩掉，使用新创建的 *A* 点【路径配合马达】来驱动。

STEP08 重新计算并输出曲柄角速度。

输出曲柄角速度如图 4-35 所示。从图上会观察到与曲柄为主动件时基本一致，只是在传动角很小位置时会有所区别，甚至有时会有止点出现。

STEP09 保存文件。

单击【保存】图标，保存文件。

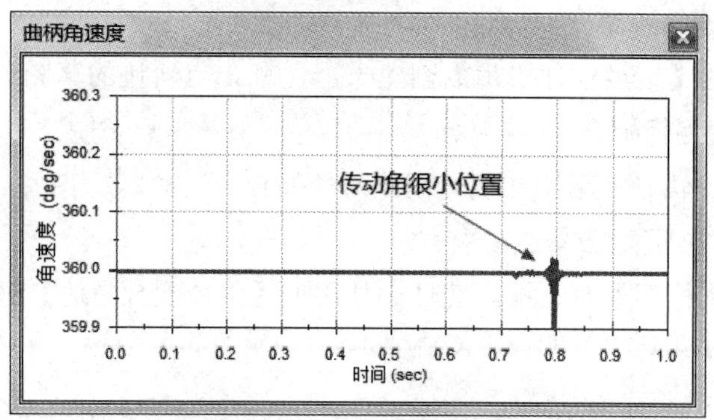


图 4-35　曲柄角速度

需要指出的是不仅可以使用速度也可使用其他参数来驱动。对于数据表文件(***.CSV(E))来说，完全可人工编辑、修改以适应设计要求。还可以只使用数据表中的部分数据。

另外，要注意在使用轨迹创建样条曲线时不可自交叉。如果自交叉，则可将表中数据进行分段处理，也就是拆分成不同的表格数据并分别进行处理，即可解决自交叉问题。

逆向仿真具有广泛的应用，很多问题都可采用该方法处理。例如图 4-36 所示 3 个小球运动到给定圆周上，要求 3 小球在运动过程中始终保持距离不变且成一条直线，如何模拟？读者试自行完成(提示：沿渐开线逆向运动)。

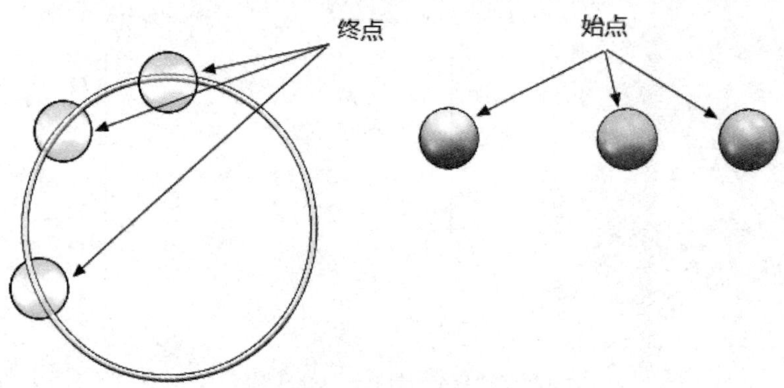


图 4-36　小球运动轨迹

# 第五章 力 单 元

学习目标

- 了解力单元的类型；
- 掌握力的大小和方向的定义；
- 了解力函数；
- 了解弹簧类型；
- 理解弹簧力数学模型和阻尼力数学模型；
- 了解弹簧结构阻尼的作用；
- 掌握添加线性弹簧和扭簧的方法；
- 了解与阻尼单元的阻尼力大小相关的要素；
- 掌握仿真过程中检测两构件接触的方法；
- 学会振荡马达的使用；
- 掌握力矩的使用。

## 一、基 本 知 识

### 1. 力

力包含力和力矩，是定义在构件上的载荷，用于激发运动模型中的零部件和子装配体的动态行为，也就是使构件沿某一方向移动，通常体现了作用在所分析装配体上的一些外部效应。力可能抵制或诱发运动。可以使用类似于定义马达时使用的函数(常量、步进、函数、表达式或向内插值)来定义力。SolidWorks Motion 中的力可以划分为以下两种基本类型：

(1) 只有作用力：单独加载的力或力矩，体现的是加载到零部件或装配体上的外部对象或载荷的效果。

(2) 一对力或力矩：包含作用力和相应的反作用力，可以体现在运动分析中作用在同一作用线上的一对相反的两个等效力，也就是作用力和反作用力。

定义一个力时，必须选取力的函数、类型及其参数值，也可使用数学表达式、线性力、扭矩或组合。定义力时通常需要指定下列要素：

(1) 力作用的零部件或零部件组(子装配体)。

(2) 力的作用点。

(3) 力的大小和方向。

在定义力的方向时，有以下三种情况：

(1) 基于固定零部件。

如果固定零部件是装配体的基础，则力在整个仿真过程中保持不变，如图 5-1 所示。

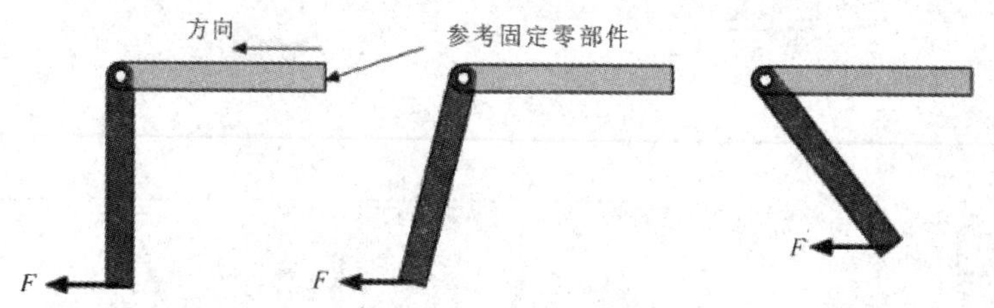


图 5-1　基于固定零部件的力的方向

(2) 基于所选移动零部件(同一构件)。

如果加载力的零部件用作参考基准，则在整个仿真的时间内，力的方向与该零部件的相对方向保持不变，如图 5-2 所示。

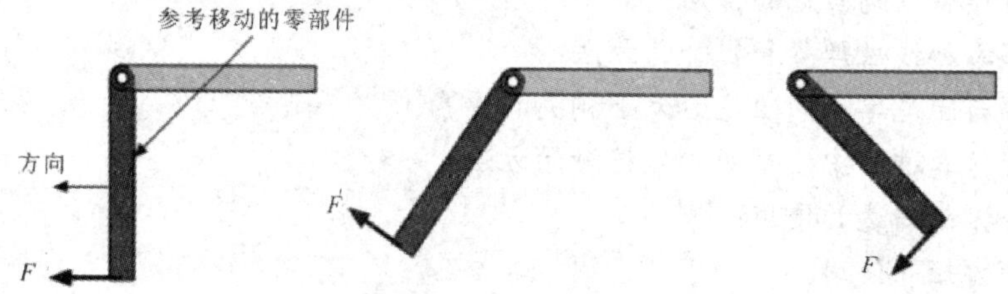


图 5-2　基于移动零部件的力的方向(同一构件)

(3) 基于所选移动的零部件(不同构件)。

如果另一个移动的零部件用作参考基准，则力的方向将根据移动实体这个参考对象的相对方向而变化。也就是说，力作用在一个零部件上，而力的方向定义在另一个移动的参考体上，其方向随着这个移动参考体的方向变化而变化，如图 5-3 所示。

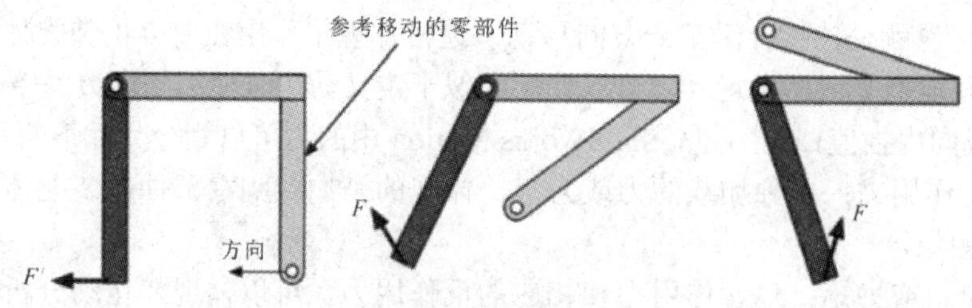


图 5-3　基于移动零部件的力的方向(不同构件)

### 2. 引力

当零部件的重量影响到诸如物体自由落体的运动仿真时，引力是一个非常重要的数值。在 SolidWorks Motion 中引力包含以下两部分内容：

(1) 引力矢量的方向。

(2) 引力加速度的大小。

可以在引力属性中指定引力矢量的方向和大小。还可以通过选择 X、Y、Z 方向或指定参考基准面来定义引力矢量，而加速度的大小必须单独输入。

引力矢量默认值是负 Y 方向、大小为 9806.65 mm/s$^2$。

马达的运动通常优先于力诱发的运动。例如，使用马达将零部件向上移动并有引力将零部件向下拖动，零部件将向上移动，马达的能量消耗将增加。

### 3. 弹簧

弹簧用于模拟各种类型弹簧的作用效果，在装配体中体现出力的效能。马达驱动的运动优先于弹簧力产生的运动。【Motion 分析】提供了两种弹簧类型，如表 5-1 所示。

**表 5-1　弹 簧 类 型**

| 类　型 | 功　　能 |
|---|---|
| 线性弹簧 | 代表沿特定方向，在两个有一定距离零部件之间作用的力<br>• 根据两个零部件的位置之间的相对距离计算弹簧力<br>• 将力应用到所选取的第一个零部件上<br>• 将相等且相反的反作用力应用到所选取的第二个零部件上 |
| 扭转弹簧 | 代表作用于两个零部件之间的扭转力矩<br>• 绕指定轴根据两个零部件之间的角度计算弹簧力矩<br>• 绕指定轴将力矩应用到所选取的第一个零部件上<br>• 将相等且相反的反作用力矩应用到所选取的第二个零部件上 |

以【线性弹簧】为例：线性弹簧表现的是与位移相关的力，作用在两个零部件中，而且这两个零部件沿特定方向有一定距离。当定义一个弹簧时，通过从列表中选择函数类型将线性更改为其他预定义的关系，也就是选择力与位移的关系。

【Motion 分析】支持力与位移 $x$ 的关系有 $x$，$x^2$，$x^3$，$x^4$，$x^{-1}$，$x^{-2}$，$x^{-3}$，$x^{-4}$。

在两个零部件之间指定弹簧的位置，【Motion 分析】是基于两个零部件的相对位移来计算弹簧弹力，其大小 $F$ 与弹簧刚度 $k$ 以及自由长度 $x_0$ 等有关，如图 5-4 所示。

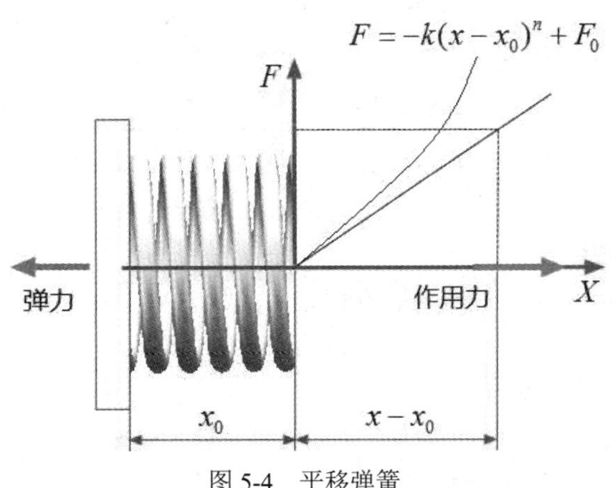


图 5-4　平移弹簧

当弹簧弹力为负值时，弹簧相对于自由长度而言，处于拉伸状态，反之当弹簧力为正值时，弹簧长度小于自由长度，弹簧处于压缩状态。弹簧力学方程式如下：

线性弹簧力：

$$F = -k(x - x_0)^n + F_0$$

扭转弹簧扭矩：

$$T = -k_t(\theta - \theta_0)^n + T_0$$

其中：$k(k_t)$——弹簧线性(扭转)刚度系数($k(k_t) > 0$)；

$x(\theta)$——当前弹簧所选两个端点位置之间的距离(角度)；

$x_0(\theta)$——参考长度(角度)，如果弹簧处于自由长度，则力(矩)$F(T) = F_0(T_0) = 0$；

$n$——指数($n$ 的有效值为 −4、−3、−2、−1、1、2、3、4)，如 $n = \pm 1$ 为线性弹簧；

$F_0(T_0)$——其对应 $x_0(\theta_0)$的预紧力(矩)。

### 4. 阻尼

如果对动态系统应用了初始条件，则系统会以不断减小的振幅振动，直到最终停止。这种现象称为阻尼效应。阻尼效应是一种复杂的现象，它以多种机制(如内摩擦和外摩擦等)消耗能量。

阻尼被认为是一个阻抗单元，用来“平滑”(消除或减小)外力造成的振荡，通常情况下，阻尼伴随弹簧一起使用来抑制任何由弹簧产生的振动。【Motion 分析】提供了两种阻尼类型，如表 5-2 所示。

表 5-2 阻 尼 类 型

| 类 型 | 功 能 |
|---|---|
| 线性阻尼 | 代表沿特定方向以一定距离在两个零部件之间作用的力<br>• 根据两个零部件上的位置之间的相对速度计算阻尼力<br>• 将阻尼力应用到所选取的第一个零部件上<br>• 将大小相等且方向相反的反作用力应用到所选取的第二个零部件上 |
| 扭转阻尼 | 代表绕某一特定轴在两个零部件之间应用旋转阻尼力矩<br>• 绕指定轴根据两个零部件之间的角速度计算阻尼力矩<br>• 绕指定轴将阻尼力矩应用到所选取的第一个零部件上<br>• 将大小相等且方向相反的阻尼力矩应用到所选取的第二个零部件上 |

需要强调的是实体乃至弹簧都内含结构阻尼，而且可以使用阻尼单元来替代。一个阻尼所产生的力取决于两个确定端点之间的瞬时速度矢量。此外，弹簧本身具有阻尼属性，这样便把弹簧和阻尼结合在一起了。

对于平移阻尼单元而言，阻尼力的方程式定义为

$$F = -c \times v^n$$

其中：负号“−”表示与速度方向相反；

$c$——阻尼系数；

$v$——两个端点之间的相对速度；

$n$——指数，其有效值为 −4、−3、−2、−1、1、2、3、4。

平移阻尼如图 5-5 所示。

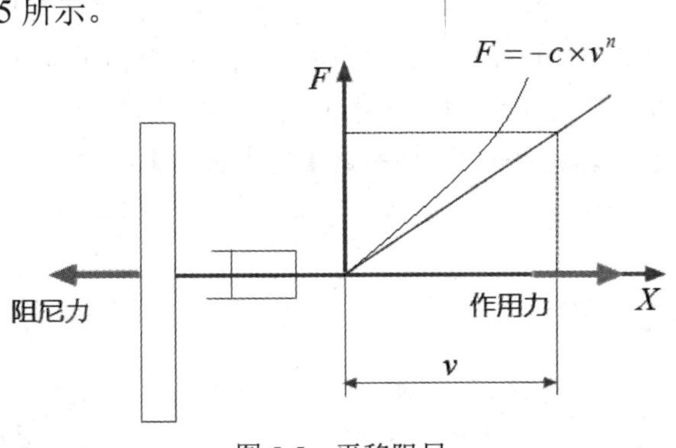


图 5-5　平移阻尼

## 二、实 践 操 作

发射器

### 例题 5-1　发射器

图 5-6 为模拟一个以弹簧为动力的发射器模型。它由本体、弹簧、簧片、方块和滑道(与本体为一体)等组成。其工作原理是把弹簧的势能通过簧片传递给方块，使方块沿着滑道向前移动。

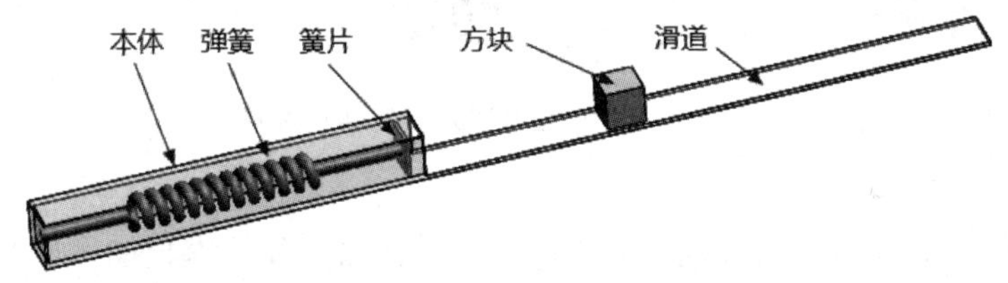


图 5-6　发射器模型结构图

使用【Motion 分析】来模拟发射器的发射过程，通过调整弹簧刚度系数、方块与滑道摩擦系数、阻尼等参数使滑块刚好移动到滑道边缘停止。具体操作步骤如下：

**STEP01　打开装配体文件。**

从文件夹“SolidWorks Motion\第五章\例题\发射器”下打开文件“发射器.SLDASM”。

**STEP02　设置文档单位。**

在【单位系统】中，选择【MMGS(毫米、克、秒)】。

**STEP03　创建新的运动算例。**

在 Motion Manager 工具栏上单击【创建新的运动算例】图标，创建出一新的运动算例。在窗口左下角【算例类型】中选择【Motion 分析】选项卡。

**STEP04　添加引力。**

在 Motion Manager 工具栏上单击【引力】图标，在 Y 轴负方向添加引力。

**STEP05　添加弹簧。**

在 Motion Manager 工具栏上单击【弹簧】图标，添加一个【线性弹簧】，以此作为发射的动力源，其参数设置如图 5-7 所示。在【弹簧端点】选择簧片及本体底部，为了方便选取，选择本体底部时可单击右键，在弹出的对话框中单击【选择其它】，再对本体底部进行选择。这时弹簧的自然长度就是两个端点之间的距离(178 mm)。也就是说这时的弹簧是没有弹力的，为了让弹簧具有弹力，将弹簧【自由长度】修改为 180 mm，意味着该弹簧被压缩了 2 mm。如果端面是个圆形，那么一定要选择圆的圆周边线，否则软件找不到用于安装弹簧的几何中心点。

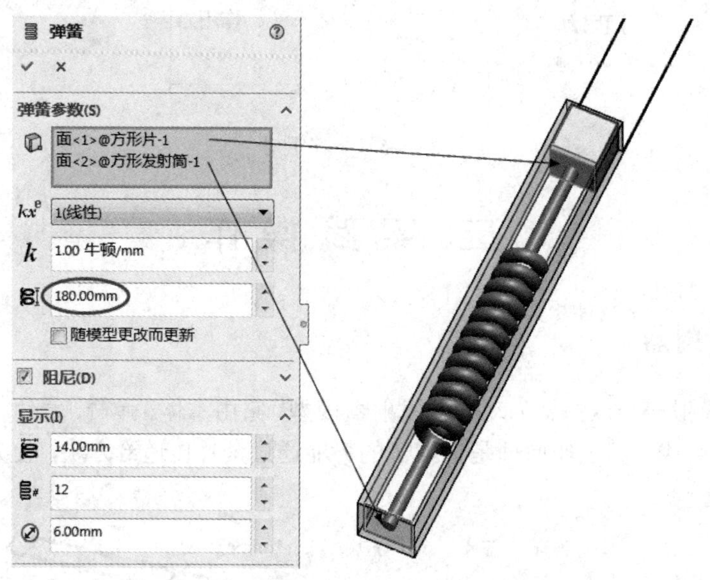


图 5-7　弹簧参数设置及弹簧端点选择

STEP06　运行。

单击【计算】图标，结果发现方块静止不动，只是弹簧本身在作振荡。这是由于簧片与方块没有任何关系，而弹簧又没有阻尼所导致的。

STEP07　添加弹簧结构阻尼。

在 Motion Manager 窗口中，右击【线性弹簧】，选择【编辑特征】，设置弹簧的【阻尼常数】及其外观参数，如图 5-8 所示。所设弹簧外观在运行中只起显示作用，而无实际物理意义，其他时间不显示。

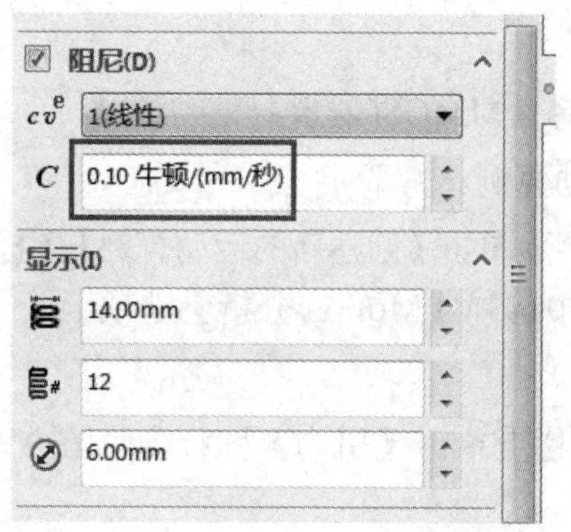


图 5-8　弹簧阻尼及外观设置

STEP08　添加簧片与方块接触。

在 Motion Manager 工具栏上单击【接触】图标，在接触类型中选择【实体】，在【接触零部件】中选择簧片和方块的两个接触面，【材料】均选择【Steel(Dry)】，如图 5-9 所示。

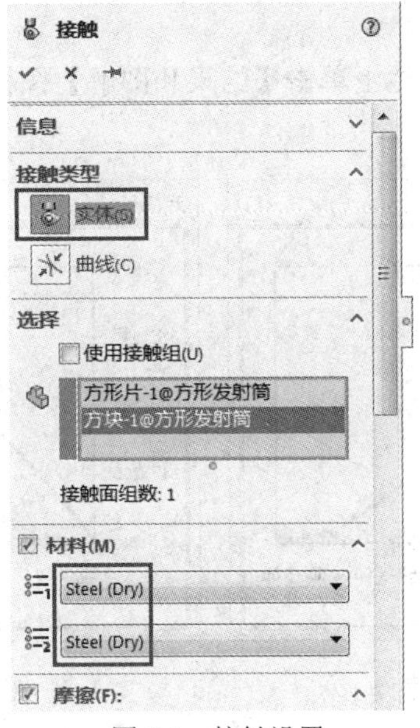


图 5-9　接触设置

STEP09　重新运行。

运行结果是方块以恒定的速度不停运动下去。

STEP10　设置算例属性。

设置【每秒帧数】为 50 帧。

STEP11　添加方块滑道接触。

将弹簧自然长度设置为 191.01 mm 时，可不选具体材料，调整摩擦系数的大小，如图 5-10、图 5-11 所示。运行结果刚好到达轨道边缘，如图 5-12 所示。

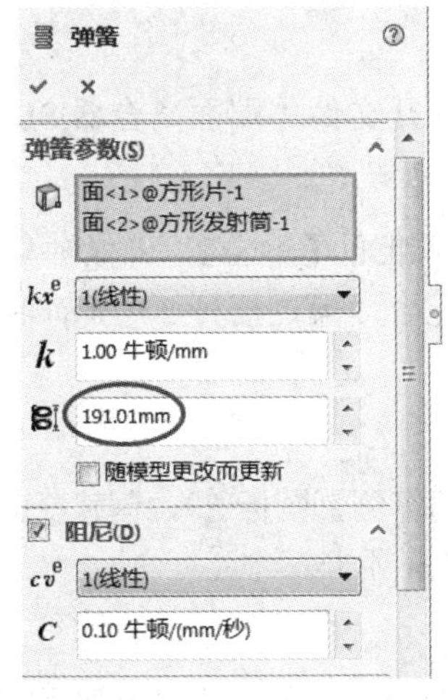


图 5-10　弹簧参数设置

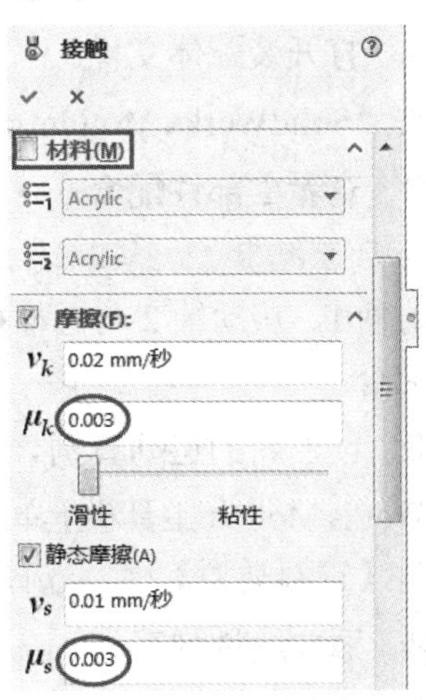


图 5-11　摩擦系数设置

图 5-12　运动到轨道边缘的结果

STEP12　**结果输出。**

在 SolidWorks Motion 工具栏上单击【结果和图解】图标，输出方块的速度和位移，如图 5-13、图 5-14 所示。

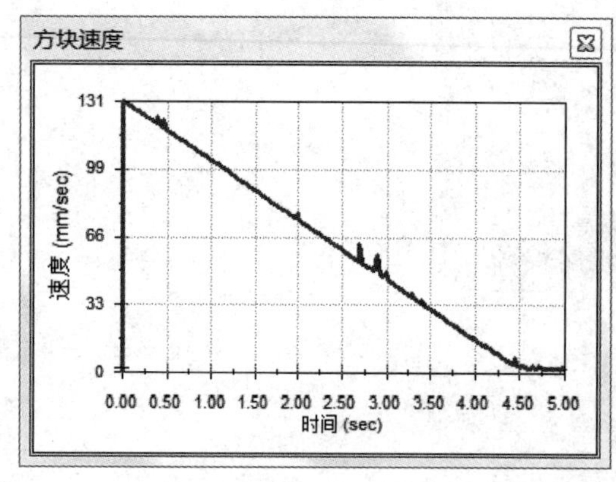


图 5-13　方块速度

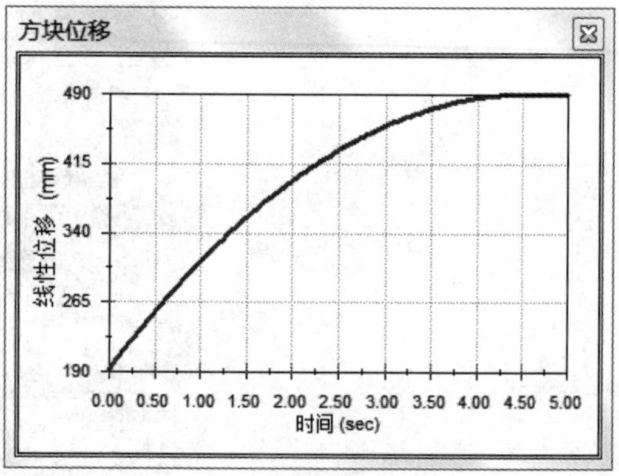

图 5-14　方块位移

STEP13　**保存文件。**

单击【保存】图标，保存文件。

离合器

## 例题 5–2　离合器

图 5-15 为端面摩擦式离合器，它由主动轴 1、可沿着键相对滑动的摩擦盘 1′(上装有摩擦材料 1″)与从动轴 2、用键连接的摩擦盘 2′组成，两个盘面在弹簧 4 提供的轴向力 $F$ 作用下相压紧并产生摩擦来传递力矩 $M$。采用主动操控摇杆 3 控制两摩擦盘的脱离与结合。使用【Motion 分析】对其工作过程进行仿真，其操作步骤如下：

STEP01　**打开装配体文件。**

从文件夹“SolidWorks Motion\第五章\例题”下打开文件“端面离合器.SLDASM”。

STEP02　**查看零部件配合。**

主动轴 1 和摩擦盘 1′、从动轴 2 和摩擦盘 2′的基准面【重合】，确保轴与摩擦盘同时旋转。而主动轴 1、从动轴 2 与圆柱机架【同轴心】配合，操控摇杆 3、从动轴 2 与圆柱机架【铰链】配合。

STEP03　**创建新的运动算例。**

在 SolidWorks Motion 工具栏上单击【创建新的运动算例】图标，创建新的运动算例。在窗口左下角【算例类型】中，选择【Motion 分析】选项卡。

STEP04　**添加线性弹簧。**

在 SolidWorks Motion 工具栏上单击【弹簧】图标，添加一个【线性弹簧】，以此提供两摩擦盘的轴向力，其参数设置如图 5-16 所示。在【弹簧端点】选择主动轴 1 和压盘端面的圆边线，这时弹簧的自然长度就是两个端点之间的距离(8.8 mm)。也就是说这时的弹簧是没有弹力的，为了让弹簧具有弹力，将弹簧【自由长度】修改为 10 mm，意味着该弹簧被压缩了 1.2 mm。如果端面是个圆形，那么一定要选择圆的圆周边线，否则软件找不到几何中心点。

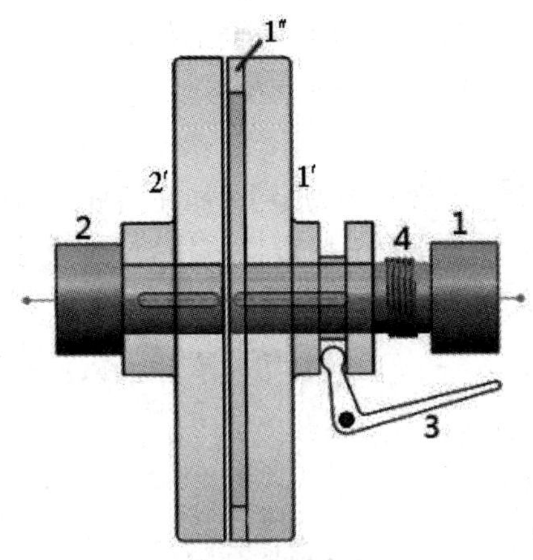

图 5-15　端面离合器

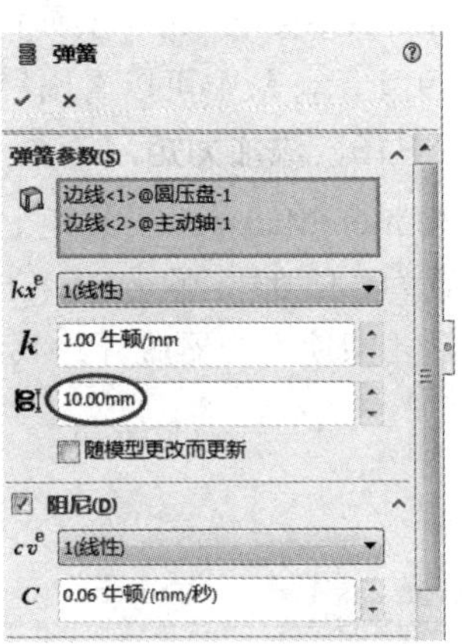

图 5-16　弹簧参数设置

**STEP05　添加扭转弹簧。**

在 SolidWorks Motion 工具栏上单击【弹簧】图标，在摇杆和销轴之间添加一个【扭转弹簧】，【弹簧常数】设置为“0.10 牛顿 • mm/度”，【自由角度】由 0° 改为 10° ，意味扭簧已扭转 10° ，参数设置如图 5-17 所示。

**STEP06　添加接触。**

在 Motion Manager 工具栏上单击【接触】图标，在接触类型中选择【实体】，勾选【使用接触组】，勾选【材料】均使用【Steel(Dry)】，其参数设置如图 5-18 所示。

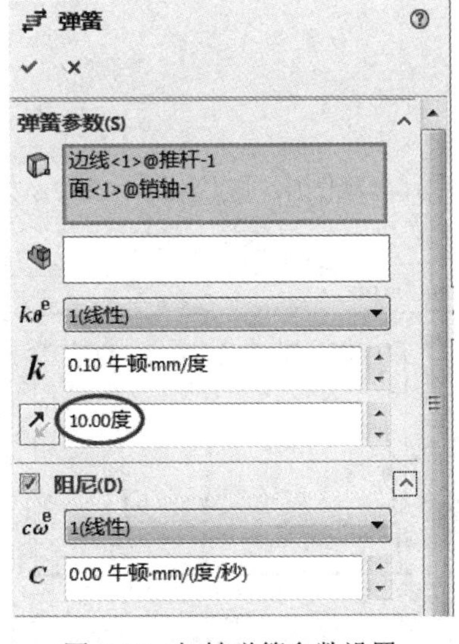

图 5-17　扭转弹簧参数设置

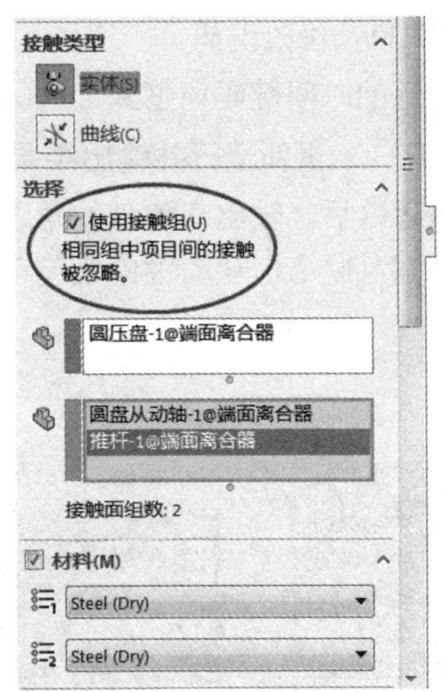

图 5-18　接触参数设置

**STEP07　添加马达。**

在主动轮上添加一个【旋转马达】，选择【等速】，其大小设置为100 RPM。

**STEP08　运行。**

将运算总时间调整到4 s。

**STEP09　结果输出。**

在SolidWorks Motion工具栏上单击【结果和图解】图标，输出从动轴2的角速度，如图5-19所示，从中可以看出经过0.31 s时，从动轴与主动轴同步。

**STEP10　添加力矩。**

在Motion Manager工具栏上单击【力】图标，选择【力矩】，加在摇杆回转中心处，大小设置为“12.00牛顿·mm”，力矩产生的轴向力必须大于扭转弹簧扭力和线性弹簧的弹力之和，才能使离合器脱开，其参数设置如图5-20所示。

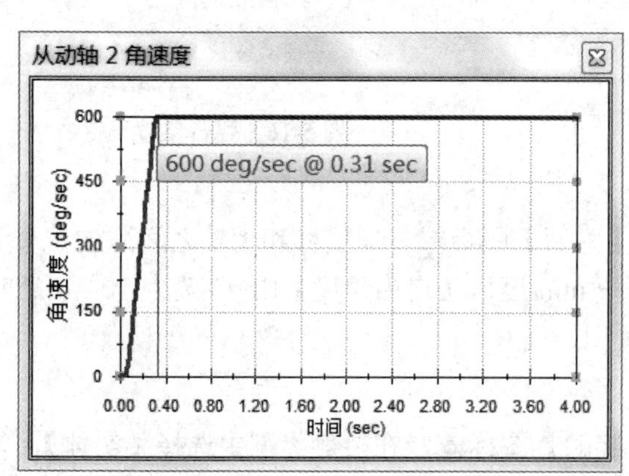


图5-19　从动轴2的角速度

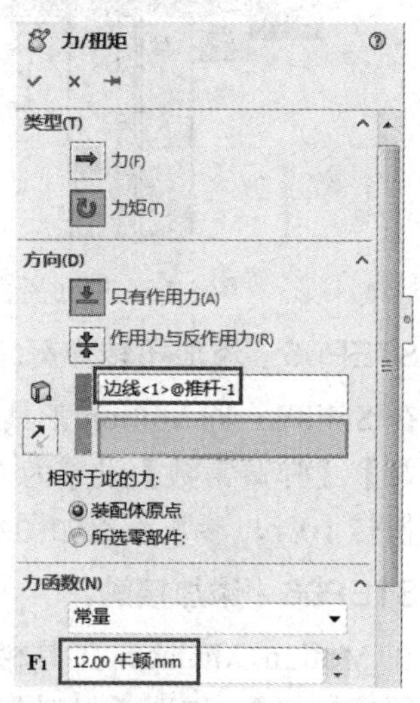


图5-20　力矩参数

**STEP11　修改键码。**

将力矩的时间键码调整到2～3 s，如图5-21所示。

**STEP12　重新运行并输出结果。**

重新运行后，输出从动轴的角速度如图5-22所示，从图中可以看到，在2 s处，力矩将两个摩擦盘脱离，从动轴停止运动，3 s后摩擦片又合上，二轴同步运转。

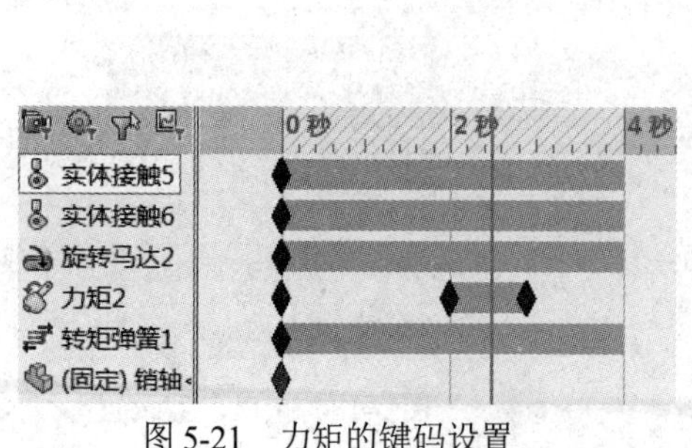


图5-21　力矩的键码设置

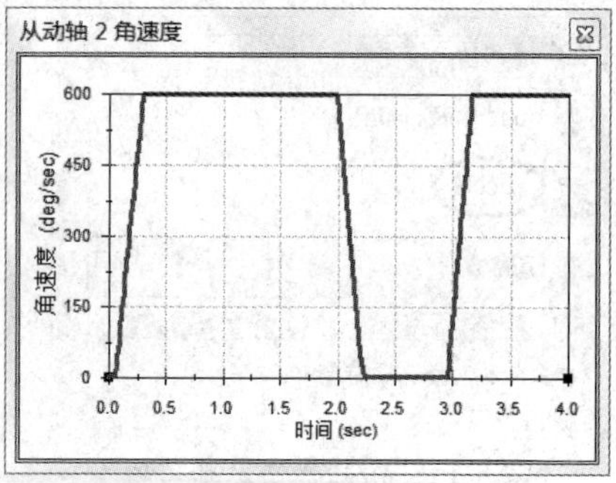

图5-22　从动轴2的角速度

## 例题 5-3　振动送料机构

振动送料机构

图 5-23 所示为一个简易振动送料机构[①]模型，它主要由旋转振动台和料道组成。其工作原理是通过料斗上、下振动和旋转将重叠料(圆柱)分开，而实际料斗是螺旋式的旋转平台。本例题采用简易平面平台代替。在离心力与摩擦力的作用下将料排队逐渐送到料道。

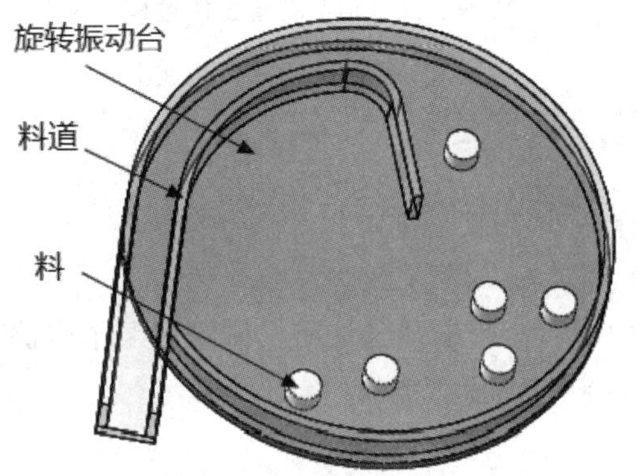


图 5-23　简易振动送料机构模型

使用【Motion 分析】对其工作过程进行模拟的操作步骤如下：

STEP01　打开装配体文件。

从文件夹“SolidWorks Motion\第五章\例题\振动料斗”下打开文件“送料机构.SLDASM”。

STEP02　查看零部件配合。

可以看出料道固定在机架上，转盘与机架通过铰链配合。

STEP03　添加引力。

在 Y 轴负方向添加引力，采用默认大小。

STEP04　添加实体接触。

使用接触组，料与料道、转盘之间添加【实体接触】，在【材料】中均选择【Steel Greasy】，其他默认。

STEP05　添加马达。

在转盘上添加一个【旋转马达】，选择【等速】，其大小设置为 20 RPM。

STEP06　算例属性设置。

在算例属性中，【每秒帧数】设置为 300 帧，将运算时间调整为 5 s。

STEP07　运行。

单击【计算】图标，并观察模拟过程，可以观察到料在离心力作用下，不断向外移动，最后通过料道移出，如图 5-24 所示。

---

① 由于这里是简易的振动送料机构，去除了振动，如需振动可采用【振荡马达】实现。

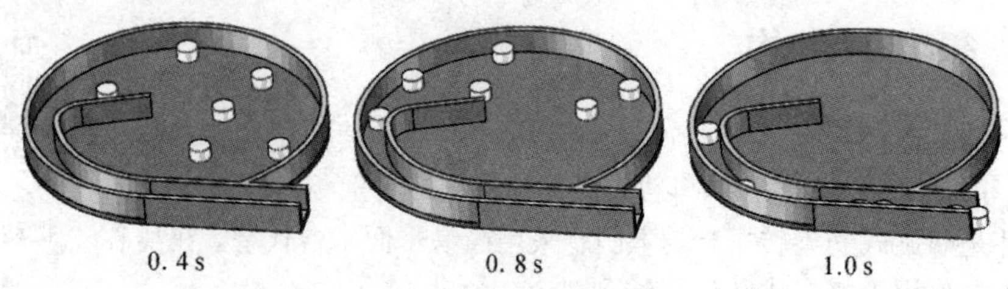


图 5-24 振动料道工作过程

STEP08 保存文件。

单击【保存】图标，保存文件。

机械爬虫

## 练习 5-1 爬虫机器人

在这一练习中，将使用一个带振荡马达的机械爬虫演示摩擦对零部件运动的影响，如图 5-25 所示。

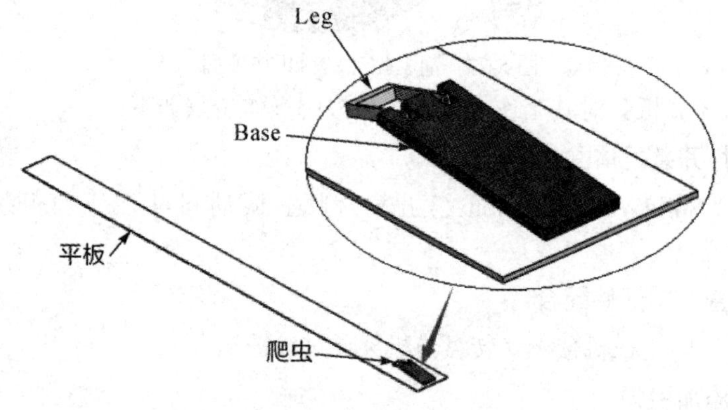


图 5-25 爬虫模型

使用【Motion 分析】对爬虫爬行进行模拟，这里将使用一个带振荡马达的机械爬虫演示摩擦对零部件运动的影响，并将这个算例运行两次，第一次不考虑摩擦，第二次则考虑摩擦。具体操作步骤如下：

STEP01 打开装配体文件。

从文件夹“SolidWorks Motion\第五章\练习”下打开文件“机械爬虫.SLDASM”。该装配体包含一块平板和一个由两个薄片构成的机械爬虫。通过腿部零部件(Leg)的运动，使爬虫沿着平板运动，在躯体零部件(Base)和平板(Plane)的中心基准面之间存在一个【重合】配合，保证爬虫可以沿着平板的中心线持续移动下去。

STEP02 查看文档单位。

单击【工具】→【选项】→【文档属性】→【单位】，确认在【单位系统】中选择了【MMGS(毫米、克、秒)】。

STEP03 新建算例。

新建一个运动算例，确认选择了【Motion 分析】。

STEP04　添加引力。

单击 Motion Manager 工具栏上的【引力】图标，在 Y 轴负方向添加引力，大小采用默认值。

STEP05　添加实体接触。

使用接触组，在平板和爬虫的两个零部件(Leg 和 Base)之间添加实体接触，在【材料】中选择【Robber(Dry)】，不勾选【摩擦】选项卡，如图 5-26 所示。

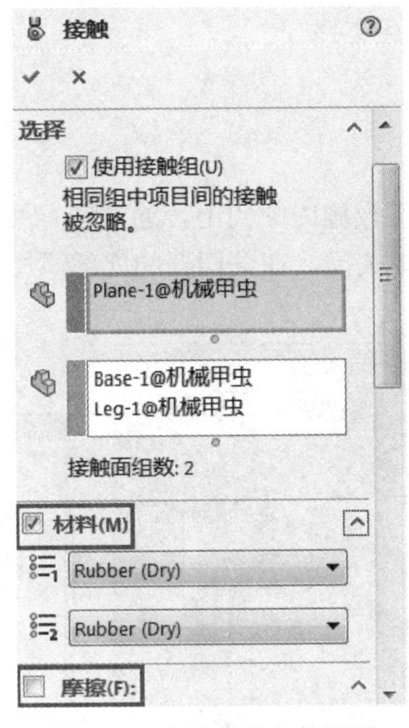


图 5-26　实体接触参数设置

STEP06　添加马达。

对腿部零部件添加一个【振荡】的旋转马达，定义马达时选择图 5-27 所示的边线。设置马达以 5 Hz 的频率和 30° 的角位移进行摆动。

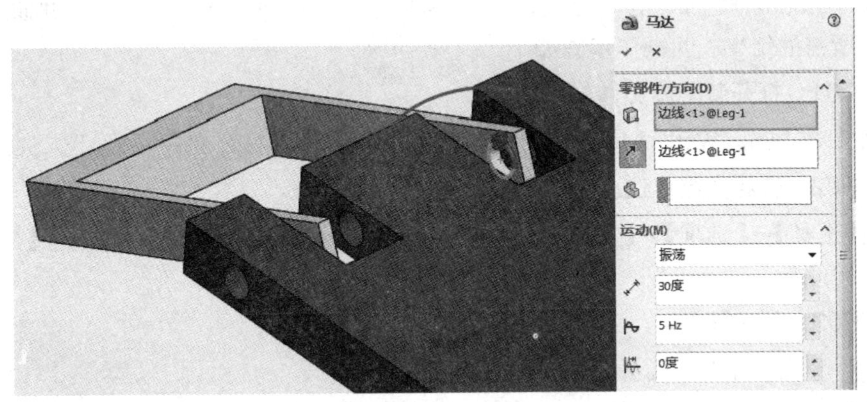


图 5-27　定义马达

STEP07　计算。

计算 2 s 内的运动。马达能够正确地振荡，但由于没有摩擦，爬虫未发生移动。

**STEP08　添加摩擦。**

编辑实体接触并勾选【摩擦】选项卡，将【动摩擦因数】设定为指定材料【Rubber(Dry)】的值。勾选【静态摩擦】复选框，并使用默认的数值。

**STEP09　重新计算。**

计算 20 s 内的运动，由于添加了摩擦，爬虫将沿着平板移动。

**STEP10　保存并关闭文件。**

单击【保存】图标，保存文件。

## 练习 5-2　关门器

关门器

在学校或办公室等公共建筑设施内的门上，通常装有关门器，以确保门在打开后会自动关闭。为了保证门不被过快地关闭，在关门器的内部添加了一个弹簧和阻尼，如图 5-28 所示。

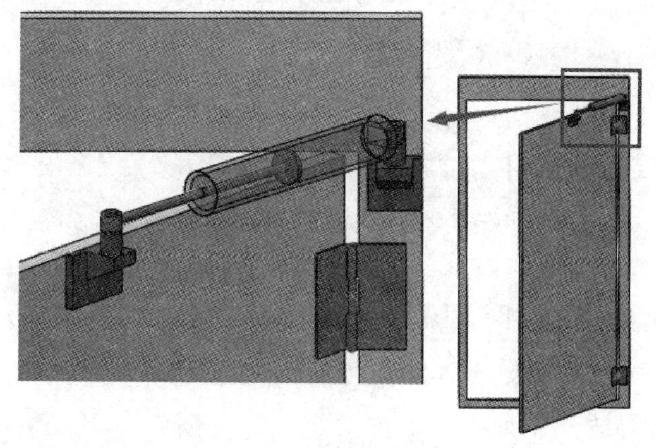

图 5-28　关门器

该练习将使用 Motion Manager 对关门器添加一个内部弹簧和阻尼，然后使用 SolidWorks Motion 来生成图解，显示弹簧和阻尼对门的运动所产生的影响，并通过调节参数来达到所需的结果。其操作步骤如下：

**STEP01　打开装配体文件。**

从文件夹“SolidWorks Motion\第五章\练习\关门器”下打开文件“关门器.SLDASM”。

**STEP02　查看文档单位。**

单击【工具】→【选项】→【文档属性】→【单位】，确认在【单位系统】中选择了【MMGS(毫米、克、秒)】。

**STEP03　新建算例。**

新建一个运动算例，确认选择了【Motion 分析】。

**STEP04　添加线性弹簧。**

在 gas-piston 和 gas-cylinder 之间定义一个【线性弹簧】。使用图 5-29 所示的圆形边线。注意必须选择边线而不是表面，否则程序不会识别出几何中心，并且弹簧必须与圆柱对齐。

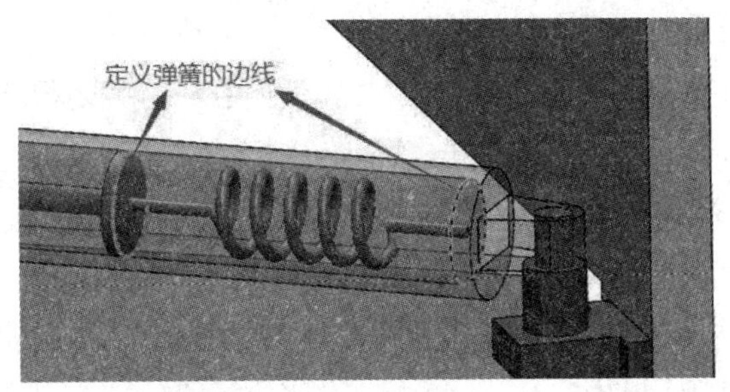


图 5-29　定义弹簧

将【刚度系数】设定为“1.00 牛顿/mm”,【自由长度】设定为 180 mm,【阻尼常数】则使用“5.00 牛顿/(mm/秒)”。在【显示】的 Property Manager 中输入合适的数值。单击【确认】图标✔,完成设置。可以更改一下关门器 gas-cylinder 的透明度,以便于选取定义线性弹簧的内部零部件。

由于弹簧弹力会导致门突然关闭,使用阻尼则可以避免此情况发生。

**STEP05　进行计算。**

单击【计算】图标,运算 40 s 内的运动。

**STEP06　输出门的角速度。**

生成一个图解,显示门(质量中心)的速度大小。观察到门穿过门框,关闭得太快(大约 24 s 之内),如图 5-30(a)所示。

由于不希望门关得如此之快,而且还不想让门穿过门框并从反方向打开,因此需要重新定义弹簧和阻尼常数。

**STEP07　复制算例。**

右键单击算例 1,在弹出的菜单中选择【复制】。

**STEP08　修改弹簧参数。**

将【刚度系数】的数值从“1.00 牛顿/mm”提高至“2.00 牛顿/mm”,将【阻尼常数】的数值从“5.00 牛顿/(mm/秒)”提高到“10.00 牛顿/(mm/秒)”。

**STEP09　重新计算运动分析。**

单击【计算】图标,并输出门的角速度,如图 5-30(b)所示。

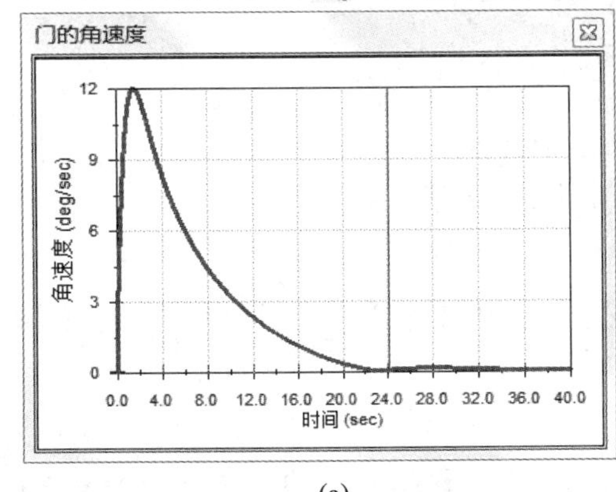


(a)

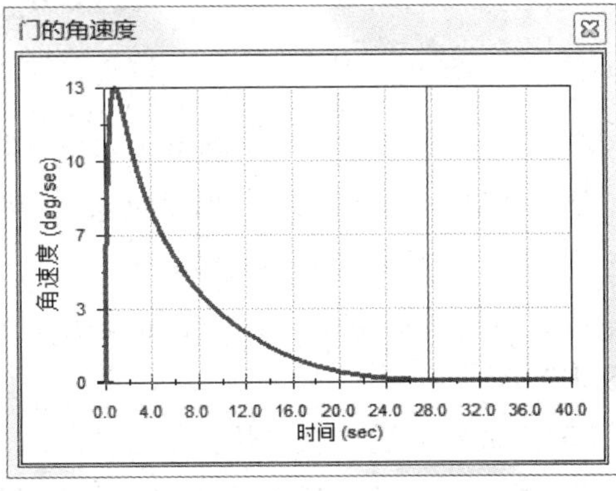


(b)

图 5-30　门的角速度

STEP10　对比结果。

对比两个算例的结果。可以观察到在第二个算例中，门关闭得要慢一些(28 s)，而且在完全停止前没有穿过门框。

STEP11　保存并关闭文件。

单击【保存】图标，保存文件。

## 练习 5–3　力锁合凸轮机构

力锁合凸轮

图 5-31 所示为一个对心平底从动件凸轮机构，属于力锁合凸轮机构。它由平底从动件、凸轮(偏心圆盘)、弹簧和机架组成。当弹簧力大于离心惯性力时即可保持从动件与凸轮接触，通过运动仿真来模拟力锁合凸轮机构。

注意：从动件的运动规律取决于凸轮的轮廓，凸轮的转速并不影响从动件的运动规律，但是会影响到从动件的离心惯性力大小，需选择适当的弹簧参数确保从动件与凸轮始终接触。

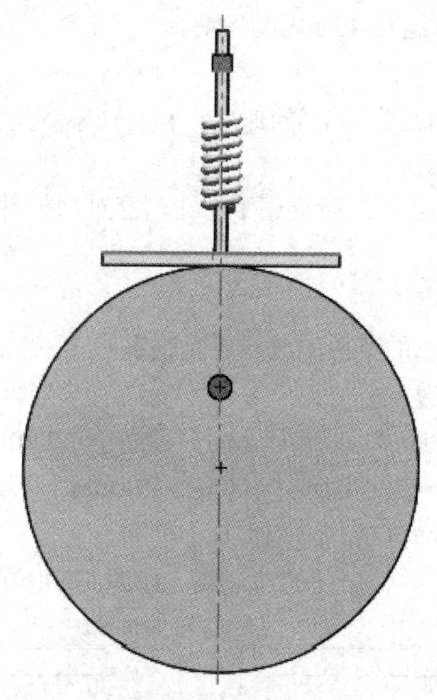

图 5-31　对心平底从动件凸轮机构

使用【Motion 分析】对力锁合凸轮机构仿真的操作步骤如下：

STEP01　打开装配体文件。

从文件夹“SolidWorks Motion\第五章\练习\导板凸轮机构”下打开文件“导板凸轮机构.SLDASM”。

STEP02　查看文档单位。

单击【工具】→【选项】→【文档属性】→【单位】，确认在【单位系统】中选择了【MMGS(毫米、克、秒)】。

STEP03　新建算例。

新建一个运动算例，确认选择了【Motion 分析】。

STEP04　添加线性弹簧。

在从动件和机架之间定义一个【线性弹簧】，将【刚度系数】设定为“1.00 牛顿/mm”，【自由长度】设定为“45.00 mm”，如图 5-32 所示。

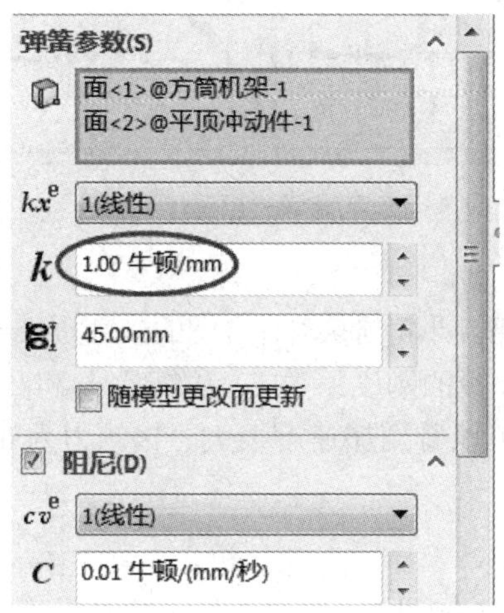


图 5-32　弹簧参数设置

STEP05　添加旋转马达。

在凸轮上，围绕回转中心，添加一个【旋转马达】，转速设为 300 r/min。

STEP06　设置质量。

单击工具栏上的【质量属性】图标，将从动件的质量设置为 1 kg。

STEP07　仿真运算。

单击【计算】图标，运算 0.5s 内的运动。

STEP08　输出仿真结果。

输出从动件的运动规律特性曲线及从动件与凸轮之间的接触力，如图 5-33～图 5-36 所示。

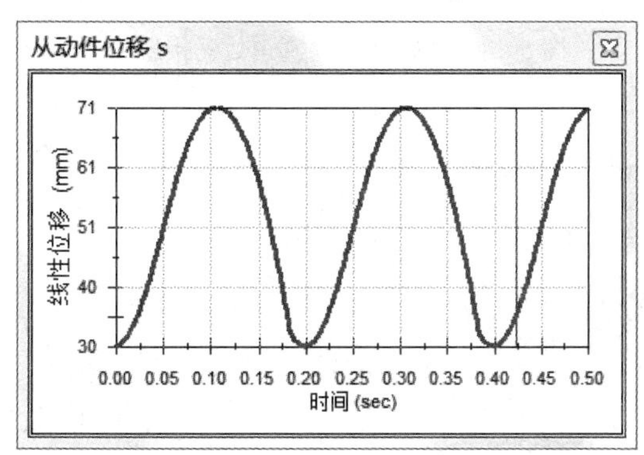


图 5-33　从动件位移

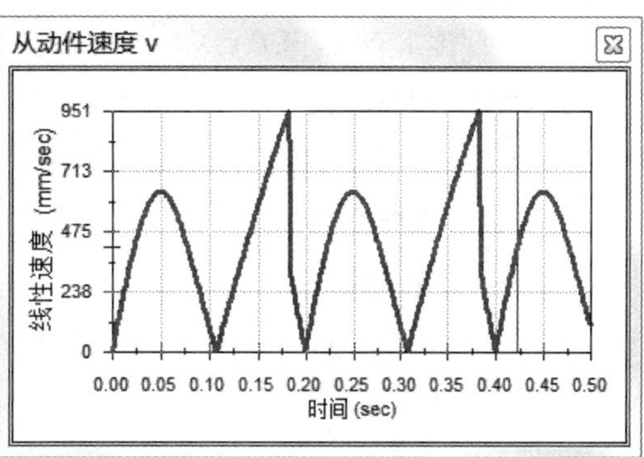


图 5-34　从动件速度

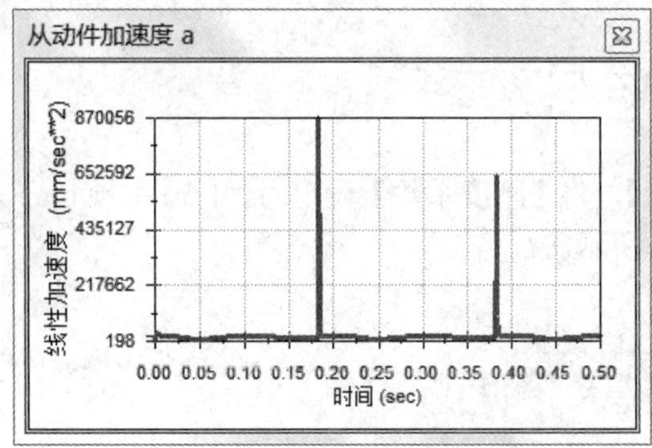


图 5-35 从动件加速度

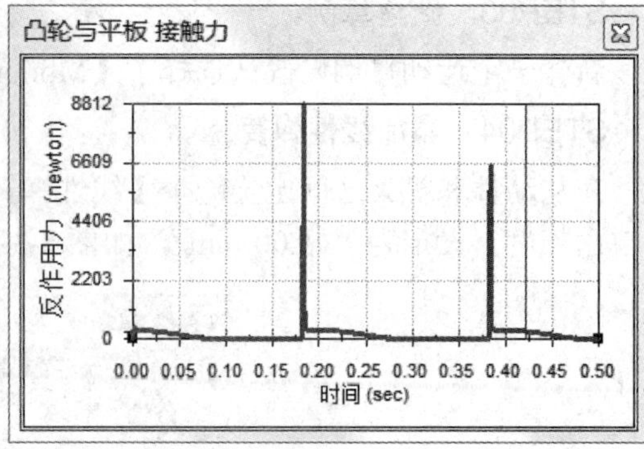


图 5-36 凸轮与从动件的接触力

**STEP09 结果分析。**

为了确保凸轮与从动件接触，凸轮与从动件之间的接触力 $F=k(2e+\delta_0)-(me\omega^2-mg)\geqslant 0$，这取决于从动件的质量 $m$、弹簧的刚度系数 $k$、压缩量 $\delta_0$ 和凸轮的角速度 $\omega$。

观察图 5-34、图 5-36，可以看到加速度很大、接触力为 0 的情况，表明凸轮与从动件有脱离。

**STEP10 调整弹簧刚度。**

将弹簧刚度系数调整为“5.00 牛顿/mm”，其他参数不变。

**STEP11 重新运算并输出结果。**

运算并输出从动件加速度和从动件与凸轮接触力，结果如图 5-37、图 5-38 所示。

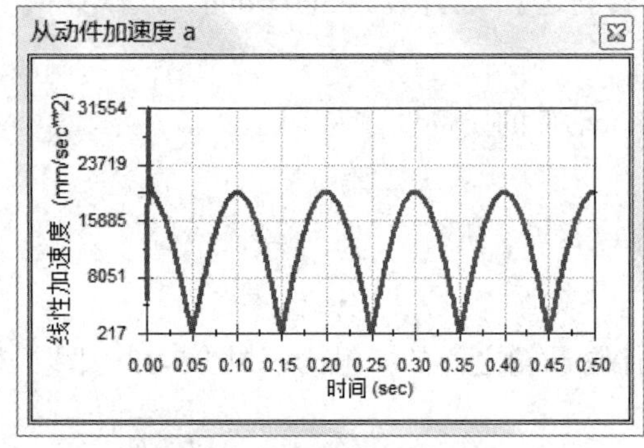


图 5-37 调整弹簧刚度系数后从动件加速度

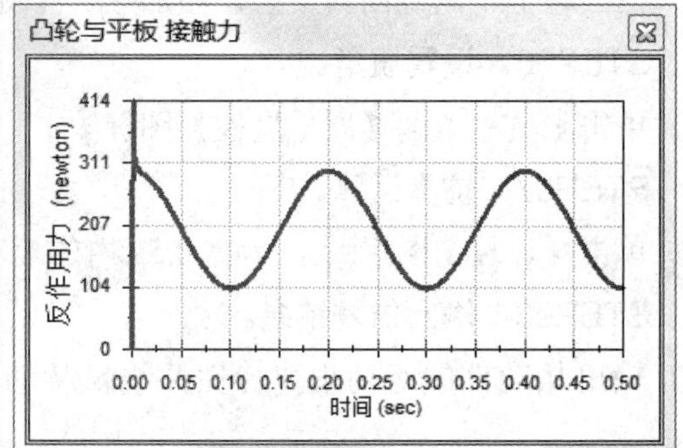


图 5-38 调整弹簧刚度系数后接触力

**STEP12 观察结果。**

图 5-38 表明凸轮与从动件在运动过程中始终保持接触。

**STEP13 保存文件。**

单击【保存】图标，保存文件。

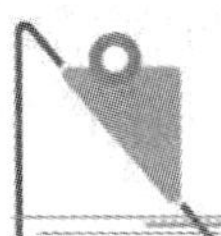

# 第六章　实 体 接 触

**学习目标**

- 了解接触类型；
- 了解两个零部件的接触设置；
- 了解接触面组的设置；
- 掌握摩擦参数的设置；
- 了解【3D 接触分辨率】的使用；
- 了解【使用精确接触】的使用；
- 掌握零部件质量的赋予；
- 掌握零部件质心位置的设置；
- 掌握部件转动惯量的赋予；
- 了解在不影响仿真结果的前提下，提高仿真速度的方法。

## 一、基 本 知 识

### 1. 接触

零部件之间使用配合并不能反映真实的情况，为了反映真实的构件与构件之间的连接关系，可以通过定义接触条件并计入零部件之间的摩擦，将这些动态的零部件装配起来。

接触用于定义实体之间相互作用的方式。通过定义接触可以控制实体之间的摩擦和弹性属性。在运动算例中定义接触，主要用于在运动计算过程中阻止零部件彼此穿越。

接触分为两类，一类是定义固体间的实体接触，另一类是定义曲线间的曲线接触，如表 6-1 所示。

表 6-1　接 触 类 型

| 分　类 | 作　　用 |
|---|---|
| 实体接触 | 可以定义一组零部件内各个零部件之间的实体接触，或者也可以定义两组零部件之间的接触 |
| 曲线接触 | 针对运动分析，不涉及力分析的算例，可定义曲线到曲线接触。还可以约束运动过程中曲线之间的连续接触 |

2. 接触组

实体之间的接触分成两组可以采用一对一、一对多、多对一或多对多定义。例如，在两组实体中，第一组中的每个实体与第二组中的每个实体分别形成实体接触对，而组内实体间没有关系。形成接触对这个过程虽然容易操作，但也要考虑在获取所有接触对时，对计算的要求较高，非常耗时。

软件最多定义两个接触组。

3. 接触摩擦

当定义接触时，有三个取决于模型的摩擦选项可供使用，即“静态摩擦”“动态摩擦”“无”。

一旦决定在摩擦中采用摩擦模型，则必须评估其速度和摩擦因数。库伦摩擦力是基于静摩擦因数和动摩擦因数这两个不同的因数计算的。

静摩擦因数：当一个物体处于静止时，静摩擦因数是一个常数，其数值即为用来计算克服摩擦所需的力。

动摩擦因数：也是一个常数，用来计算物体移动时的摩擦力。

在现实生活中，静摩擦的速度为零。但对于数值解算器而言，就需要指定一个非零数值。当零部件在移动时，速度由负变正，而速度等于零时，力的大小不能立即由正值变为负值。

因此图 6-1 显示了 SolidWorks Motion 是如何解决这个问题的，即在使用摩擦因数的地方指定一个静态和动态的转变速度。可以看出，SolidWorks Motion 拟合出一条光滑的曲线来求解摩擦力。

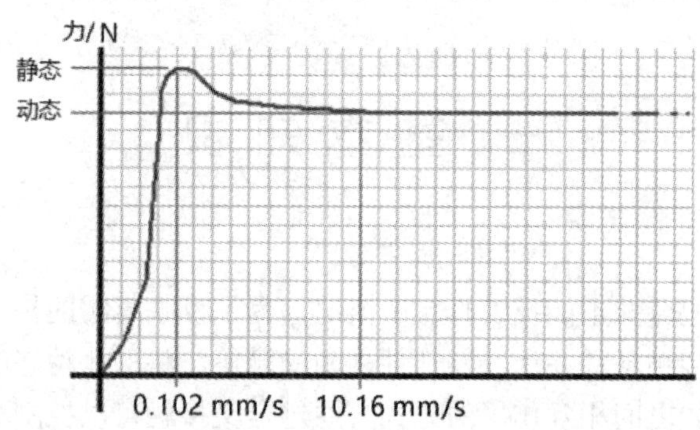


图 6-1　静、动摩擦拟合曲线

在图 6-1 中采用接触材料 Steel(Dry)的默认摩擦参数，具体如下：

静摩擦速度：$v_s = 0.102$ mm/s。

动摩擦速度：$v_k = 10.16$ mm/s。

静摩擦因数：0.20。

动摩擦因数：0.15。

4. 积分器不收敛的原因

如果显示“积分器没能收敛”，则可能的原因及其解决方法如下：

(1) 积分器没能取得指定的精度，降低【Motion 分析】属性中的精度。

(2) 如果模型中的零部件快速移动，则应经常评估雅克比值。

(3) 机构可能已锁定，检查初始配置与马达设置，以便获得有效的运动。

(4) 如果在模拟开始时就出现故障，则可使用较小的积分步长。

### 5. 接触的几何描述

SolidWorks Simulation 采用两种特有的方式处理实体几何体，即细化几何体(3D 接触)和精确几何体(精确接触)。

1) 细化几何体(3D 接触)

接触实体的表面被划分为多个三角形的网格单元来简化外形描述。网格的密度也就是接触几何分辨率受控于算例属性中的【3D 接触分辨率】。因为这个描述非常有效，而且通常情况下也足够准确，因此细化几何体是系统的默认选择。但过于粗糙的描述可能产生不准确的结果，甚至或许会无法捕捉到接触，导致运算无法进行。

2) 精确几何体(精确接触)

如果细化几何体的描述还不能解决问题(求解不允许或不能得到解)，可以勾选【使用精确接触】复选框。系统将采用物体表面的精确描述。由于这是最为精确的描述，会占用较多的计算资源，因此需要谨慎使用。当接触实体的特征复杂或处理类似于点状的几何特征时，可使用这个选项。

图 6-2 给定了两个不同分辨率下的细化几何体和一个精确几何体。

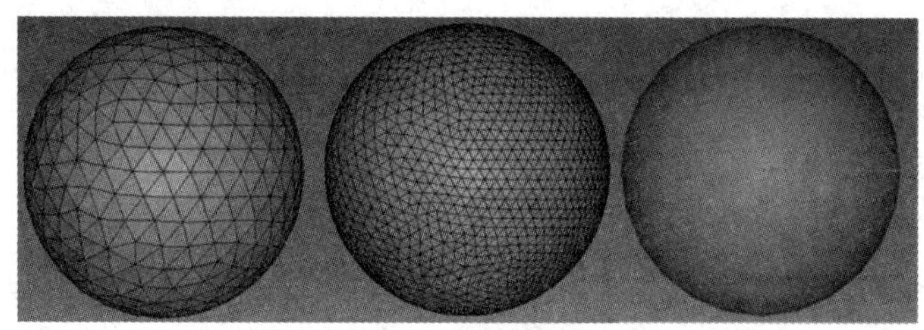

图 6-2　细化几何体与精细几何体

如果要获取准确的接触数据，则需使用 SolidWorks Simulation Premium 非线性动力学模型，这里不做讨论。

在【运动算例属性】中，【3D 接触分辨率】的高低以及【使用精确接触】或称【精确度】本质就是指有限单元(网格)的细化。由于目前没有找到高效率的、合适的理论算法，因此 SolidWorks Simulation 在网格自动划分时，只能划分出低效率的四面体网格，其他高效网格目前无法自动划分，只能在人工干预下进行半自动划分。

## 二、实 践 操 作

摩擦系数测试

### 例题 6–1　斜面机构

图 6-3 为一个斜面机构，由滑块 1 与倾斜角为 20° 的固定斜面 2 组成。设滑块 1 受到垂直向下的力作用(包括自重)，当摩擦系数是多少时滑块开始下滑？

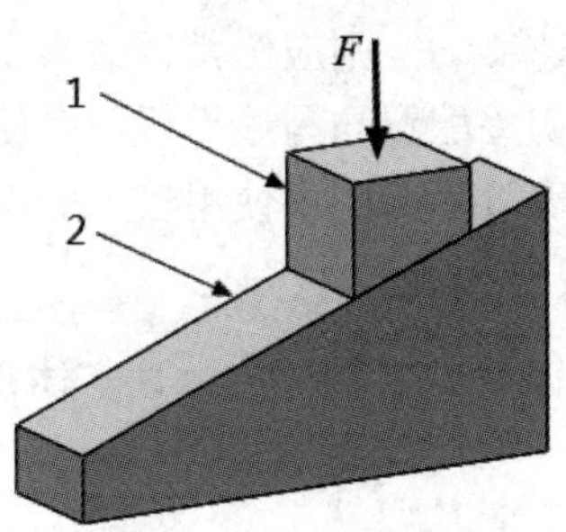


图 6-3　斜面机构模型

使用【Motion 分析】的【实体接触】来模拟出发生自锁时的临界摩擦系数，其操作步骤如下：

**STEP01　打开装配体模型文件。**

从文件夹“SolidWorks Motion\第六章\例题\斜面机构”下打开文件“斜面机构.SLDASM”。

**STEP02　查看装配体。**

滑块和固定斜面靠两个前视基准面重合保持在同一平面内运动。在这两个构件之间没有其他配合关系，它们之间的相互作用将使用实体接触来处理。

**STEP03　验证单位。**

确认单位设定为【MMGS(毫米、克、秒)】。

**STEP04　新建算例。**

新建一个运动算例，确认【算例类型】选择了【Motion 分析】。

**STEP05　添加滑块与固定斜面的实体接触。**

在滑块与固定斜面之间定义一个实体接触。

在 Motion Manager 工具栏上单击【接触】图标。在 Property Manager 中的【接触类型】下选择【实体】，选择滑块与固定斜面的两个斜面，不勾选【材料】，动、静【摩擦系数】设置如图 6-4 所示。

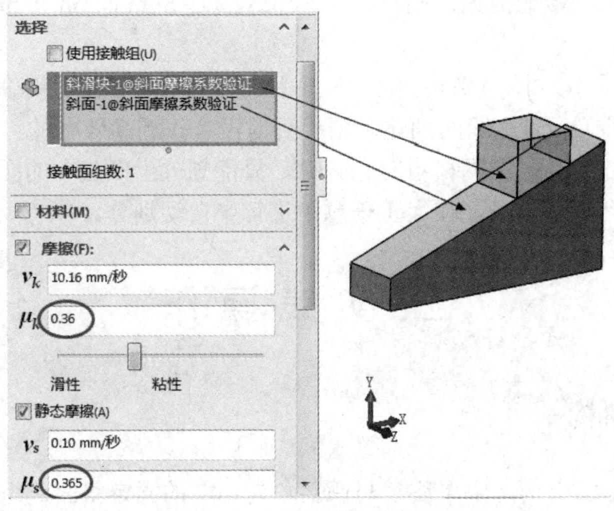


图 6-4　实体接触参数设置

**STEP06 添加力。**

在 Motion Manager 工具栏上单击【力】图标，以方向朝下的集中力代表载荷及自重，选取上面为承载面，【力的方向】选取固定斜面的底面，其大小为 10 牛顿，其参数设置如图 6-5 所示。

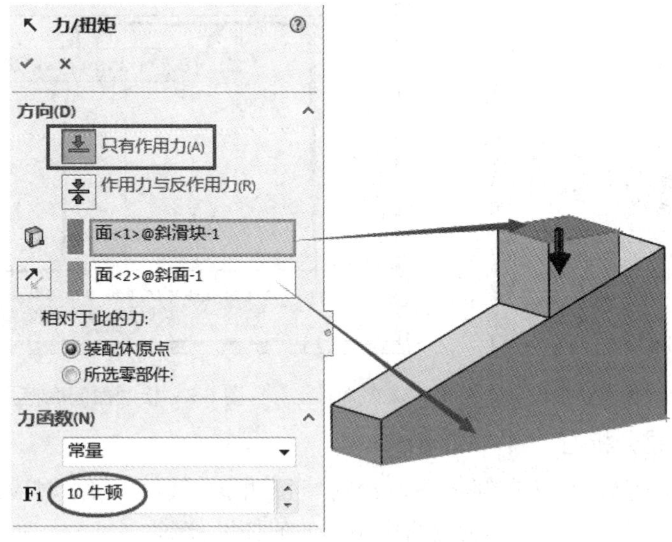


图 6-5 力的参数设置

**STEP07 设置运算时间。**

将运行时间设定为 0.2 s。

**STEP08 设置算例属性。**

为了得到更加精确的结果，单击 Motion Manager 工具栏上的【运动算例属性】图标，在弹出的运动算例属性窗口中重置【每秒帧数】，设置为 300 帧。勾选【精确接触】且点开【高级 Motion 分析选项】，参数设置如图 6-6 所示。

高级 Motion 分析选项

| 积分器类型 | WSTIFF |
| --- | --- |
| 最大迭代 | 25 |
| 初始积分器步长大小 | 0.0000001000 |
| 最小积分器步长大小 | 0.0000000100 |
| 最大积分器步长大小 | 0.0000000010 |
| 雅可比验算 | |

图 6-6 高级选项设置

**STEP09 运算并输出结果。**

观察滑块在向下力 $F$ 的作用下克服摩擦力 $F_f$ 开始下滑。

单击 Motion Manager 工具栏上的【结果和图解】图标，或直接右键单击特征树，直接生成运动图解，参数设置如图 6-7 所示，图解结果如图 6-8 所示。

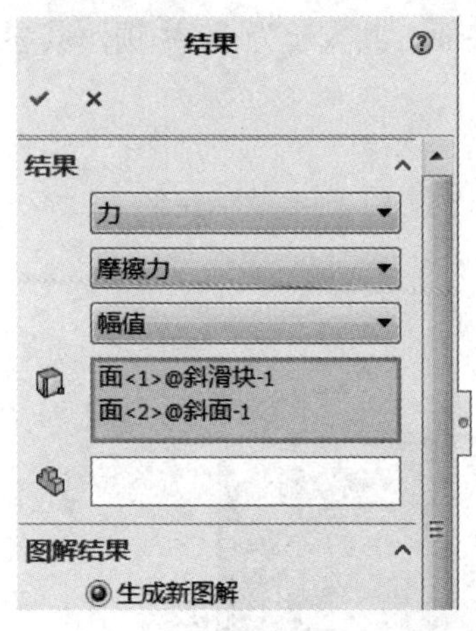


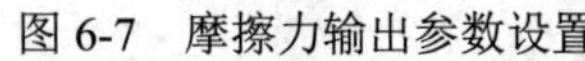

图 6-7　摩擦力输出参数设置

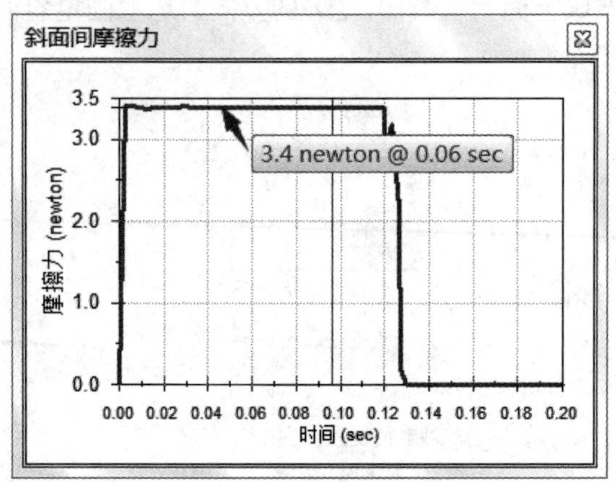


图 6-8　接触面间摩擦力

**STEP10　结果分析。**

由机械原理可知斜面机构自锁条件为 $\alpha \leqslant \varphi$。已知 $\varphi = 20°$，与之对应的自锁摩擦系数 $f \geqslant \tan 20° = 0.364$。可在其值大小附近给定不同的值加以验证。

首先单击曲线，其次将鼠标触碰到曲线的某一位置，图解结果将自动显示该位置的数值，如图 6-8 中的 3.4 N。由物理学可知：斜面的摩擦力大小为 $F_{\mathrm{f}} = F\cos 20° \cdot f = 3.38$ N，与图 6-8 所示结果 3.4 N 完全一致。

**STEP11　保存并关闭文件。**

单击【保存】图标，保存文件。

动量矩定理

## 例题 6–2　动量矩守恒

图 6-9 所示为一个水平均质圆形转台，质量为 $M = 200$ kg，半径 $R = 5$ m，可绕铅直的中心轴 $Oz$ 转动。质量为 $M = 100$ kg 的人相对转台以不变的速度 $v = 2$ m 在转台上沿逆时针方向行走，且与 $Oz$ 轴的距离始终保持为 $r = 4$ m，开始时转台与人均静止。

若不计轴的摩擦，使用【Motion 分析】模拟出转台绕轴 $Oz$ 转动的角速度 $\omega$，其操作步骤如下：

图 6-9　人沿转台匀速行走

**STEP01　打开装配体文件。**

从文件夹“SolidWorks Motion\第六章\例题”下打开文件“动量矩守恒.SLDASM”。

我们采用一个滚子在转台上滚动模仿人行走，转台与机架轴之间采用【铰链】配合，同样滚子与支架之间也采用【铰链】配合，支架与机架【同轴心】配合，如图 6-10 所示。

转台是一个半径为 5 m 的圆盘，滚子的周长为 2 m，滚子与固定轴之间的距离为 4 m。

STEP02 设置文档单位。

在窗口右下角选择【自定义】→【MKS(米、千克、秒)】，也就是设置长度单位为“米”，质量的单位为“千克”，时间单位为“秒”。

STEP03 创建新的运动算例。

新建一个【运动算例 2】，在 Motion Manager 左下角【算例类型】中确认选择了【Motion 分析】。

STEP04 添加接触。

在 Motion Manager 工具栏上单击【接触】图标，在接触类型中，选择【实体】，不勾选【材料】，勾选【摩擦】，其参数设置如图 6-11 所示。设置动、静摩擦系数足够大，确保滚子在转台上作无滑动的纯滚动。

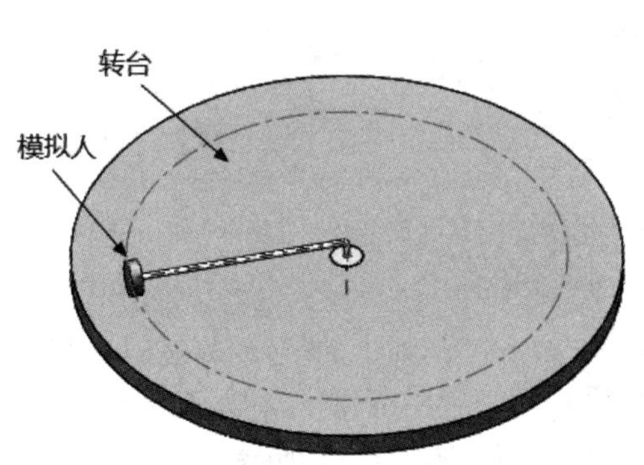

图 6-10 模拟模型

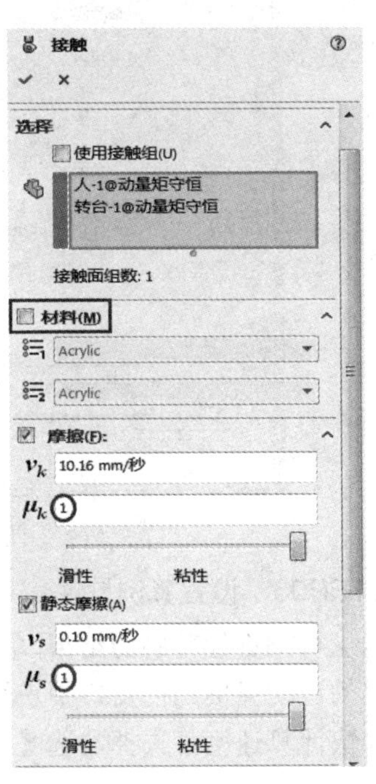

图 6-11 摩擦参数设置

STEP05 添加马达。

在滚子上添加一个【旋转马达】，选择【等速】，其大小设置为 60 RPM。由于滚子的周长为 2 m，因此滚子 1 s 走 2 m，符合人相对转台以不变的速度 $v = 2$ m /s 在转台上沿逆时针方向行走，且与 $Oz$ 轴的距离，始终保持为 $r = 4$ m 的要求。

STEP06 添加引力。

在 Y 轴负方向添加引力，采用默认大小。

STEP07 添加质量与转动惯量。

在工具栏上单击【评估】→【质量属性】图标，选择滚子，单击【覆盖质量属性】，输入 100 kg，支架赋予 0 kg，对于转台赋予 200 kg，同时赋予转台转动惯量 $I = (1/2)MR^2 = 2500$ kg · m$^2$。参数设置如图 6-12 所示。

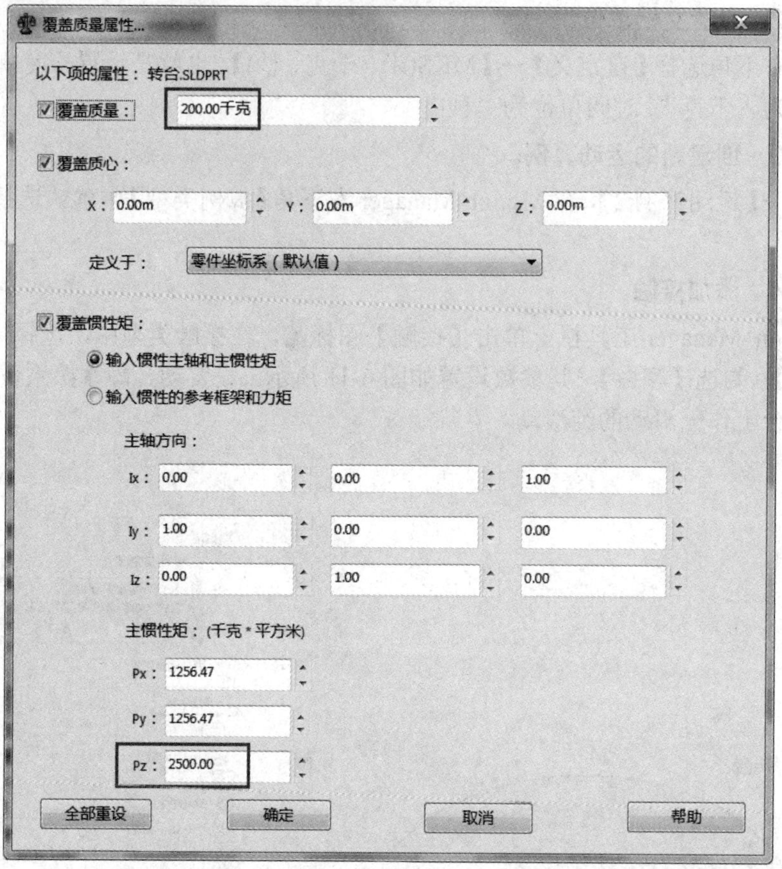

图 6-12　转台质量属性参数设置

**STEP08　设置算例属性。**

为了得到更加精确的结果，单击 Motion Manager 工具栏上的【运动算例属性】图标，在弹出的运动算例属性窗口中重置【每秒帧数】，设置为 300 帧，勾选【使用精确接触】，为了加快计算速度可去掉勾选【在模拟过程中动画】，如图 6-13 所示。

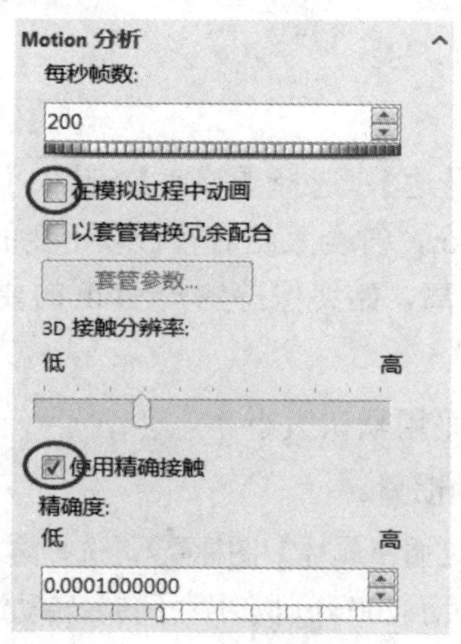


图 6-13　算例属性设置

**STEP09　设置计算时间。**

将计算时间设置为 1s。

**STEP10　运行并输出结果。**

运行后，分别输出转台角位移、转台绝对角速度、人的绝对角速度、人相对转台角速度，如图 6-14～图 6-17 所示。

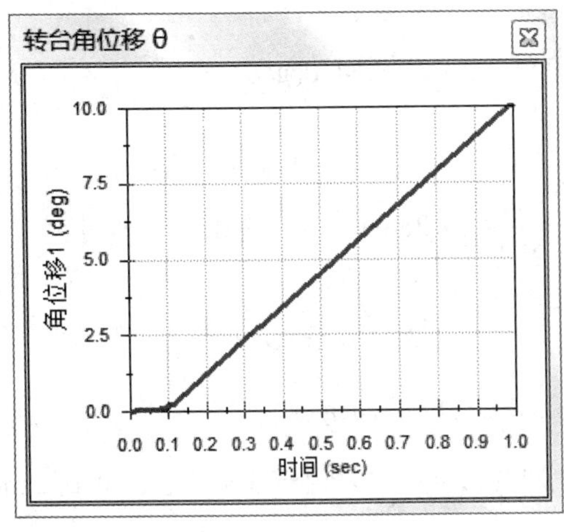


图 6-14　转台角位移

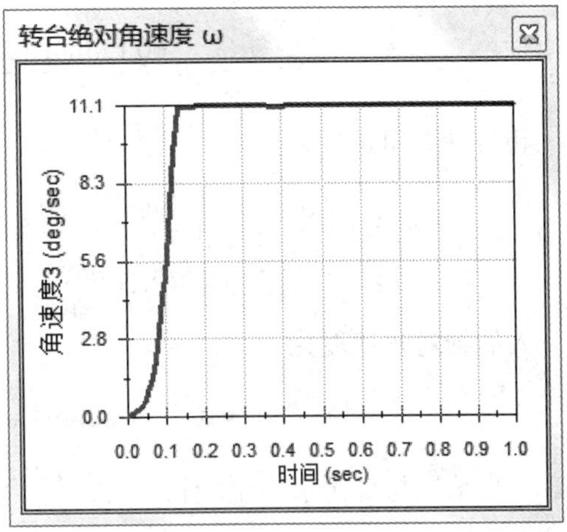

图 6-15　转台绝对角速度

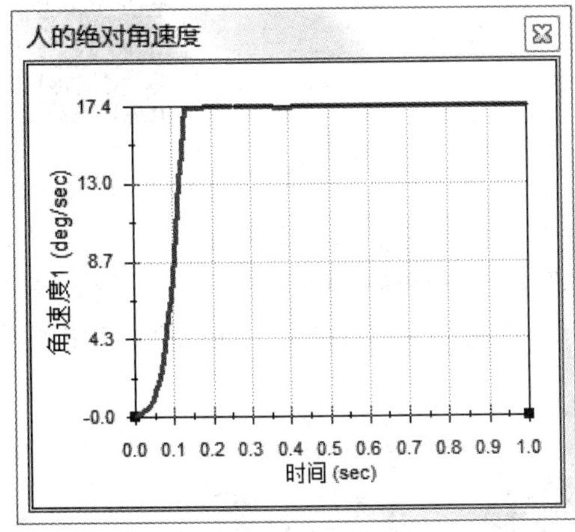


图 6-16　人的绝对角速度

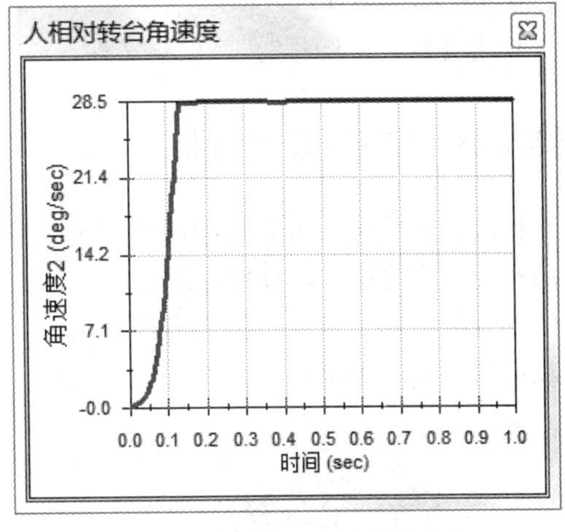


图 6-17　人相对转台角速度

**STEP11　结果分析。**

理论分析：以地面为参考系。

设人对转台的角速度为 $\omega'=v/r$，转台对地的角速度为 $\omega$，则人对地的角速度为 $\omega_1=\omega'+\omega$，根据动量距守恒有 $I_1\omega_1+I\omega=0$，即

$$I_1(\omega'+\omega)+I\omega=0$$

式中，$I_1$ 为人对 $OZ$ 轴的转动惯量，$I$ 为转台对 $OZ$ 轴的转动惯量。

考虑到 $I_1=mr^2$，$I=\dfrac{1}{2}MR^2$，得

$$\omega=\frac{I_1\omega'}{I+I_1}=\frac{mr^2}{\frac{1}{2}MR^2+mr^2}\cdot\omega'$$

将 $n=60$ r/min，$m=100$ kg，$M=200$ kg，$R=5$ m，$r=4$ m，$L=2$ m(滚子周长)等数据代入相应公式。

人的相对转台角速度为

$$\omega'=\frac{n\cdot L}{r}=\frac{60\text{ r/min}\times 2}{4}=0.5\ \text{rad/s}=28.64\ \text{deg/s}$$

转台绝对角速度为

$$\omega=-\frac{I_1\omega'}{I+I_1}=-\frac{mr^2}{\frac{1}{2}MR^2+mr^2}\cdot\omega'=-\frac{4^2}{5^2+4^2}\times 28.64=-11.17\ \text{deg/s}$$

人的绝对角速度为

$$\omega_{\text{人}}=\omega'+\omega=28.64+(-11.17)=17.47\ \text{deg/s}$$

仿真结果与理论值完全相符。另外，开始接触时有延迟，这是由于滚子速度由 0 到 2 m/s 有个加速过程。

**STEP12　保存文件。**

单击【保存】图标，保存文件。

## 例题 6–3　摆线针轮减速器

摆线针轮减速器

摆线齿轮是齿廓为各种摆线或其等距曲线的圆柱齿轮的统称。摆线齿轮的齿数很少，常用在仪器仪表中，较少用作动力传动，其派生形式摆线针轮传动则应用较多。图 6-18 为摆线针轮减速器，是目前世界各国产量最大的一种减速器，主要由偏心输入轴、针齿轮、摆线齿轮、输出轴组成。

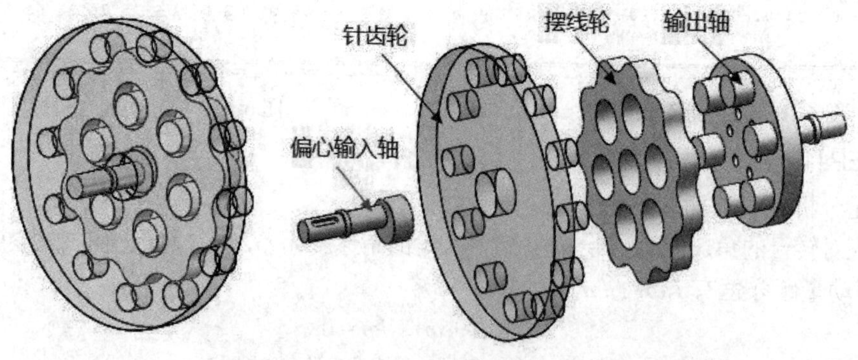


图 6-18　摆线针轮减速器模型及分解图

工作原理：针齿轮固定，偏心输入轴带动摆线齿轮，摆线齿轮通过孔销带动输出轴转动，同时在针齿轮上滚动，达到减速、输出大扭矩的目的，其传动比为滚针数目，本题传动比为 12。

使用【Motion 分析】的【实体接触】对其仿真，其操作步骤如下：

STEP01 打开装配体文件。

从文件夹“SolidWorks Motion\第六章\例题\摆线齿轮”下打开文件“摆线齿轮.SLDASM”。

STEP02 查看装配关系。

针齿轮固定不动，输入轴的偏心圆柱与摆线齿轮同轴，输入轴、输出轴与针齿轮同轴。还有摆线轮的两个端面分别与针齿轮和孔销式输出轴的端面【重合】，确保轴向定位，如图 6-19 所示。为开始位置正确加一个输出轴的销与摆线轮的孔【相切】。

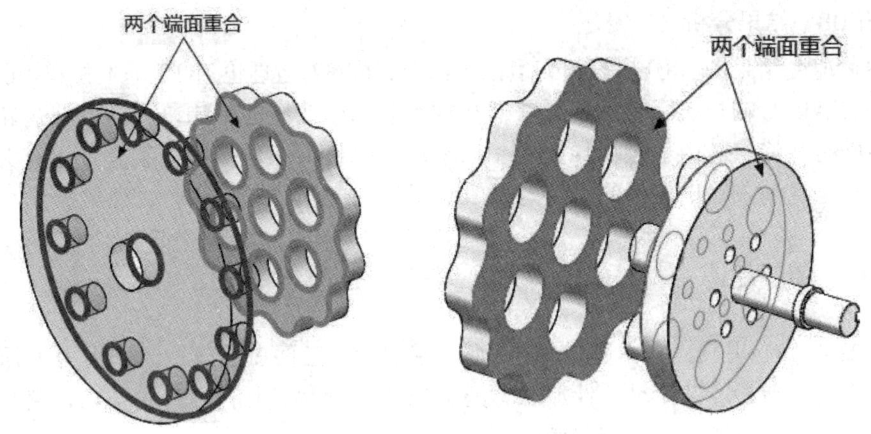


图 6-19 摆线轮、针齿轮和孔销式输出轴的轴向定位

STEP03 创建新的运动算例。

新建一个【运动算例 2】，在 Motion Manager 左下角【算例类型】中确认选择了【Motion 分析】。

STEP04 添加实体接触。

在 Motion Manager 工具栏上单击【接触】图标，在接触类型中选择【实体】，分别选择摆线齿轮与针齿轮，其他选项采用默认。单击【确认】图标。

采用同样操作，添加摆线齿轮与输出轴之间的【实体】接触。同时压缩掉输出轴的销与摆线轮的孔【相切】。

STEP05 添加马达。

在输入轴上添加一个【旋转马达】，选择【等速】，其大小设置为 60 RPM，即 360°/s。

STEP06 设置算例属性。

为了得到更加精确的结果，单击 Motion Manager 工具栏上的【运动算例属性】图标，在弹出的运动算例属性窗口中重置【每秒帧数】，设置为 100 帧，并勾选【使用精确接触】。

STEP07 运行并输出结果。

运行后，分别输出输入轴、输出轴的角速度，如图 6-20、图 6-21 所示。

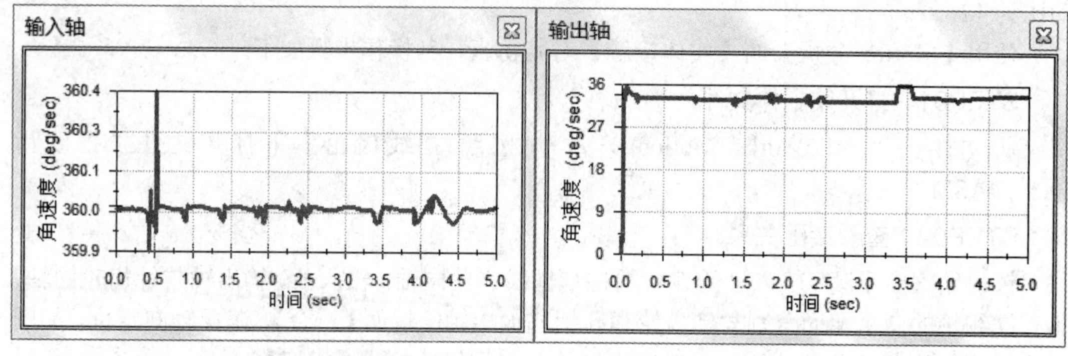


图 6-20　输入轴角速度　　　　图 6-21　输出轴角速度

STEP08　结果分析。

观察角速度结果图，可以看出传动比为 11.25(360/32)与理论值 12 基本相符，误差的出现主要是安装的影响与实际的摆线减速器一样受到初始安装的影响，与渐开线齿轮不同。再就是中间有些峰值是由于碰撞导致应予以忽略。峰值大小与初始安装位置也有关系。

注：对于孔销式输出机构的讨论与仿真详见练习 7-3。

## 练习 6-1　偏心夹具

图 6-22 为偏心夹具，它由固定轴 1、偏心圆盘 2、工件 3 组成。当作用力 $F$ 压下手柄时，即能将工件夹紧，以便对工件加工。为了当作用在手柄上的力 $F$ 去掉后，夹具不自至于自动松开，则需要该夹具具有自锁性。

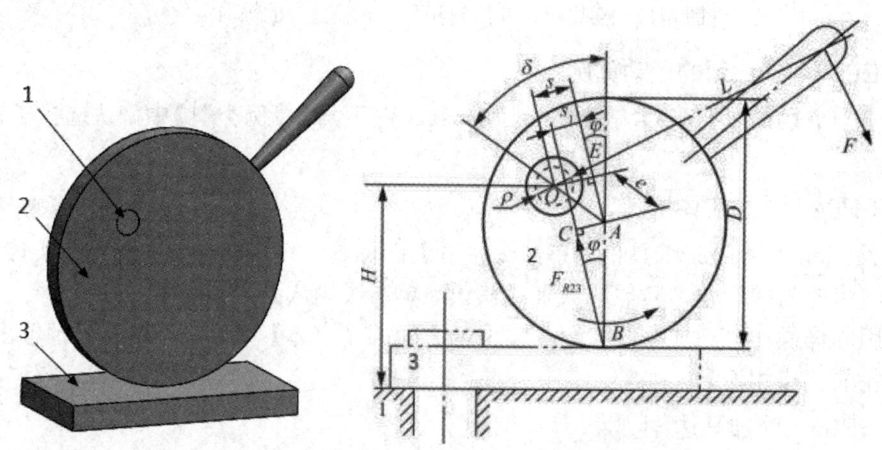


图 6-22　偏心夹具

当夹具结构参数确定后，夹具是否具有自锁性，取决于偏心圆盘 2 与固定轴 1 和工件 3 之间的摩擦系数。

偏心夹具自锁条件的理论公式为

$$e\sin(\delta-\varphi)-R\sin\varphi\leqslant\rho$$

其中：$\varphi$ ——偏心圆盘 2 与工件 3 之间的摩擦角；

$\rho$ ——偏心圆盘 2 与固定轴 1 之间的摩擦圆半径；

$e$——偏心圆盘 2 的偏心距(25mm)；

$\delta$——楔紧角，偏心圆盘 2 与工件 3 接触时，偏心圆盘 2 与固定轴 1 中心线的倾斜角(50.7°)；

$R$——偏心圆盘半径(50mm)；

$H$——固定轴心到工作台面距离(76mm)。

工件厚度为 10mm。

使用【Motion 分析】的【实体】接触对上述理论公式进行验证，其操作步骤如下：

**STEP01　打开装配体模型文件。**

从文件夹“SolidWorks Motion\第六章\练习\偏心夹具”下打开文件“偏心夹具.SLDASM”。

**STEP02　查看装配体。**

偏心圆盘 2 与固定轴 1 通过【铰链】配合在一起，这里只是为了装配，仿真前要将这个配合其去除，而工件 3 固定不动。

**STEP03　验证单位。**

确认单位设定为【MMGS(毫米、克、秒)】。

**STEP04　新建算例。**

新建一个运动算例，确认【算例类型】选择了【Motion 分析】，同时【压缩】铰链配合，使用反映实际工作情况下的【实体】接触代替它。

**STEP05　添加实体接触。**

为了方便起见，将偏心圆盘 2 与固定轴 1，偏心圆盘 2 与工件 3 之间采用相同的摩擦系数。

在 Motion Manager 工具栏上单击【接触】图标。在 Property Manager 中的【接触类型】下选择【实体】。分别选择固定销 1、工件 3 与偏心圆盘 2 的接触面，定义【实体】接触如图 6-23 所示。不勾选【材料】，动、静【摩擦系数】设置如图 6-24 所示。

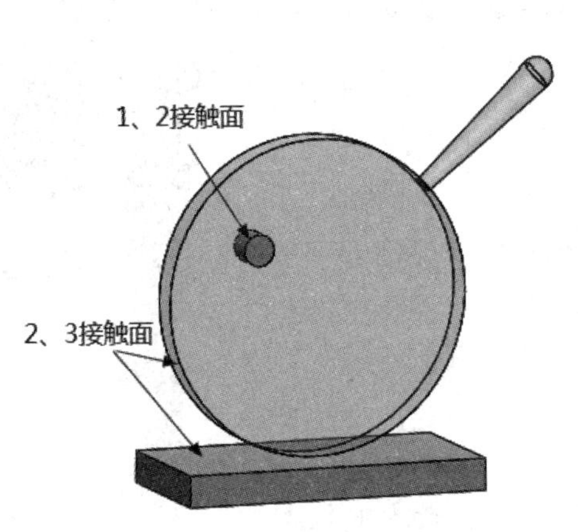


图 6-23　实体接触面

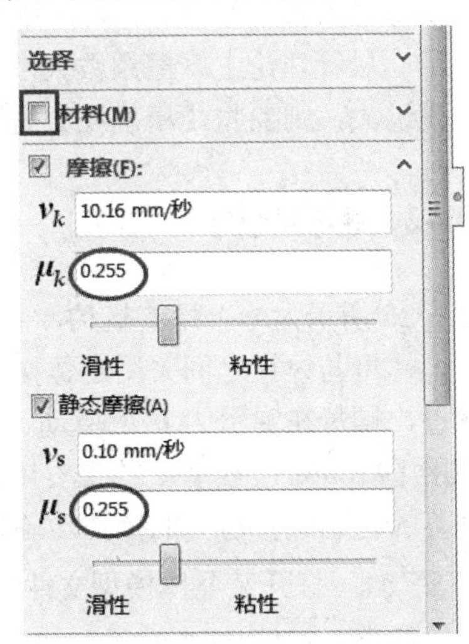


图 6-24　实体接触参数设置

**STEP06　添加作用力。**

在 Motion Manager 工具栏上单击【力】图标，其方向始终垂直手柄，【力的方向】选取固定在通过手柄轴线的参考面，其大小设为“5 牛顿”，其值不可过小或过大，过小没作用到位，过大虽然准确但运算速度马上降低，如图 6-25 所示。

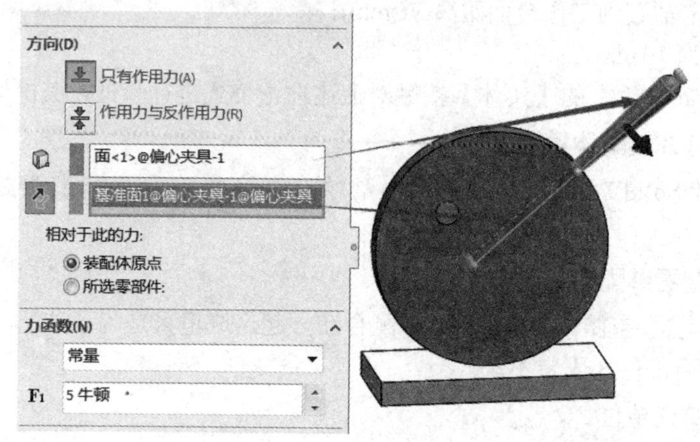


图 6-25　作用力的设置

**STEP07　设置运算时间。**

将运行时间设定为 1 s 而将力作用时间确定为 0.2 s，也就是 0.2 s 之后去掉了力。

**STEP08　设置算例属性。**

为了得到更加精确的结果，单击 Motion Manager 工具栏上的【运动算例属性】图标，在弹出的运动算例属性窗口中重置【每秒帧数】，设置为 300 帧，勾选【精确接触】且点开【高级选项】，参数设置参见图 6-6。

**STEP09　运算并输出接触力。**

分别试探不同摩擦系数，结果是：当摩擦系数大于 0.257 后夹具开始自锁。而理论值是：当摩擦系数大于 0.254 后夹具开始自锁。两者误差为 0.3%，足够准确。

提示：尽管理论上摩擦系数大小与受力大小无关，但是实际上与受力大小是有关的。如果误差过大，则要将【精确度】等级设置到高等级，步长改小，这将耗时过高。

## 练习 6–2　螺旋机构

图 6-26 所示为一个螺旋机构，它由固定螺栓、可移动的螺母组成。螺母与螺栓之间采用实体接触。假设在螺母与螺栓之间无摩擦，螺母在弹簧力 $F$ 的驱动下，将旋转下滑。

使用【Motion 分析】中的【实体】接触，对螺旋机在弹簧力驱动下的运动进行仿真的操作步骤如下：

**STEP01　打开装配体模型文件。**

从文件夹“SolidWorks Motion\第六章\练习\螺旋机构”下打开文件“螺旋机构.SLDASM”。

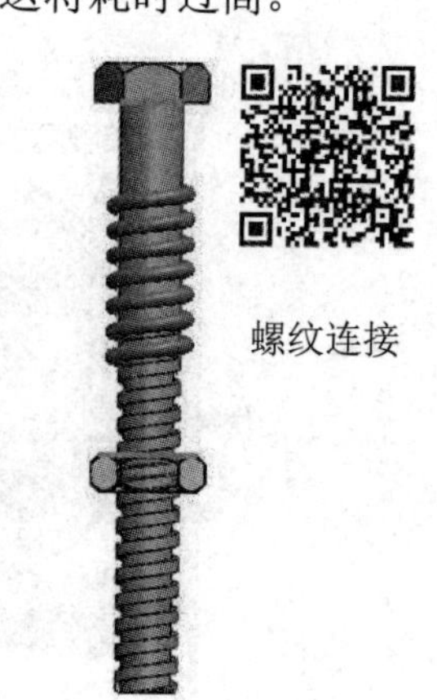


图 6-26　螺旋机构

STEP02 查看装配体。

螺母与固定螺栓之间仅有一个【同轴心】配合，而螺栓固定不动。

STEP03 新建运动算例。

新建一个运动算例，在【算例类型】中选择【Motion 分析】。

STEP04 添加弹簧。

单击在螺母与螺栓头之间添加一个线性弹簧，不勾选【阻尼】，其参数设置如图 6-27 所示。注意：螺母与螺栓头之间的距离为 41.8 mm，为了驱动弹簧，设置弹簧自由长度为 60 mm，意味着弹簧有 18.2 mm 的压缩。

STEP05 添加实体接触。

在 Motion Manager 工具栏上单击【接触】图标，在 Property Manager 中的【接触类型】下选择【实体】，选择螺母与螺栓，不勾选【材料】，动、静【摩擦系数】设置为 0，如图 6-28 所示。

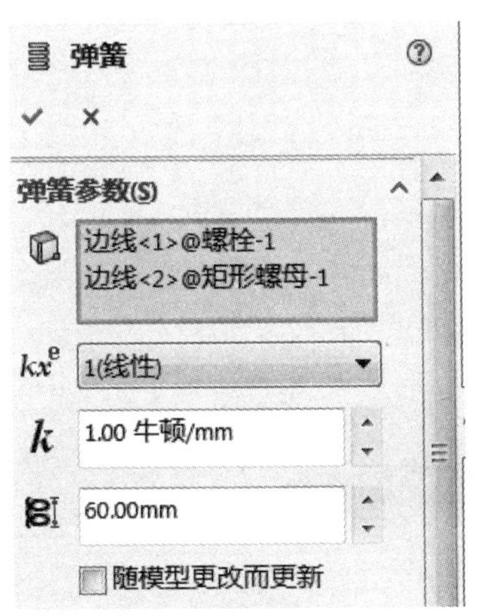


图 6-27 弹簧参数设置

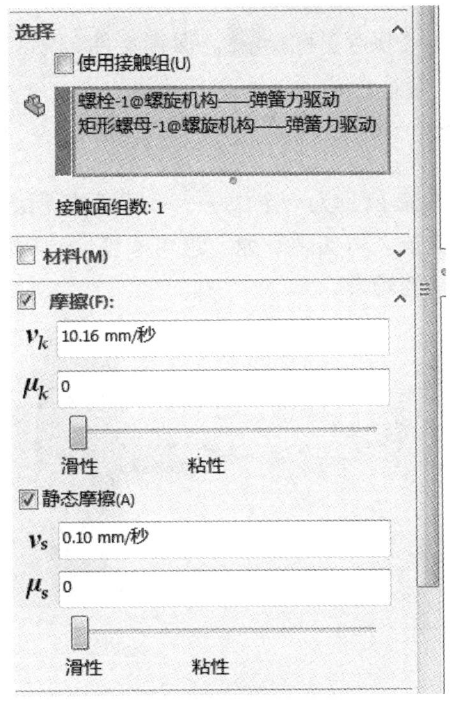


图 6-28 实体接触参数设置

STEP06 设置运算时间。

将运行时间设定为 2 s。

STEP07 设置算例属性。

为了得到更加精确的结果，单击 Motion Manager 工具栏上的【运动算例属性】图标，在弹出的运动算例属性窗口中重置【每秒帧数】，设置为 50 帧，勾选【精确接触】。

STEP08 运行。

经过较长时间运行后，输出螺母的角位移及线位移如图 6-29 所示。

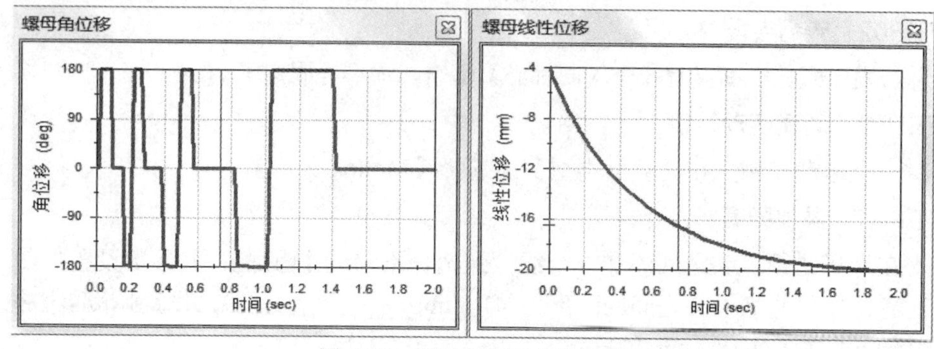


图 6-29 螺母角位移及线位移

STEP09 结果分析。

从图解结果可以观察到随着弹簧力的减小而转速变慢这与实际相符，运动到弹簧自然长度无弹力时停止。螺母线性位移 18.2 mm 正是弹簧的预压缩量。

STEP10 保存文件。

单击【保存】图标，保存文件。

无级变速机构

## 练习 6-3 圆盘轮式无级变速机构

图 6-30 所示为一个滚子——圆盘式无级变速机构。它由主动圆盘、从动圆盘以及中间的滚子组成。可实现升速，也可实现降速(调整滚子的上下位置)，这种传动常用于冲床等变速传动的场合。

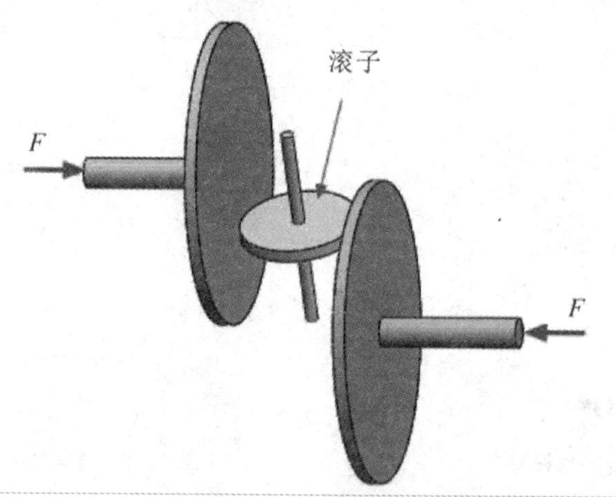


图 6-30 滚子——圆盘式无级变速机构

现用【Motion 分析】来模拟其传动过程的操作步骤如下：

STEP01 打开装配体模型文件。

从文件夹“SolidWorks Motion\第六章\练习\变速机构”下打开文件“双盘摩擦轮机构.SLDASM”。

STEP02 查看装配体。

观察到两个圆盘可以水平移动及绕自身轴转动，而滚子仅可绕自身轴转动，其他自由度受到 4 个【重合】配合限制。

**STEP03　新建运动算例。**

新建一个运动算例，在【算例类型】中选择【Motion 分析】。

**STEP04　添加力。**

为了使滚子与圆盘之间产生摩擦力在两圆盘轴上各加 1 N 的力，如图 6-31 所示。

**STEP05　添加实体接触。**

在滚子与两圆盘之间添加实体接触。其参数设置如图 6-32 所示。

图 6-31　两轴向力

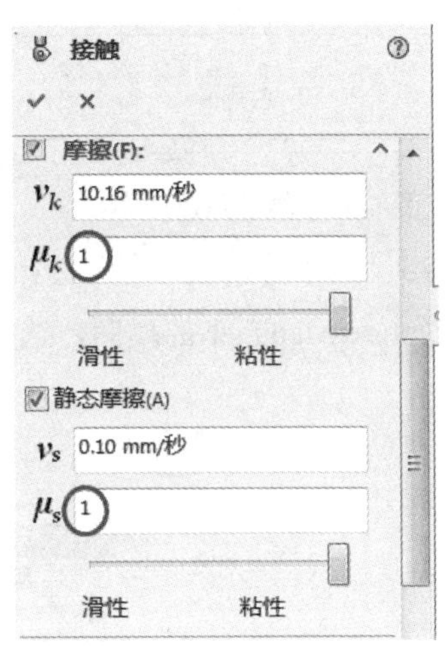


图 6-32　实体接触参数设置

**STEP06　添加马达。**

在左侧主动圆盘轴上添加【旋转马达】，选择【等速】，大小设置为 60 RPM。

**STEP07　仿真计算。**

单击 Motion Manager 工具栏上的【计算】图标，进行运动仿真计算。

**STEP08　输出结果。**

分别输出两摩擦盘角速度及滚子角速度，如图 6-33～图 6-35 所示。

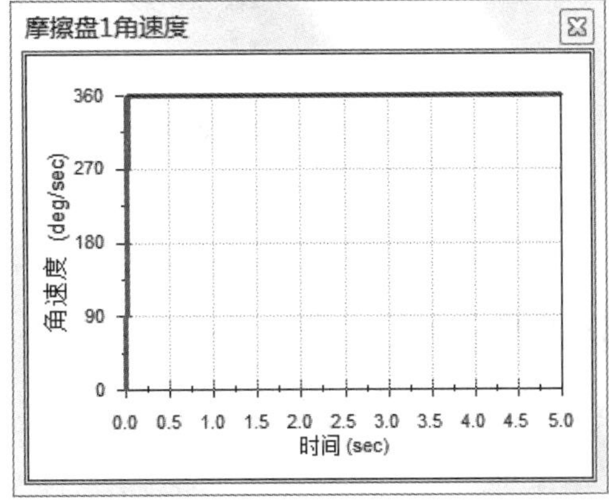


图 6-33　主动摩擦盘角速度

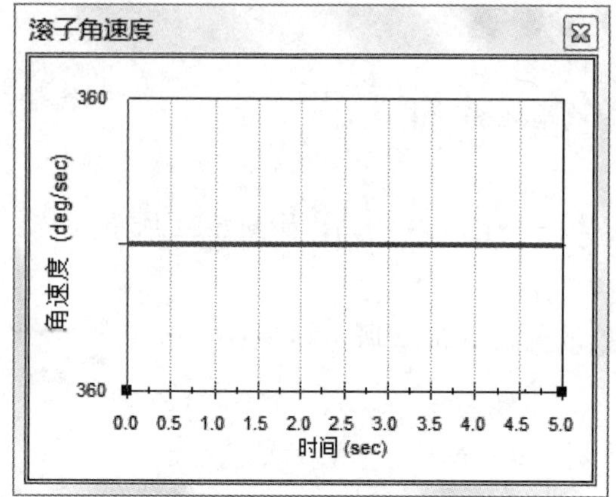


图 6-34 滚子角速度

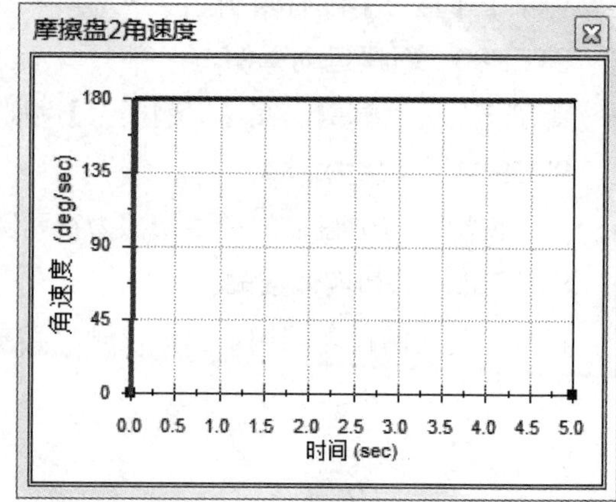


图 6-35 从动摩擦盘角速度

**STEP09 结果分析。**

单击 Feature Manager 的草图，选择【显示】，如图 6-36 所示。

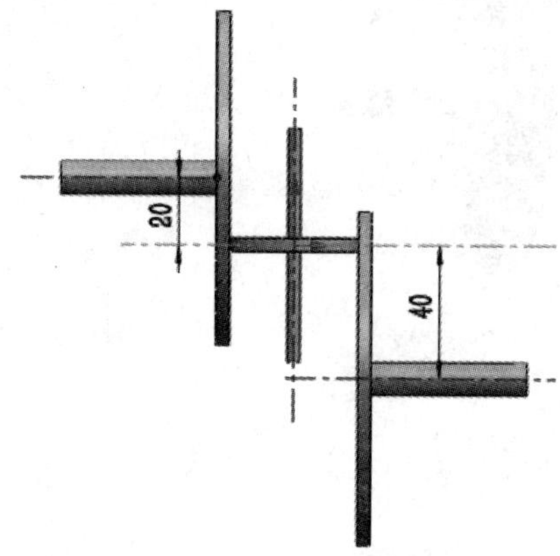


图 6-36 机构尺寸

传动比：

$$i_{12}=\frac{n_1}{n_2}=\frac{r_2}{r_1}=\frac{40}{20}=2$$

角速度：

$$n_2=\frac{n_1}{i_{12}}=\frac{360}{2}=180\ \text{deg/ s}$$

图解结果与理论值完全一致。

**STEP10 保存文件。**

单击【保存】图标，保存文件。

## 练习 6–4 偏心圆环

偏心圆环

图 6-37 所示均质圆环半径为 $r$，质量为 $m$ 及焊接均质刚性杆 $OA$，杆长为 $r$，质量也为

$m$。使用【Motion 分析】进行模拟并输出圆环的角加速度 $\varepsilon$、水平板的摩擦力大小 $F_f$ 及法向约束力大小 $F_N$。假设圆环与板之间作纯滚动。

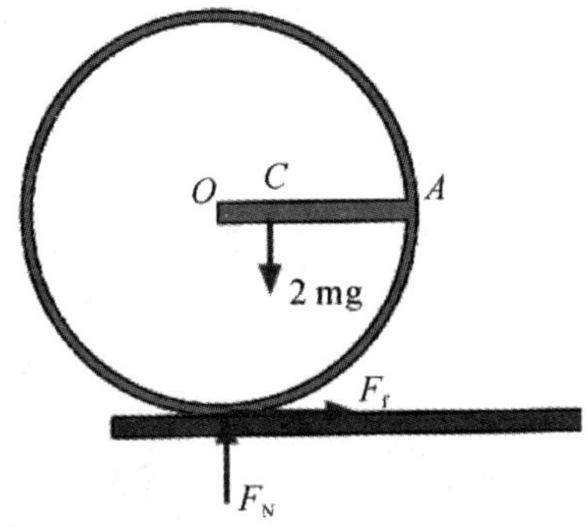


图 6-37　圆环纯滚动

STEP01　**创建圆环与平板。**

使用特征中的【拉伸】，创建出圆环与平板。

STEP02　**创建装配体。**

首先使用【插入零部件】将圆环插入，并由【固定】改为【浮动】，再使用【重合】配合将圆环、装配体两【原点】重合，最后将圆环【固定】。目的是为后面修改质心位置做准备。

STEP03　**插入平板。**

使用相应的配合，确保平板与圆环相切、与 $OA$ 平行。

STEP04　**固定平板、浮动圆环。**

将圆环改为【浮动】，而平板改为【固定】。

STEP05　**设置质心位置。**

使用【评估】→【质量属性】→【覆盖质量属性】，设置圆环总质量为 $2m$=20 kg，距离圆心 $O$ 为 10 mm($r/4$)处，如图 6-38 所示。

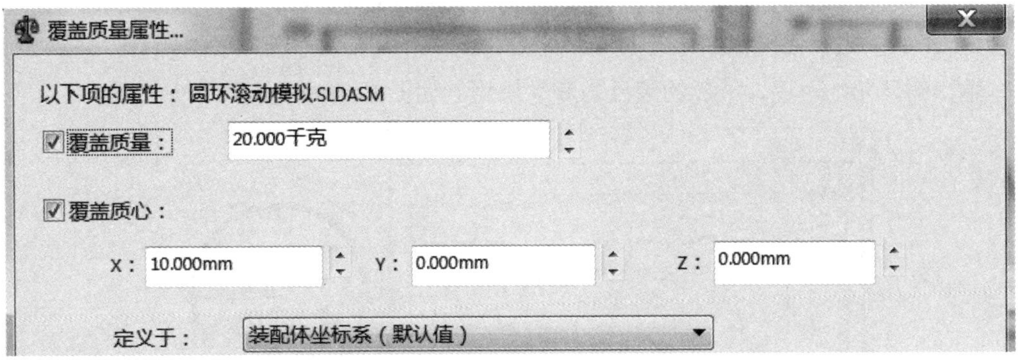

覆盖质量属性...

以下项的属性：圆环滚动模拟.SLDASM

☑ 覆盖质量：20.000千克

☑ 覆盖质心：

X：10.000mm　Y：0.000mm　Z：0.000mm

定义于：装配体坐标系（默认值）

图 6-38　零部件质心设置

STEP06　**创建新运动算例。**

创建新运动算例，【算例类型】选择【Motion 分析】。

STEP07　压缩所有配合。

压缩所有【配合】，同时使用【高级配合】中的【宽度】配合，将圆环与平板各自的中心纵向对称面重合，如图 6-39 所示。此处也可使用【轮廓中心】或【对称】配合来实现。

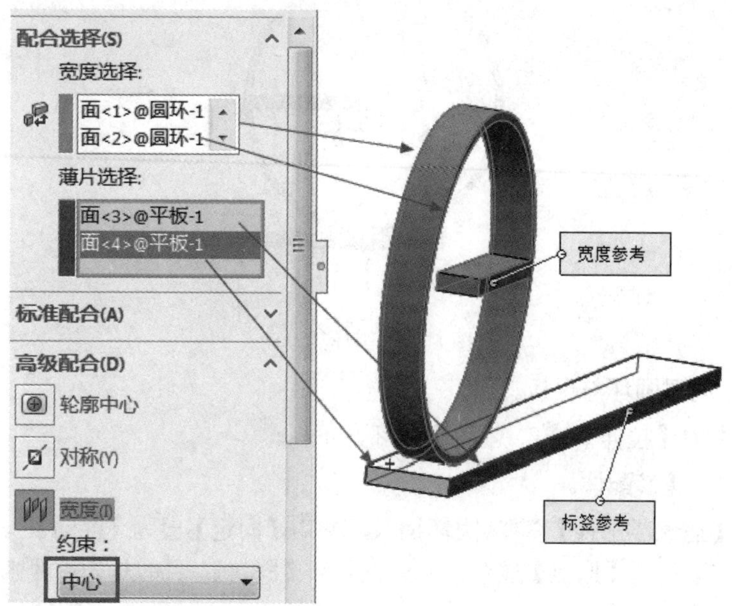


图 6-39　宽度配合设置

STEP08　添加引力。

在 Y 轴负方向添加引力，大小采用默认值。

STEP09　添加接触。

在 Motion Manager 工具栏上单击【接触】图标，在接触类型中选择【实体】，勾选【使用接触组】，勾选【材料】使用【Steel(Dry)】。

STEP10　属性设置。

设置【每秒帧数】为 2000 帧，同时将运行时间调整为 2 s。

STEP11　运行并输出结果。

输出圆环角加速度、平板约束反力和摩擦力，如图 6-40～图 6-42 所示。

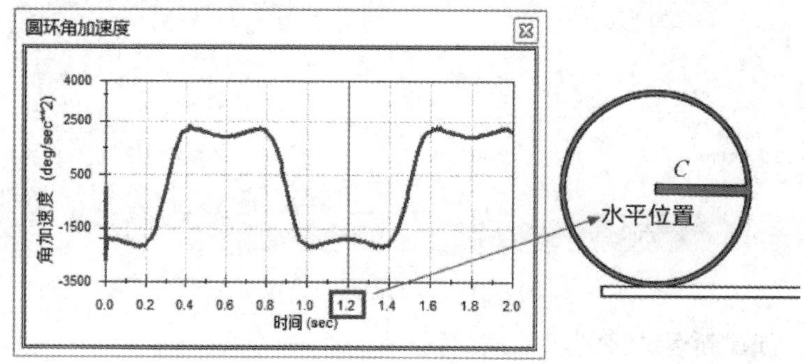


图 6-40　圆环在 1.2 s 时的角加速度

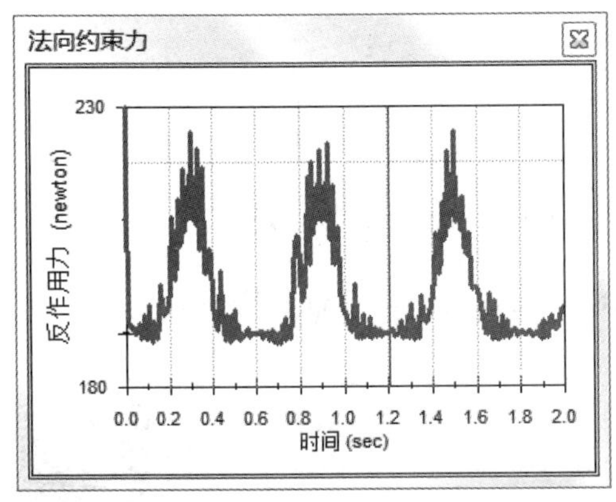


图 6-41　平板法向约束反力

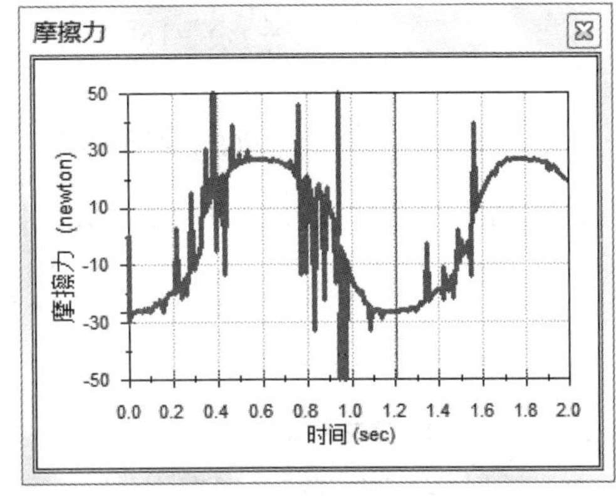


图 6-42　平板与圆环摩擦力

**STEP12　结果分析。**

从图解中可以观察到有极大峰值的剧烈振动，每个峰值都对应着一个冲击(或碰撞)力，而冲击力的大小则取决于接触刚度特性。由于这些都是高度的近视值，冲击力峰值应当被忽略。

**STEP13　输出数值表格。**

为了查阅各时间点的准确值，右键单击曲线，选择【输出 CSV(E)】，将曲线值以数值表格的方式输出。

**STEP14　理论分析。**

针对整体圆环质心 $C$，由于它做平面运动，根据绪论中所述的基本定律(牛顿定律)有如下平面运动方程：

$$\begin{cases} 2ma_{Cx} = F_{\mathrm{f}} \\ 2ma_{Cy} = 2mg - F_{\mathrm{N}} \\ J_C\varepsilon = F_{\mathrm{N}}\left(\dfrac{r}{4}\right) - F_{\mathrm{f}}\,r \end{cases}$$

其中，转动惯量为

$$J_C = \frac{mr^2}{12} + m\left(\frac{r}{4}\right)^2 + mr^2 + m\left(\frac{r}{m}\right)^2 = \frac{29}{24}mr^2$$

$$a_{Cx} = r\varepsilon,\quad a_{Cy} = \frac{r}{4}\varepsilon$$

求得

$$\varepsilon = \frac{3}{20}\frac{g}{r},\quad F_{\mathrm{N}} = \frac{77}{40}mg,\quad F_{\mathrm{f}} = \frac{3}{10}mg$$

将模型的实际数值 $r = 40$ mm，$m = 10$ kg 代入以上三式，得

$$\varepsilon = \frac{3}{20}\times\frac{9.8}{40\times10^{-3}} = 36.75\ \mathrm{rad/s} = 2106.67\ \mathrm{deg/s}$$

$$F_N = \frac{77}{40}mg = 188.65\ \text{N}$$

$$F_f = \frac{3}{10}mg = 29.4\ \text{N}$$

查阅 CSV 文件里的 0.6 s 或 1.2 s(这时近似开始状态)时的结果显示：

$$\varepsilon = -1916.42\ \text{deg/s},\quad F_N = 189.47\ \text{N},\quad F_f = -26.68\ \text{N}$$

理论值与模拟值基本符合。

**STEP15 保存文件。**

单击【保存】图标，保存文件。

超越离合器

## 练习 6–5 单向离合器

图 6-43 为单向离合器。它由星轮、套筒、弹簧及滚柱等组成。若星轮为主动件，则当其逆时针回转时，滚柱借摩擦力而滚向楔形空隙的小端，并将套筒楔紧[①]使其随星轮一同回转；而当星轮顺时针旋转时，滚柱被滚到空隙的大端，将套筒松开，这时套筒静止不动。此种机构可作为单项离合器和超越离合器。而所谓超越离合器，是当主动星轮逆时针转动时，如果套筒逆时针转动的速度更高，两者便自动分离，套筒可以较高的速度自由转动。使用【Motion 分析】对其进行模拟，其操作步骤如下：

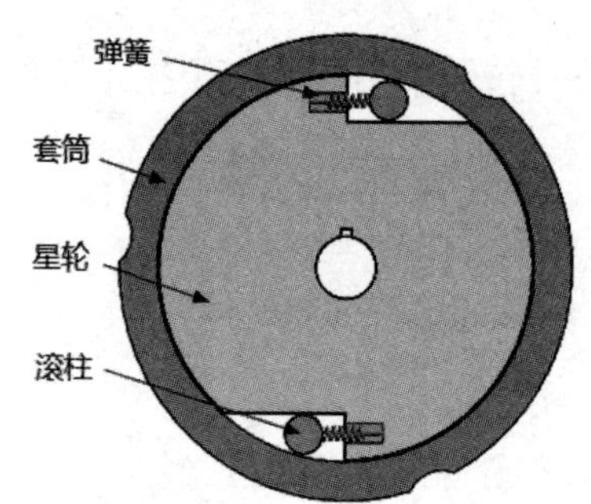


图 6-43 圆环纯滚动

**STEP01 打开装配体模型文件。**

从文件夹“SolidWorks Motion\第六章\练习\超越离合器”下打开文件“超越离合器.SLDASM”。

**STEP02 查看装配体配合。**

星轮与机架通过【铰链】配合，套筒与星轮【同轴心】配合，各个件中间对称面【重合】配合。

**STEP03 验证单位。**

确认单位设定为【MMGS(毫米、克、秒)】。

---

① 为滚柱能将星轮和套筒可靠楔紧，在滚柱楔紧处的楔角应小于 2 倍摩擦角。

STEP04　创建新运动算例。

新建一个运动算例，确认【算例类型】选择了【Motion 分析】。

STEP05　添加弹簧。

在滚柱和弹簧孔底之间添加一个弹簧，其参数设置如图 6-44 所示。

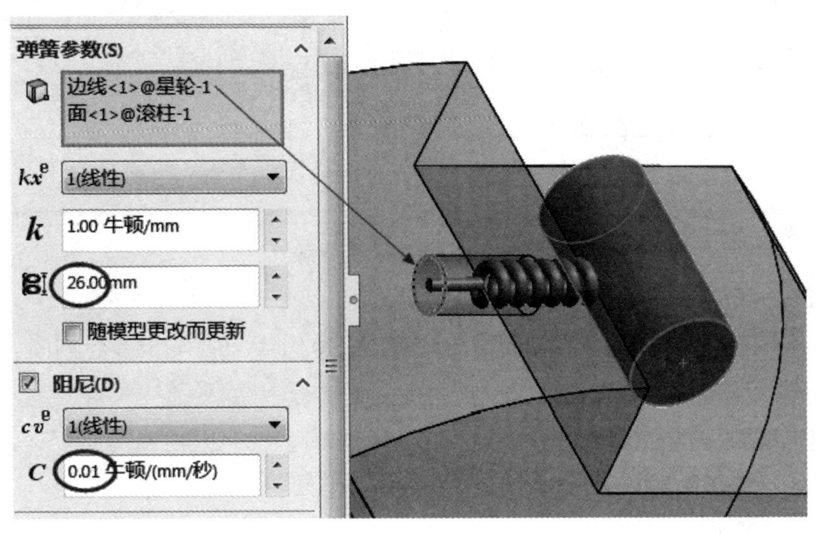


图 6-44　弹簧参数设置

STEP06　添加实体接触。

勾选【使用接触面组】，不勾选【材料】，设置静、动摩擦系数均为 0.2，具体参数设置如图 6-45 所示。

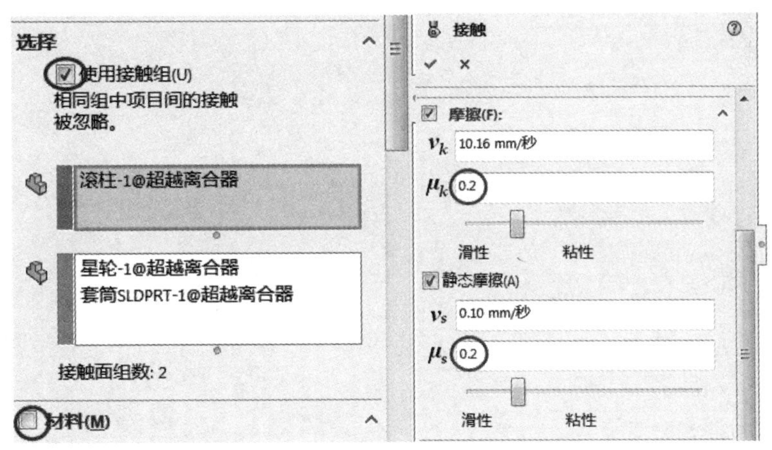


图 6-45　接触参数设置

STEP07　添加马达。

在星轮上添加一个【旋转马达】,【等速】大小设置为 60 RPM。其他默认。

STEP08　运行并输出结果。

运行后，输出星轮和套筒的角速度，如图 6-46 所示。

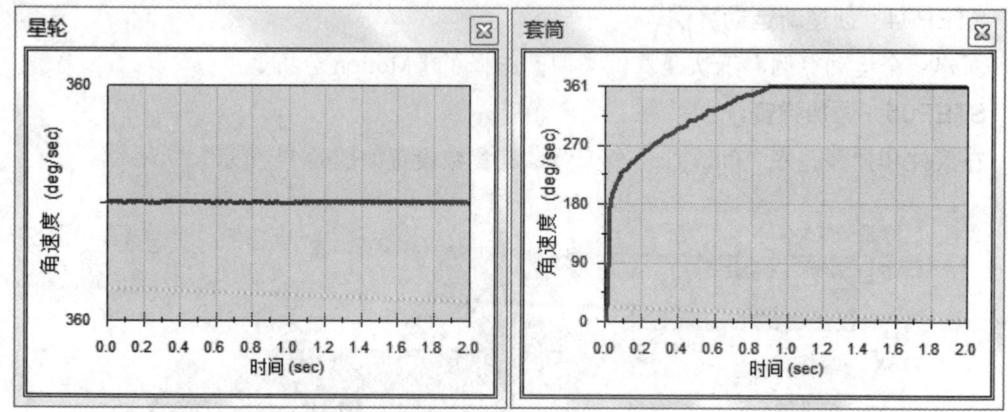


图 6-46 星轮和套筒角速度

**STEP09 结果分析。**

从图 6-46 中可以看到，套筒借助滚柱摩擦力在 0.9 s 后与星轮同步、同向。

**STEP10 改变角速度差。**

给套筒也添加一个马达，通过不同速度仿真来理解超越离合器工作原理。读者自行完成。

**STEP11 保存文件[①]。**

单击【保存】图标，保存文件。

① 原本弹簧通过一顶杆作用于滚柱，在不影响模拟的前提下，为了减少计算量，这里将顶杆忽略。

# 第七章　曲线与曲线的接触

**学习目标**

- 了解曲线接触类型；
- 了解曲线接触使用的场合；
- 掌握两个曲线的接触设置；
- 掌握曲线接触的选取；
- 掌握曲线接触中接触力的方向设置。

## 一、基 本 知 识

### 1. 曲线到曲线接触的定义

曲线到曲线的接触可以由两条曲线进行定义。它们中的任何一条曲线都可以是闭合环路或保持开环。曲线几何体被近似地表示为离散的点集。可以指定接触为持续的(不允许曲线分离)或是间歇的(曲线可以发生分离)。可以使用直线、边线、闭环轮廓、样条曲线、圆弧或连续曲线来定义曲线接触。

### 2. 曲线到曲线接触的类型

曲线到曲线接触分为两类：

(1) 连续曲线到曲线接触。连续曲线到曲线接触，约束零部件在整个运动过程中保持始终接触，可勾选【曲线始终接触】。

(2) 间歇曲线到曲线接触。使用两条曲线或边线之间的接触来定义两个零部件之间的非连续接触，不可勾选【曲线始终接触】。

### 3. 曲线到曲线接触要注意的问题

曲线到曲线接触要注意的问题如下：

(1) 曲线到曲线接触将接触力应用到零部件，以防止它们彼此穿越。

(2) 针对运动分析，不涉及力分析的算例，适合定义曲线到曲线接触。

(3) 【3D 接触分辨率】和【使用精确接触】这两项，只适用于实体之间的接触，不适合于一维单元的线接触。

(4) 曲线到曲线的接触支持摩擦和两个接触模型，即【恢复系数】和【冲击模型】。

4. 接触模型

SolidWorks Motion 在定义接触时，无论是实体接触还是曲线接触都可采用泊松模型和冲击模型来反映接触的弹性属性。需要强调的是，软件默认所有参与运动仿真的零部件都是刚体。

1) 泊松模型

泊松模型是基于对恢复系数 $e$ 的使用，其关系式定义如下：

$$v_2' - v_1' = e\,(v_1 - v_2)$$

式中，$v_1$、$v_2$——球体撞击前的速度；

$v_1'$、$v_2'$——球体撞击后的速度；

$e$——恢复系数。

$e$ 的边界值为(0～1)，其中 1 代表完全弹性的撞击，既没有能量损失；而 0 代表完全塑性撞击，即零件在撞击后黏附在一起而且能量可能已经损失了。

泊松模型不需要指定阻尼系数，并且对能量耗散计算准确。若关注仿真中的能量耗散时，则推荐使用这种模型。这种模型不适合持续撞击(撞击很长一段时间内在接触的地方发展)。持续撞击情况下，应该使用冲击模型。

2) 冲击模型

Solid works Simulation 中的冲击属性使用下面的表达式来计算接触力。具体如下：

$$F_{\text{contact}} = k(x_0 - x)^e - cv$$

式中，$k$——接触刚度；

$e$——弹性系数；

$c$——阻尼系数。

(1) 接触刚度 $k$：为了准确获得其值，可在 Solid works Simulation 有限元软件中创建一个接触配置，在冲击的方向上任意添加作用力并求解位移。之后便可以很容易地根据力和位移的大小获得刚度 $k$。

(2) 弹性系数 $e$：这个参数控制在弹力中非线性的程度。当 $e=1$ 时，表明构建了一个线性的弹力。

(3) 阻尼系数 $c$：当两个物体碰撞变形时，部分动能消耗在了塑性变形、发热或类似的现象上。阻尼系数是衡量消耗能量能力的参数。其值越大表明消耗能量越多，其最大值通常为接触刚度 $k$ 的 0.1%～1%。

需要强调的是，泊松模型中的恢复系数大小与几何形状有关，而冲击模型中的 3 个参数不仅与几何形状有关，而且与材料有关。

## 二、实践操作

外槽轮机构

### 例题 7-1 外啮合槽轮机构

槽轮机构又称为马耳他机构。图 7-1 为外啮合槽轮机构，它是由具有径向槽的槽轮 2

和具有拨销的拨盘 1 以及机架所组成。主动件 1 作等速连续转动，而槽轮从动件 2 时而转动、时而静止单向周期性转动。当拨盘 1 的拨销 P 未进入槽轮 2 的径向槽时，由于槽轮 2 的内凹锁止弧被拨盘 1 的外凸弧卡住，故槽轮 2 静止不动。图 7-1 所示是圆销开始进入槽轮 2 径向槽时的位置，这时锁止弧被松开，因而拨销能驱使槽轮转动。当拨销开始脱出槽轮的径向槽时，槽轮的另一内凹锁止弧又被拨盘 1 的外凸圆弧卡住，致使槽轮 2 又静止不转，直至拨盘 1 的拨销再进入槽轮 2 的另一径向槽时，两者又重复上述的运动循环。

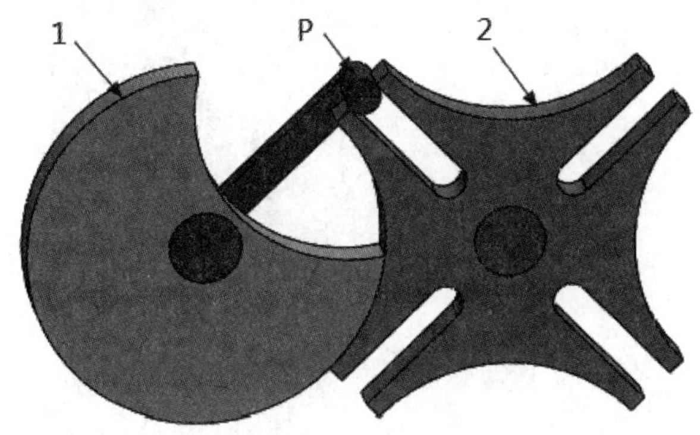

图 7-1　外啮合槽轮机构

使用【Motion 分析】中的曲线接触来模拟外啮合槽轮机构的操作步骤如下：

**STEP01　打开装配体模型文件。**

从文件夹“SolidWorks Motion\第七章\例题\槽轮\外啮合槽轮”下打开文件“外槽轮.SLDASM”。

**STEP02　查看装配体。**

拨盘和槽轮靠两个【铰链】配合连接在底板上。在这两个构件之间没有配合关系，它们之间的相互作用将借助于曲线到曲线的接触来处理。

**STEP03　验证单位。**

确认单位设定为【MMGS(毫米、克、秒)】。

**STEP04　新建算例。**

新建一个运动算例，确认【算例类型】选择了【Motion 分析】。

**STEP05　添加拨销与槽轮的曲线接触。**

在拨销和槽轮之间定义一个间歇性的曲线与曲线接触。

在【接触】的 Property Manager 中，在【接触类型】下选择【曲线】，在【选择】下方单击【Selection Manager】按钮，选定【标准选择】，如图 7-2 所示。

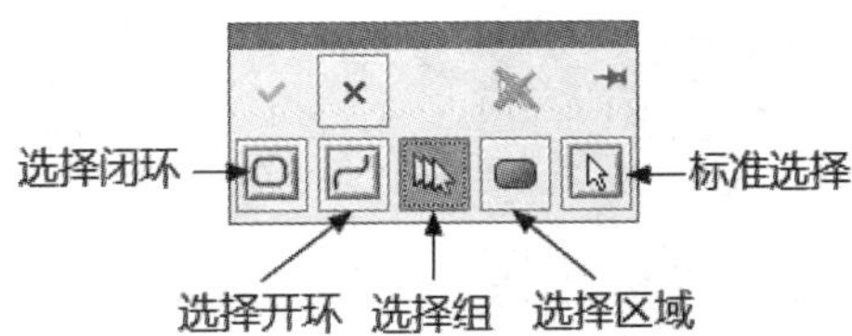

图 7-2　Selection Manager 窗口

选择图 7-3 所示拨销的曲线作为【曲线 1】，切换【Selection Manager】至【选择组】设置。

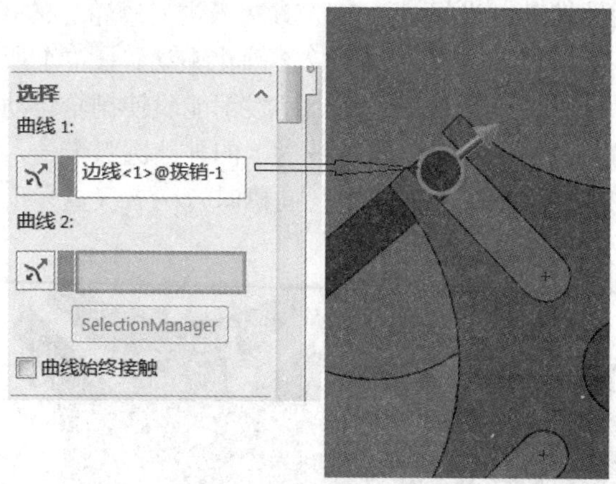


图 7-3　选择曲线 1

选择图 7-4 所示的曲线，由于该曲线由多段线组成的，所以必须首先通过单击【Selection Manager】打开多线段选择管理窗口，否则无法选择由多段线组成的一条完整曲线。在确定选择了【选择组】后，然后不分先后顺序分别选择每段线即可完成曲线选取。这里如果先选择中间圆弧段，接着可以分别单击两个【相切】图标，也可以完成槽接触边线的定义。如果此处是闭合曲线则可直接使用【选择闭环】。最后在【Selection Manager】中，单击【确认】图标。这将构建出第二条曲线，且【打开组】也将显示在【曲线 2】中。在【材料】下方指定两部分材料都为【Steel(Dry)】。确定勾选了【摩擦】，并沿用了默认数值，如图 7-5 所示。

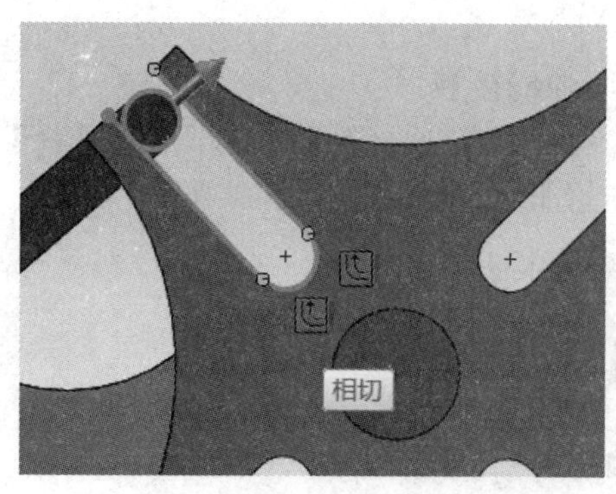


图 7-4　选择相切

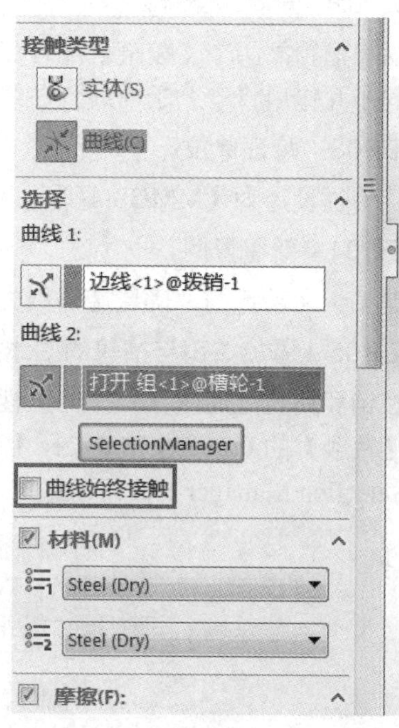


图 7-5　曲线接触参数设置

确认在【曲线 2】域中【打开组】外法线的方向，如图 7-6 所示。曲线的方向可以通过【向外法向方向】进行更改，单击该图标即可调整方向。设置好接触参数后，关闭【接触】Property Manager。

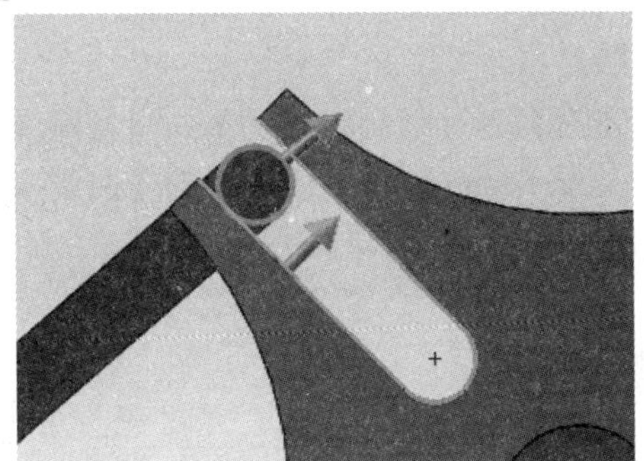

图 7-6　曲线接触【向外法向方向】

一定要保证【曲线始终接触】未被勾选，因为两条曲线只是间歇性接触，参见图 7-5 中的方框。

**STEP06　添加拨销与另外 3 个槽口的曲线接触。**

参照上一步，采用相同的方法添加拨销与另外 3 个槽口的曲线接触。

**STEP07　添加拨盘与槽轮锁止弧曲线接触。**

为了防止槽轮反转，利用拨盘的锁止弧将槽轮锁住，添加拨盘与槽轮锁止弧的曲线接触。

在【接触】的 Property Manager 中，【接触类型】下选择【曲线】。分别选择拨盘外凸曲线与槽轮锁止弧，作为【曲线 1】和【曲线 2】。在【材料】下方指定两部分材料都为【Steel(Dry)】，确定勾选了【摩擦】，并采用默认数值，同时确保【外法线方向】正确。锁止弧选取如图 7-7 所示。

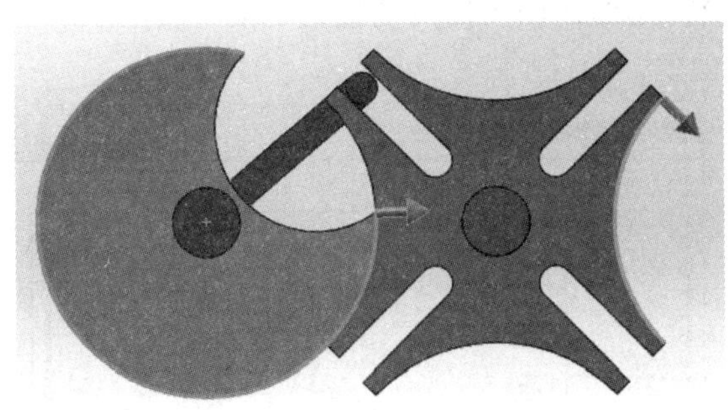

图 7-7　锁止弧选取

**STEP08　添加拨盘外凸曲线与其他锁止弧曲线接触。**

按照相同的步骤和方法，添加拨盘外凸曲线与槽轮另外 3 个锁止弧曲线接触。

**STEP09　添加驱动马达。**

对拨盘(或拨销)添加一个【旋转马达】，【等速】大小以 360 deg/sec 的速度驱动。

**STEP10　设置算例属性。**

打开【算例属性】窗口，设置【每秒帧数】为 100 帧。

设置算例持续时间为 4.235 s，或 4 个【循环】。

STEP11　运行算例。

单击【计算】图标。

STEP12　图解显示接触力。

图解显示拨销与槽轮之间的接触力。使用【力】→【接触力】→【幅值】定义这个图解。在选取域中，选择【Motion Feature Manager】中的【曲线接触 1】，如图 7-8 所示，单击【确认】图标。

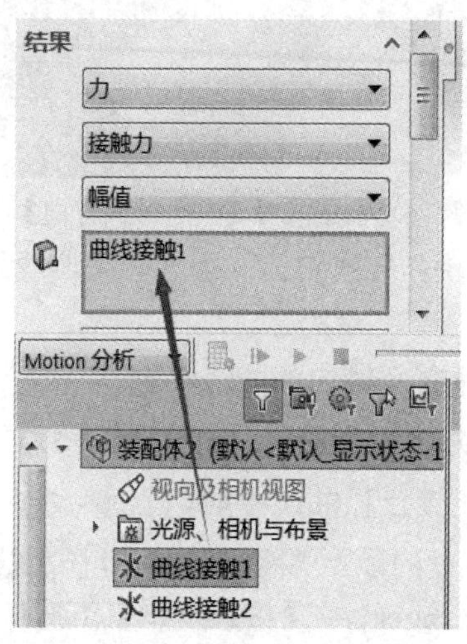


图 7-8　曲线之间接触力图解设置

类似在实体接触中得到的接触力结果，曲线与曲线接触产生的接触力，展现了一个尖点，这不仅与接触刚度的近视值有关，还与初始安装位置有关，应该忽略。对于槽轮机构常出现在开始和结束两端处，这是由于在两端拨销与槽轮发生了刚性冲击导致的，如图 7-9 所示。

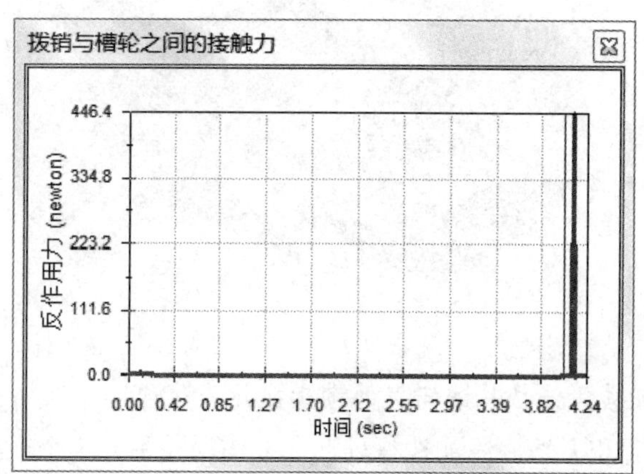


图 7-9　曲线之间接触力

STEP13　图解显示槽轮位移。

通过选择槽轮面来输出槽轮角位移，图解显示了槽轮输出的转速为 90°/s，或在 4 s 之内转动了 360°，这与拨盘 360°/s 相符合，如图 7-10 所示。也可通过选择【铰链】配合输出角位移。

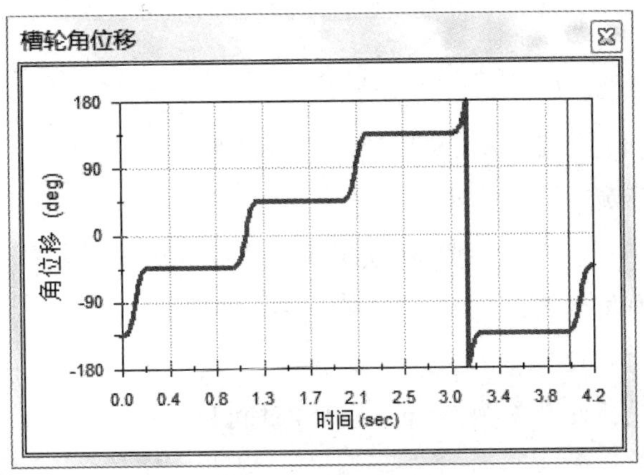


图 7-10　槽轮角位移

STEP14　保存并关闭文件。

单击【保存】图标，保存文件。

## 例题 7-2　杜卡迪凸轮

杜卡迪凸轮

如图 7-11 所示为杜卡迪(Ducati)凸轮机构模型，它由两个凸轮、两个滚子、1 个摆臂及 1 根凸轮轴组成。杜卡迪凸轮机构的原理就是用第二个凸轮代替原机构中的弹簧，避免由于弹簧的惯性产生的暂时脱离，以达到连续、双向启动和控制，具有稳定、可靠、节能等特点，广泛应用在发动机的配气机构中。

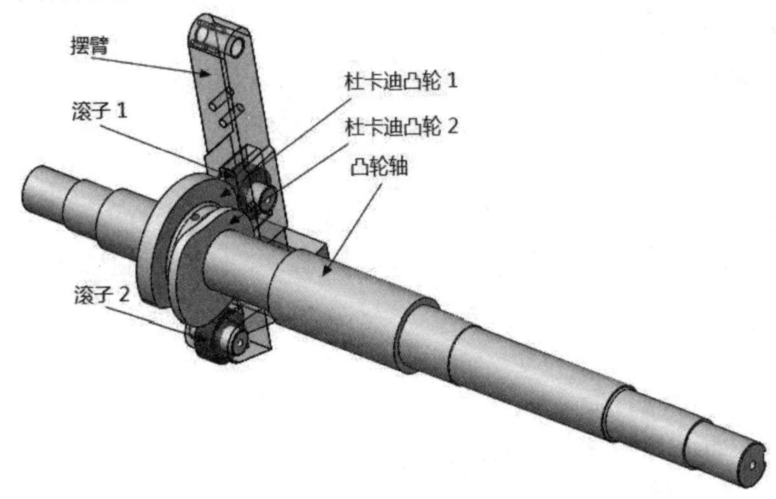


图 7-11　杜卡迪凸轮机构模型

使用【Motion 分析】中的曲线接触来创建第二个杜卡迪凸轮实际轮廓，进而创建出第二个杜卡迪凸轮。具体操作步骤如下：

STEP01　打开装配体模型文件。

从文件夹“SolidWorks Motion\第七章\例题\杜卡迪凸轮”下打开文件“杜卡迪凸

轮.SLDASM”。

STEP02　验证单位。

确认装配体单位设定为【MMGS(毫米、克、秒)】。

STEP03　新建算例。

新建一个运动算例，【算例类型】确认选择了【Motion 分析】。

STEP04　约束轴向运动。

当前，凸轮轴可以自由地轴向运动，需加约束将其固定。添加一个线性马达来约束凸轮轴的轴向运动，设置【距离】为 0 mm、【持续时间】为 10 s，如图 7-12 所示。

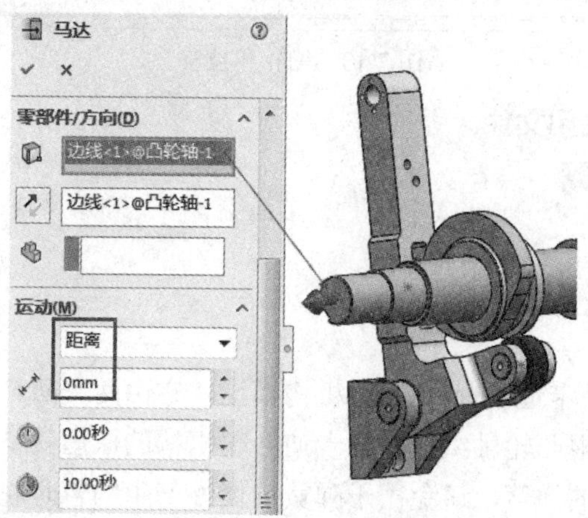


图 7-12　采用马达固定轴

STEP05　添加旋转马达。

给轴添加一个旋转马达，设置其在 10 s 之内旋转 360°，即 36 deg/sec。

提示：需设置成轴恰好转动一整周，否则无法创建曲线。

STEP06　查看凸轮配合。

在 SolidWorks 中检查配合，注意到在凸轮 1 和从动件滚子 1 之间存在一个凸轮配合，这个配合用于动画是可以接受的，但用于分析则显得不现实，因为这将强迫两个曲面在一起。

STEP07　运行算例。

设置算例的时长为 10 s 并运行。算例运行后将显示所需的运动。

STEP08　压缩凸轮配合。

在 Feature Manager 设计树中，压缩凸轮配合，在压缩配合前，必须将时间轴拖至 0 s 处。

STEP09　运行算例。

凸轮 1 仍会转动，但是控制臂不会再摆动。因为在凸轮 1 和上面的从动件滚子 1 之间没有连接。

STEP10　添加扭簧。

爆炸展开装配体，会更加容易地选择控制臂上的曲面。添加一个扭转弹簧保证凸轮 1 与滚子 1 接触，【刚度系数】设定为“10.00 牛顿•mm/度”，【自由角度】设定为“30.00 度”。

当从前视图看时，方向应该呈顺时针，如图 7-13 所示。

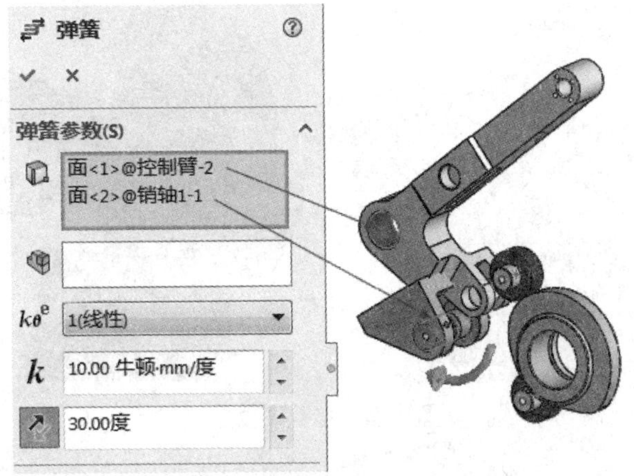


图 7-13　扭簧参数设置

提示：【自由角度】定义了相对于当前配置未加载扭转弹簧的方向。

**STEP11　添加实体接触。**

在凸轮 1 和靠上的从动件(滚子 1)之间添加一个【实体】接触。指定【材料】为【Steel(Greasy)】，并勾选【摩擦】选项卡。

**STEP12　运行算例。**

当马达在低速下运行这个算例时，能够获得正确的运动，符合工作要求，属于正常。若将马达速度设置很高，也就是在高速下运行这个算例，则会碰到一个问题，即弹簧无法确保从动件(滚子 1)与凸轮始终紧密接触。如果发生分离，那么从动件会在凸轮上发生跳动，得到的运动将与设计的初衷相违背。

提示：当弹簧自身离心惯性力大于弹簧力时，从动件与凸轮将分离。

为了强制两者接触，将设计第二个凸轮。当从前视图观察机构时，第一个凸轮可以通过与滚子 1 接触驱动摆臂逆时针转动，顺时针转动取决于弹簧。接下来，使用第二个凸轮来代替弹簧，通过滚子 2 可以驱动摆臂顺时针转动。两个凸轮一起工作，确保两个凸轮通过两个滚子和摆臂之间始终保持接触，并且与转速高低无关。

**STEP13　压缩扭转弹簧。**

将时间轴拖至 0s 处，鼠标右键单击【转矩弹簧】图标，压缩掉弹簧。

**STEP14　删除接触并解压缩凸轮配合。**

使用跟踪路径功能生成第二个凸轮轮廓。因为需要在整个旋转过程中始终保持接触，采用凸轮配合来强制接触。删除凸伦 1 与从动件滚子 1 之间的接触，在 Feature Manager 设计树中，解除压缩凸轮配合。

**STEP15　计算并输出凸轮 2 的理论轮廓曲线。**

单击【计算】图标，通过输出【跟踪路径】生成凸轮 2 的轮廓曲线。

为此需要选择从动件滚子 2 的中心点，可以通过选择从动件滚子 2 上用于定义中心点的边线来实现，同时选择凸轮 2 的表面，如图 7-14 所示。单击【确认】图标，得到凸轮 2 的理论轮廓曲线，如图 7-15 所示。

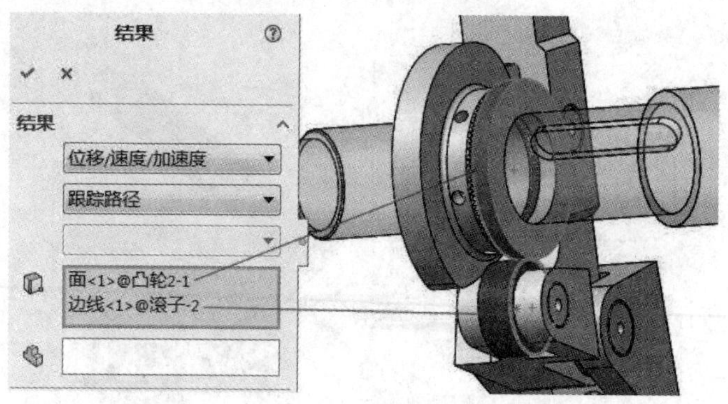


图 7-14　参数设置

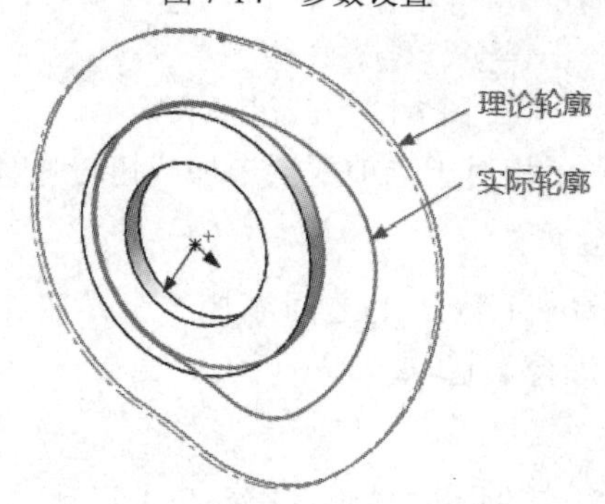


图 7-15　凸轮轮廓

STEP16　保存曲线。

右键单击仿真【结果】，选择【从跟踪路径生成曲线】→【在参考零件中从路径生成曲线】，单击【确认】图标，将凸轮 2 的理论轮廓曲线保存到凸轮 2 中。

STEP17　测量从动件滚子 2 的尺寸。

根据凸轮 2 的理论轮廓，创建凸轮 2 的实际轮廓。此时必须知道从动件滚子 2 的尺寸。通过【测量】工具，测量从动件滚子 2 的直径尺寸为 52 mm，如图 7-16 所示。需在此基础上创建凸轮 2 的实际轮廓。

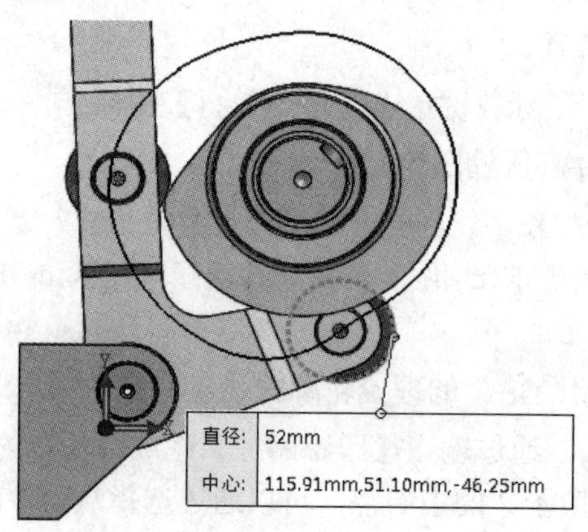


图 7-16　测量滚子尺寸

**STEP18　创建凸轮 2 的实际轮廓。**

打开凸轮 2 文件，上面创建的曲线已在参考零件凸轮当中，把跟踪路径作为构造线，使用【转换实体引用】功能将曲线转换为草图曲线，使用【等距实体】功能向内生成一个等距，尺寸为 26 mm 的曲线。该曲线即为所需的凸轮实际(工作)轮廓曲线，如上图 7-15 所示。通过将其拉伸 10 mm，选择【合并】，形成凸轮 2。

**STEP19　运行算例。**

现在运行使用两个凸轮驱动运动的算例。【压缩】凸轮配合，在两个凸轮和对应的从动件之间添加【实体】接触，指定【材料】为【Steel(Greasy)】，并勾选【摩擦】选项卡。

**STEP20　查看结果。**

两个凸轮在整个旋转过程中始终与两个滚子保持接触。其中滚子 1 驱动摆臂逆时针转动，而滚子 2 驱动摆臂顺时针转动。图 7-17 为杜卡迪凸轮机构的前、后视图。

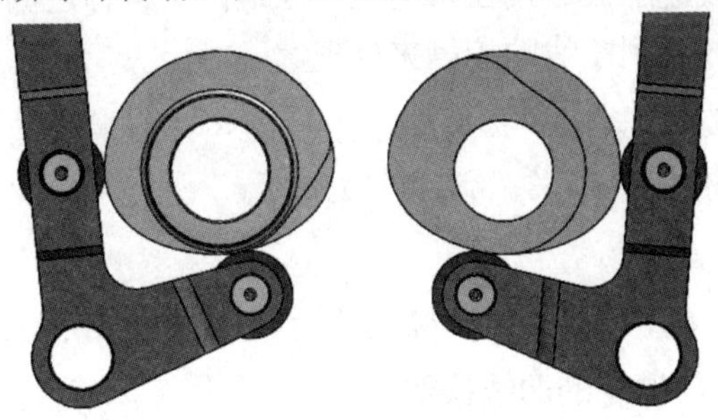

图 7-17　杜卡迪凸轮机构的前、后视图

**STEP21　保存并关闭文件。**

单击【保存】图标，保存文件。

内啮合槽轮

## 练习 7–1　内啮合槽轮机构

图 7-18 为内啮合槽轮机构模型，它是由具有径向槽的槽轮 1 和具有拨销的转臂 2 以及机架 3 所组成。主动件 2 作等速连续转动而槽轮从动件 1，时而转动、时而静止单向周期性转动。当拨盘 2 的拨销 P 未进入槽轮 1 的径向槽时，由于槽轮 1 的内凹锁止弧被转臂 2 的外凸弧卡住，故槽轮 1 静止不动。

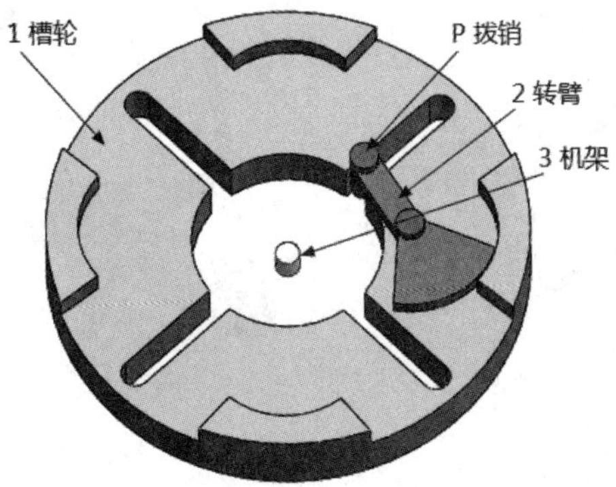


图 7-18　内啮合槽轮机构模型

图7-18所示是圆销开始进入槽轮1径向槽时的位置，这时锁止弧被松开，因而拨销能驱使槽轮转动。当拨销开始脱出槽轮的径向槽时，槽轮的另一内凹锁止弧又被转臂2的外凸圆弧卡住，致使槽轮1又静止不转，直至转臂2的拨销再进入槽轮1的另一径向槽时，两者又重复上述的运动循环。

使用【Motion分析】中的曲线接触来模拟内啮合槽轮机构并输出其相关参数的变化规律。具体操作步骤如下：

**STEP01　打开装配体模型文件。**

打开文件夹“SolidWorks Motion\第七章\练习\内啮合槽轮机构”下的文件“内啮合槽轮机构.SLDASM”。

**STEP02　查看装配体。**

转臂和槽轮靠两个铰链配合连接在机架上。在这两个构件之间没有配合关系，它们之间的相互作用将借助于曲线到曲线的接触来处理。

**STEP03　验证单位。**

确认单位设定为【MMGS(毫米、克、秒)】。

**STEP04　新建算例。**

新建一个运动算例，确认【算例类型】选择了【Motion分析】。

**STEP05　添加拨销与槽轮的曲线接触。**

在拨销和槽轮之间定义一个间歇性的曲线与曲线接触。内啮合的【曲线1】和【曲线2】以及方向如图7-19所示。在【材料】下方指定两部分材料都为【Steel(Dry)】。确定勾选了【摩擦】，并采用默认数值，同时确保【外法线方向】正确。

其他三个槽的曲线接触采用同样的方法定义，读者自行完成。

**STEP06　添加锁止弧曲线接触。**

仿照STEP04来自行完成锁止弧曲线接触，材料都为【Steel(Dry)】如图7-20所示。

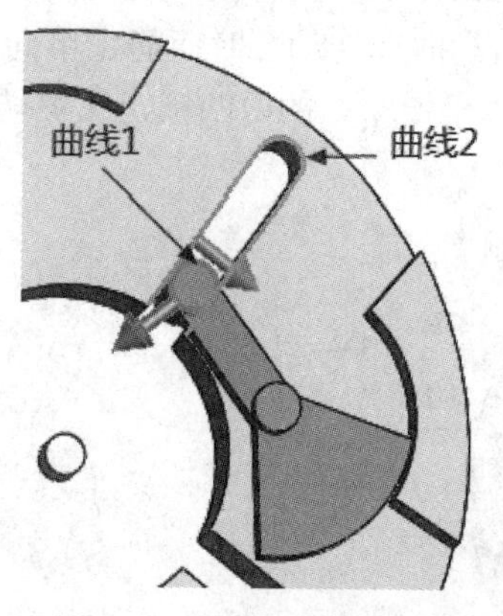


图7-19　曲线1与曲线2接触

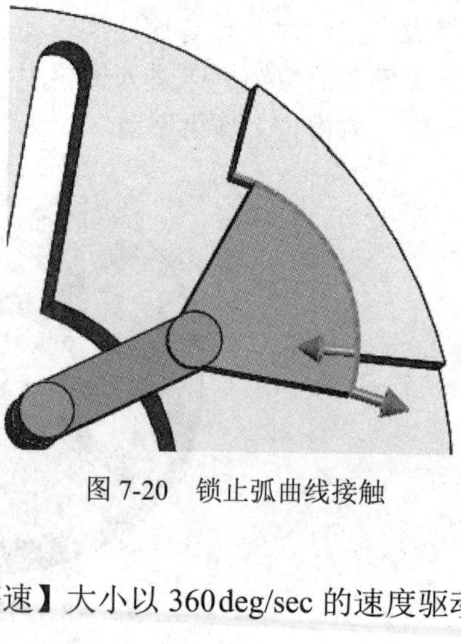

图7-20　锁止弧曲线接触

**STEP07　添加驱动马达。**

对拨盘(或拨销)添加一个【旋转马达】，【等速】大小以360deg/sec的速度驱动。

STEP08 运行算例。

设置算例持续时间为 4.235 s，或 4 个【循环】。

STEP09 图解显示槽轮角位移和角速度。

选择铰链来图解输出槽轮角位移和角速度，如图 7-21、图 7-22 所示。其中，图 7-21 显示了槽轮输出的转速为 90°/s，或在 4 s 之内转动了 360°，这与拨盘 360°/s 相符合。

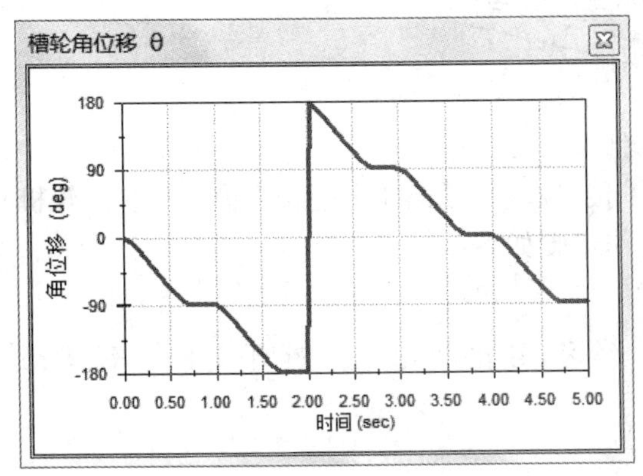


图 7-21 槽轮角位移

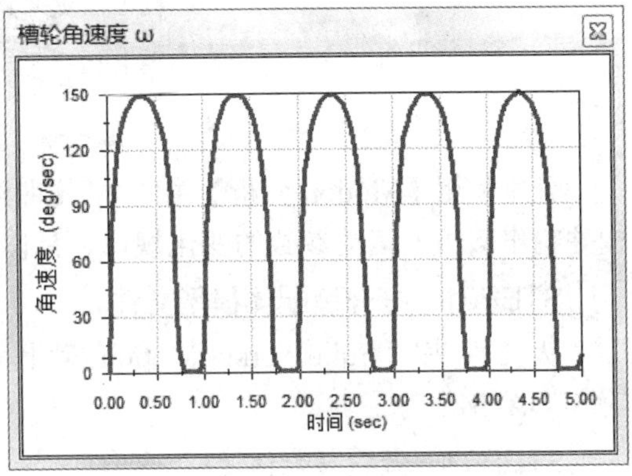

图 7-22 槽轮角速度

STEP10 图解显示拨销与轮槽之间的接触力。

图 7-23 为拨销与轮槽之间的接触力。其峰值出现在出、入口处。注意此时的接触力并非反映真实的情况，只有改为实体接触才可以。

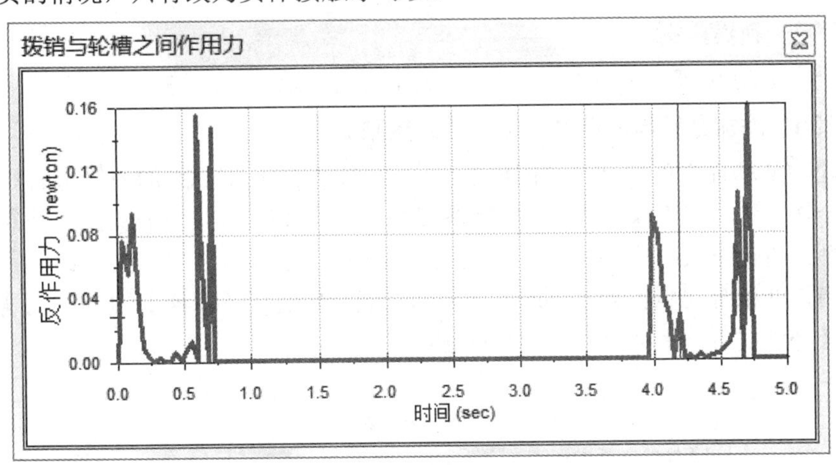


图 7-23 所示拨销与轮槽之间的接触力

STEP11 保存文件。

单击【保存】图标，保存文件。

## 练习 7–2 等宽凸轮机构

等宽凸轮

图 7-24 为等宽凸轮机构，由凸轮、从动件和固定轴组成。凸轮轮廓上、下两条平行切线间的距离保持定值且等于从动件的上、下两边的距离，属于形锁合凸轮机构。

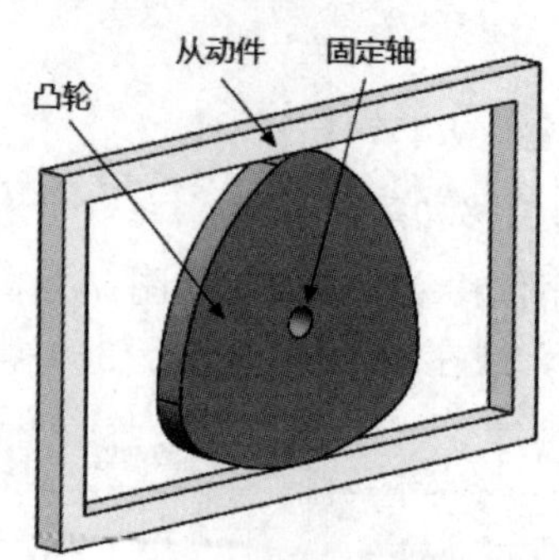


图 7-24　等宽凸轮机构

分别使用【Motion 分析】中的【曲线】接触和【凸轮】配合来模拟等宽凸轮机构并输出其相关运动参数的变化规律。具体操作步骤如下：

**STEP01　打开装配体模型文件。**

从文件夹“SolidWorks Motion\第七章\练习\等宽凸轮”下打开文件“等宽凸轮.SLDASM”。

**STEP02　查看装配体。**

凸轮使用一个【铰链】配合，而从动件使用两个【重合】配合连接在机架上。凸轮与从动件之间没有配合关系，它们之间的相互作用将借助于曲线到曲线的接触来处理。

**STEP03　验证单位。**

确认单位设定为【MMGS(毫米、克、秒)】。

**STEP04　新建算例。**

新建一个运动算例，确认【算例类型】选择了【Motion 分析】。

**STEP05　添加凸轮与从动件上边的曲线接触。**

在凸轮与从动件之间定义一个间歇性(上、下两个边分别接触)的曲线与曲线接触，也可定义一个边，这时需确保勾选【曲线始终接触】，但不建议使用这种方法，因为这样不符合工作原理。凸轮与从动件之间的【曲线 1】和【曲线 2】以及方向如图 7-25 所示。在【材料】下方指定两部分材料都为【Steel(Greasy)】。确定勾选了【摩擦】，并沿用了默认数值，同时确保【外法线方向】即反作用力方向正确。

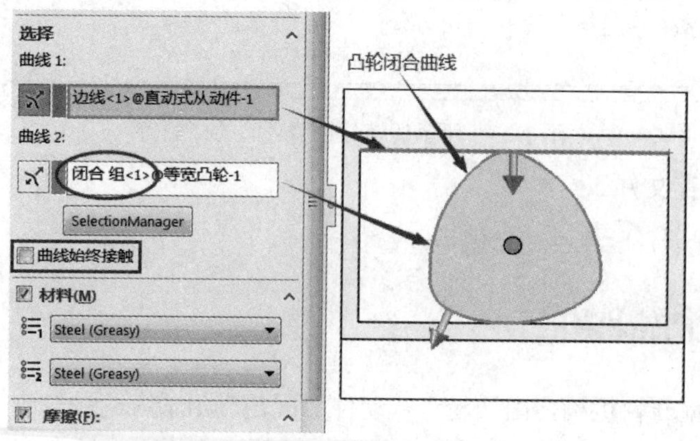


图 7-25　等宽凸轮曲线接触设置

**STEP06　添加凸轮与从动件下边的曲线接触。**

方法同 STEP05。

**STEP07　添加引力。**

在 Y 轴负方向添加引力，采用默认大小。

**STEP08　添加驱动马达。**

给凸轮轴添加一个【旋转马达】，选择【等速】以 360 deg/sec 的角速度驱动马达。

**STEP09　运行算例。**

设置算例持续时间为 2s，或两个【循环】,【每秒帧数】设置为 1000 帧。

**STEP10　图解显示从动件的线性位移、速度和加速度。**

选择从动件的上表面来图解输出其线性位移、速度和加速度。图 7-26～图 7-28 显示了从动件线性位移(行程)、线性速度和线性加速度。

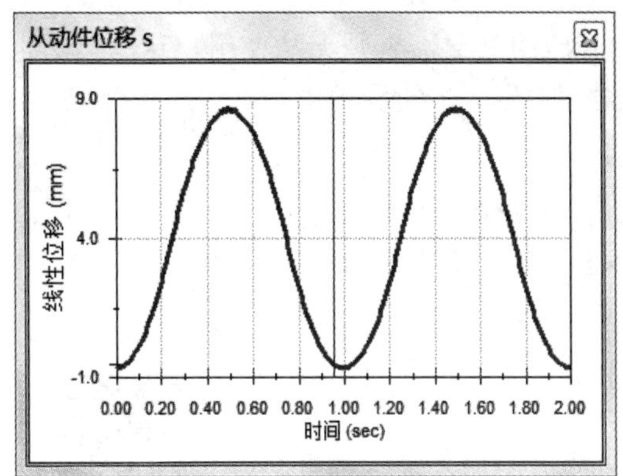


图 7-26　从动件线性位移

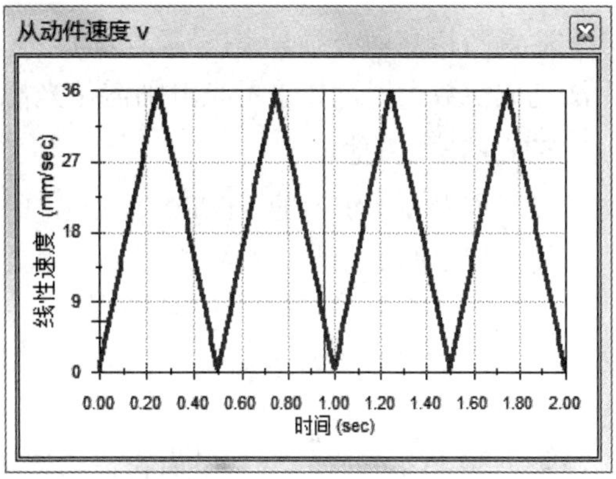

图 7-27　从动件线性速度

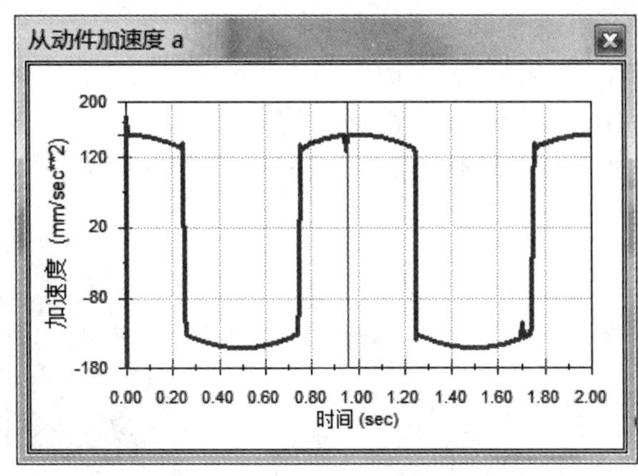


图 7-28　从动件线性加速度

**STEP11　新建算例。**

新建一个运动算例，确认选择了【Motion 分析】。

**STEP12　添加凸轮配合。**

直接使用【机械配合】中的【凸轮】配合来代替 STEP05、STEP06 的曲线接触，如图

7-29 所示。其本质与【曲线接触】完全一样。

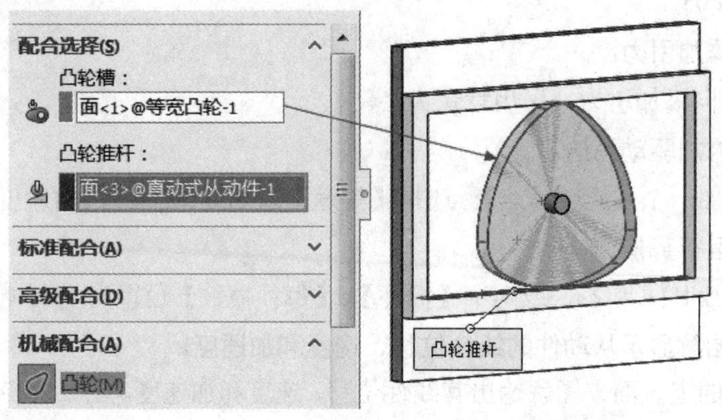


图 7-29　凸轮配合参数设置

注意凸轮曲面必须光滑(导数连续)，这与实际应用一致，否则无法使用，这里当然也无法完成参数设置，如果不光滑则需作光滑处理，但要符合实际应用。

**STEP13　其他。**

以下步骤与本练习的 STEP07～STEP10 相同，此处不再赘述。

需要指出的是如要与实际相符须使用【实体】接触，读者可自行完成。

## 练习 7–3　孔销式输出机构

孔销式输出机构

图 7-30 所示为少齿差行星齿轮传动的输出机构，由输入轴、轴承、行星轮和输出轴组成。在行星轮的辐板上沿圆周有若干个均匀分布的销孔(图中为 6 个)，而在输出轴的圆盘上，在半径相同的圆周上则均匀布置有同样数量的圆柱销，这些圆柱销对应的插入行星轮的上述销孔中。

行星架的偏心距为 $a$，销孔直径为 $d_h$，输出轴上销套的外径为 $d_s$，当这三个尺寸满足关系 $d_h = d_s + 2a$ 时就可以保证销轴和销孔在轮系运转过程中始终保持接触。

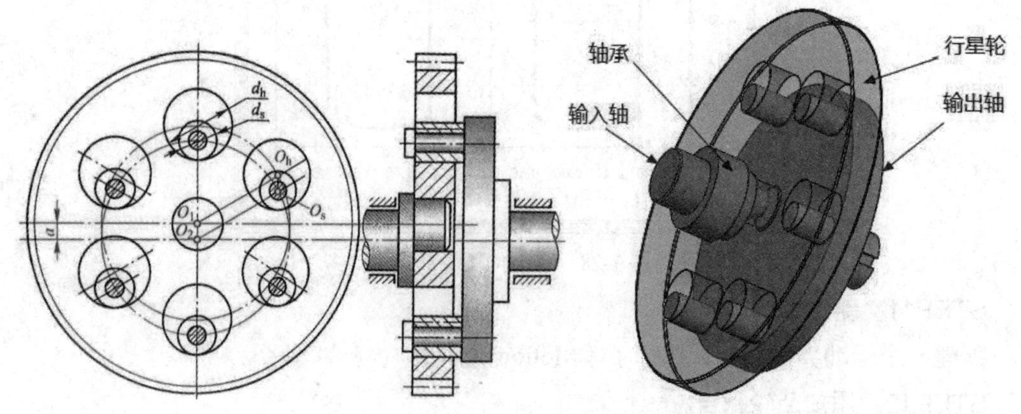


图 7-30　孔销式输出机构及其模型

使用【Motion 分析】对其进行模拟的操作步骤如下：

**STEP01　打开装配体模型文件。**

从文件夹“SolidWorks Motion\第七章\练习\孔销式输出机构”下打开文件“孔销式输出机构.SLDASM”。

**STEP02　查看装配体。**

输入轴和输出轴与固定轴承之间均采用【铰链】配合连接在机架上，输入轴与行星轮之间也采用【铰链】配合，而行星轮与输出轴之间无联系。我们将采用曲线到曲线的接触来处理。

**STEP03　验证单位。**

确认单位设定为【MMGS(毫米、克、秒)】。

**STEP04　新建算例。**

新建一个运动算例，确认【算例类型】选择了【Motion 分析】。

**STEP05　添加销孔和销轴之间的曲线接触。**

在销孔和销轴之间定义一个连续性的曲线与曲线接触，确保勾选【曲线始终接触】，如图 7-31 所示。

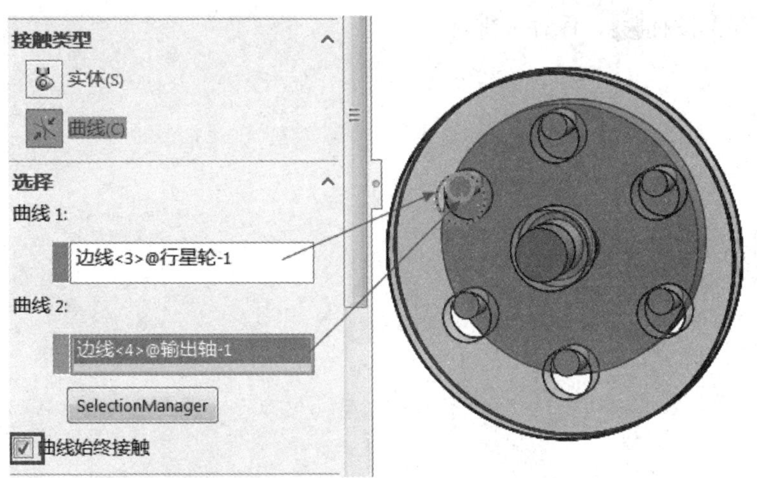


图 7-31　连续性的曲线与曲线接触设置

**STEP06　添加另一个销孔和销轴之间的曲线接触。**

为了实现正确接触需再添加一处曲线接触配合，参照 STEP05。

**STEP07　添加驱动马达。**

给系杆添加一个【旋转马达】,【等速】大小以 360 deg/sec 的角速度驱动。

**STEP08　运行。**

单击【计算】图标。

**STEP09　输出结果。**

分别输出系杆(驱动)、输出轴(行星轮)的角速度，如图 7-32 所示。

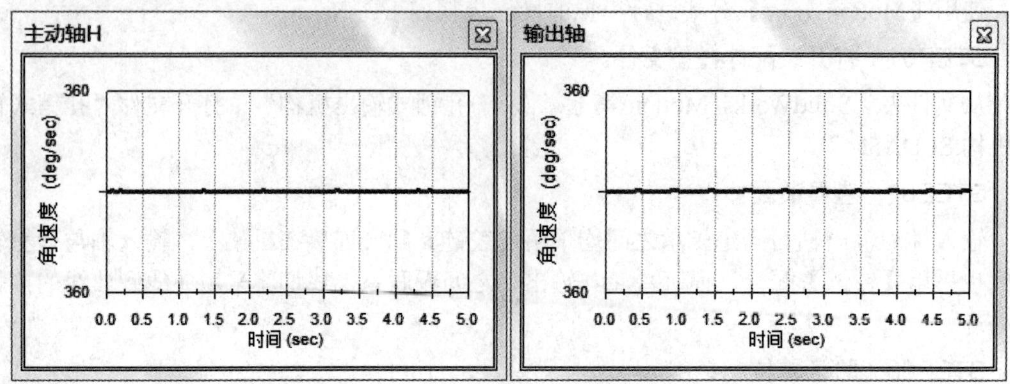


图 7-32　系杆和输出轴(行星轮)角速度

STEP10　结果分析。

满足关系式 $d_h = d_s + 2a$ 后，这时的行星轮中心 $O_1$、内齿轮的中心 $O_2$、销孔中心 $O_h$ 和销轴中心 $O_s$ 构成一个平行四边形，因此输出轴将随着行星轮而同步、同向转动。模拟结果完全正确。

STEP11　保存文件。

单击【保存】图标，保存文件。

# 第八章 冗 余

**学习目标**

- 清楚一个不受约束的刚体在空间的自由度；
- 清楚常见配合所能约束的自由度；
- 清楚冗余的概念及其对仿真结果的影响；
- 掌握减少或消除冗余的技巧；
- 了解软件移除冗余的次序；
- 了解软件估算自由度、实际自由度和冗余度的方法；
- 掌握柔性化约束的方法；
- 掌握约束反力的输出方法。

## 一、基本知识

### 1. 冗余概述

每个不受约束的物体在空间上拥有 6 个自由度：相对于 $x$、$y$ 和 $z$ 轴的 3 个平移自由度和 3 个旋转自由度。任何刚体，也就是 SolidWorks 零部件或构成子装配体刚性连接的配件，都拥有 6 个自由度，如图 8-1 所示。

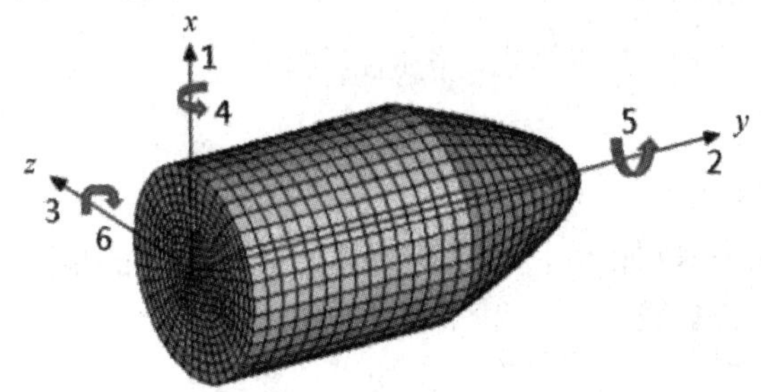


图 8-1 刚体空间自由度

当在两个刚体之间添加约束(运动副)时，无论机构如何运动或受力作用，两个实体仍相对于彼此定位并保持所设定的约束。

当使用配合来连接刚性零部件或者子装配体时，每个配合(或连接类型)都将从系统中消除一定数量的自由度。例如，同轴心配合移除了两个刚性实体之间的两个平动自由度和两个旋转自由度。给面添加距离配合或重合配合将移除面法向平动自由度。

表 8-1 给出了常见的配合类型，以及当两个刚体连接在一起时会消除的自由度的数量。

**表 8-1 常见的配合所能约束的自由度**

| 配合类型 | 平移自由度 | 旋转自由度 | 总的自由度 |
|---|---|---|---|
| 铰链(2 个圆柱) | 3 | 2 | 5 |
| 同心轴(2 个圆柱) | 2 | 2 | 4 |
| 同心轴(2 个圆球) | 3 | 0 | 3 |
| 锁定 | 3 | 3 | 6 |
| 万向节 | 3 | 1 | 4 |
| 螺旋 | 2 | 2(+1) | 5 |
| 点对点 | 3 | 0 | 3 |

表 8-2 列出了一些特殊配合所能约束的自由度，并不代表真实的机构连接，但在连接的两个实体上，确实强加了一个几何约束。

**表 8-2 一些特殊的配合所能约束的自由度**

<table>
<tr><th colspan="2">配 合 类 型</th><th>平移自由度</th><th>旋转自由度</th><th>总的自由度</th></tr>
<tr><td colspan="2">点在轴线上</td><td>2</td><td>0</td><td>2</td></tr>
<tr><td rowspan="3">平行</td><td>两个平面</td><td>0</td><td>2</td><td>2</td></tr>
<tr><td>两根轴</td><td>0</td><td>2</td><td>2</td></tr>
<tr><td>轴和平面</td><td>0</td><td>1</td><td>1</td></tr>
<tr><td rowspan="3">垂直</td><td>两个平面</td><td>0</td><td>1</td><td>1</td></tr>
<tr><td>两根轴</td><td>0</td><td>1</td><td>1</td></tr>
<tr><td>轴和平面</td><td>0</td><td>2</td><td>2</td></tr>
</table>

### 2. 冗余的影响

冗余会导致以下两种错误：

(1) 求解时仿真了错误的零部件载荷传递路线。

(2) 错误的力的计算。

### 3. 积分器移除冗余次序

在仿真运行前，积分器将检测机构是否包含冗余，如果检测到有冗余存在，积分器将试图移除冗余。只有在移除成功后，积分器才能继续进行仿真，在每一时间步积分器重新评估冗余，并在需要时将其移除。没有冗余的模型要比带有多个冗余的模型更容易让积分器计算出结果。冗余的移除有一定的层级。

积分器以下列次序移除冗余：

旋转约束→平移约束→运动输入(驱动)

按照这个次序，积分器首先寻找可被移除的旋转约束，如果不能移除任何旋转约束，积分器则试图移除平移约束，如果不能移除平移约束，积分器则试图移除输入的运动。

如果所有尝试都失败了，积分器则终止求解，并通知用户检查机构中的冗余约束或不相容约束。

### 4. 自由度的计算

SolidWorks Motion 通过 Gruebler 公式估算系统的自由度数，即

$$\text{Gruebler} = \left(6n - \sum_{i=1}^{5} i \cdot P_i\right) - \sum G' \tag{8-1}$$

式中：$n$ 为活动构件数；$i$ 为 $i$ 级运动副的约束数；$P_i$ 为 $i$ 级运动副的数目；$G'$ 为运动驱动数。

实际自由度数如下：

$$F = \left(6n - \sum_{i=1}^{5} i \cdot P_i\right) - \sum G' + \sum F' \tag{8-2}$$

式中：$F$ 为实际自由度数；$F'$ 为冗余约束数。

### 5. 约束的柔性化

在 SolidWorks【Motion 分析】中，用户所加的约束，在默认情况下都是刚性连接(约束)，也就是说这种连接是不变形的，但实际上任何物体都是可变形的，由此可知，用户所加的约束是不完全符合实际的。为此，用户可在 SolidWorks【Motion 分析】中使用可柔性化连接。可以柔性化的连接有固定、旋转、平移、圆柱、万向节、球、平面、方向、在线上、平行轴、在平面、垂直等。

在 SolidWorks Motion Simulation 中，柔性配合可以采用以下两种方式：

(1) 使用运动算例属性中的【以套管代替冗余配合】选项。

(2) 手工对所选配合指定单个的刚度值。这个技术适合所有情况，但是相当耗时。有时需要使用本地配合，但好处是无须更改装配体建模者的设计意图。

## 二、实 践 操 作

### 例题 8-1　双环式止推滑动轴承

图 8-2 为承受轴向(沿着或平行于旋转轴线)载荷的双环式止推滑动轴承和轴，轴承除了支持轴做旋转运动外，还能阻止零件沿轴向移动。

使用【Motion 分析】对其进行模拟并输出约束力的操作步骤如下：

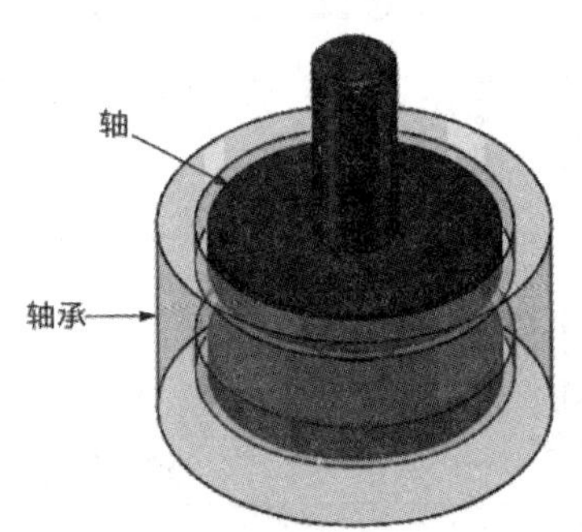

图 8-2　轴与双环式止推滑动轴承

STEP01　打开装配体模型文件。

从文件夹“SolidWorks Motion\第九章\例题\双环止推滑动轴承”下打开文件“止推滑动轴承.SLDASM”。

**STEP02　查看装配体。**

固定双环式止推滑动轴承，与轴借助两个【铰链】配合相连接。

**STEP03　验证单位。**

确认单位设定为【MMGS(毫米、克、秒)】。

**STEP04　新建算例。**

新建一个运动算例，确认【算例类型】选择了【Motion 分析】。

**STEP05　添加轴向力。**

在 Motion Manager 工具栏上单击【力】图标，选择【力】→【常量】，在轴的上端面添加一个向下的力，大小为 200 N，方向朝下。

**STEP06　运算并输出约束反力。**

单击 Motion Manager 工具栏上的【结果和图解】图标。在【类别】窗口中选择【力】，在【子类别】中选择【反作用力】，在【分量】中选择【Y 分量】或【幅值】，在对象窗口中选择【铰链 1】，其具体设置如图 8-3 所示，单击【确认】图标。

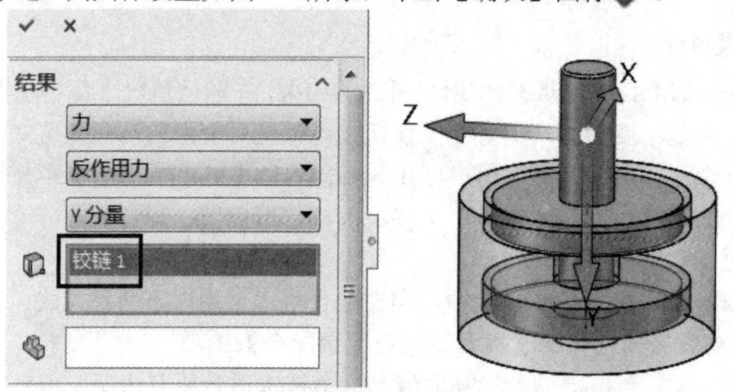


图 8-3　输出反作用力参数设置

当定义结果时，若出现“此运动算例具有冗余约束，可导致力的结果无效。你想以套管替代冗余约束以确保力的结果有效吗？注意此可使运动算例的计算变慢”的警告，则单击【否】。

采用同样的步骤输出【铰链 2】处的反作用力，如图 8-4、图 8-5 所示。

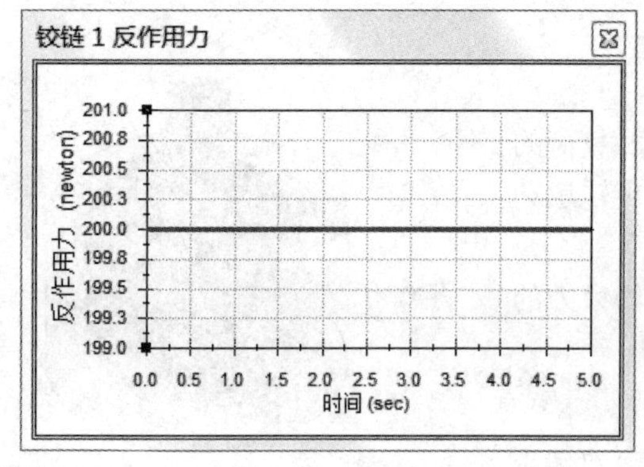


图 8-4　铰链 1 反作用力

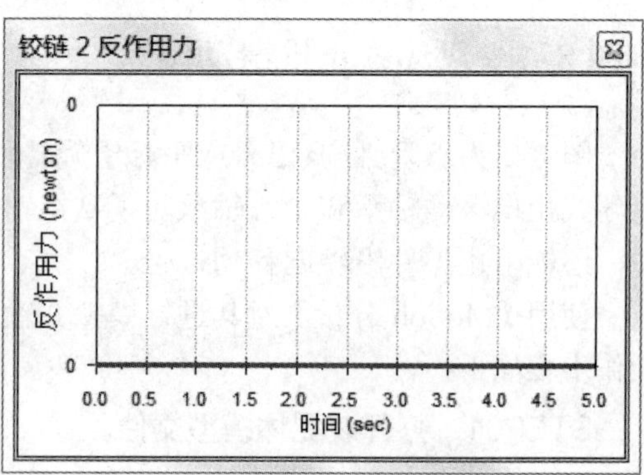


图 8-5　铰链 2 反作用力

由于轴承是固定的实体，它的自由度为 0，能动的只有轴，因此整个机构总共有 6 个自由度。在模型中定义两个铰链配合，每个都包含 5 个约束度。

系统当前的自由度数为 6 – 2 × 5 = – 4，根据这个值，系统是过约束的。这个简单的算法被称为近似法(或 Gruebler)。系统中冗余约束的数量为 6 – 2 × 5 – 1 = – 5，即系统有 5 个冗余约束。

STEP07 使用仿真面板计算自由度。

当完成算例后，右键单击当地【配合】文件夹并选择【自由度】，可以查看移动(浮动)零部件的数量、配合的数量(体现为运动副)、估计和实际的自由度数量以及总多余约束数。

注意在运动算例的 Feature Manager 中，【配合】文件夹中显示【配合(5 冗余)】，正如刚才计算所得一样，如图 8-6 所示。SolidWorks Motion 计算得到的 5 个冗余约束，机构是过约束的，引起这个结果的原因是第二个铰链。从数值上讲，一个铰链配合足够模拟铰接条件，但这也可能是不充分的，当需要计算两个铰链的反作用载荷时，尤其如此。

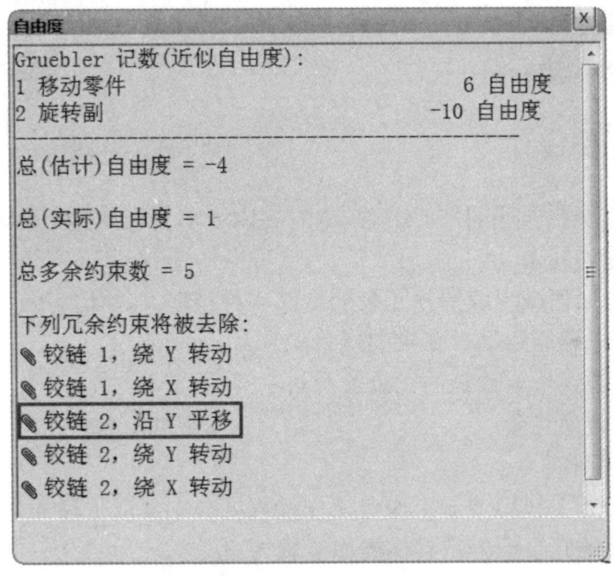


图 8-6 自由度结果

为了得到唯一解，程序将强制移除 5 个冗余约束。这个选择由程序内部完成，而无须用户介入，也可以从上面列表中找到移除的冗余自由度。尤其注意到“铰链 2，沿 Y 平移”的信息，这也就是图 8-4、图 8-5 中只有一个铰链起作用的原因。

STEP08 设置算例属性。

观察图 8-4、图 8-5 的结果，注意到只有铰链 1 起作用，为了得到更加贴近实际的结果，单击 Motion Manager 工具栏上的【运动算例属性】图标，在弹出的运动算例属性窗口中勾选【以套筒替换冗余配合】，单击【套管参数】，在弹出的对话框中可输入实际刚度值，此时单击【确认】即可。同时设置【每秒帧数】为 100 帧，单击【确认】图标。

STEP09 重新运行并输出约束反力。

注意 Motion Mmanager 中的配合文件夹内的配合图标发生的变化，增加了黄色的闪

电图标，这表明软件强制将配合改为柔性，而不是手工指定。

这次的结果显示每个接触面各承担一半的力，即 100 N，如图 8-7、图 8-8 所示。

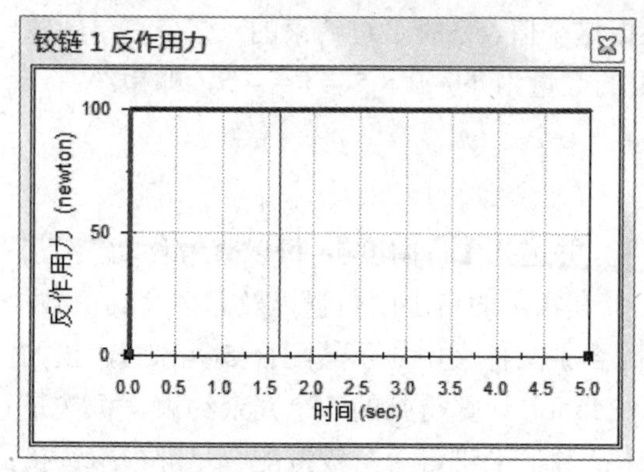


图 8-7 铰链 1 反作用力

图 8-8 铰链 2 反作用力

STEP10 保存文件。

单击【保存】图标，保存文件。

## 例题 8-2 液压工作台

液压工作台

装配体配合会过度约束零部件的运动，从而导致运动算例计算不准确。此类过度约束配合称为冗余。

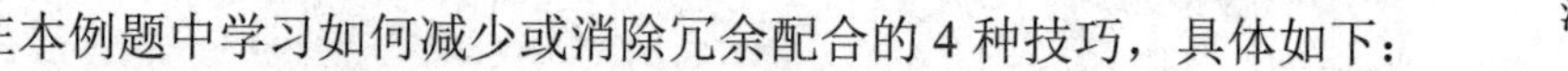

在本例题中学习如何减少或消除冗余配合的 4 种技巧，具体如下：

(1) 创建刚性组以忽略运动计算中的冗余配合。

(2) 以铰链配合替换形成铰链的冗余配合对。

(3) 以配合本原替换冗余。

(4) 以套管替换配合。

使用【Motion 分析】模拟液压工作台工作过程并分别采取上述 4 种技巧，减少或消除液压工作台装配体中的冗余配合。具体操作步骤如下：

STEP01 打开装配体模型文件。

从文件夹“SolidWorks Motion\第九章\例题\液压工作台”下打开文件“液压工作台.SLDASM”。

STEP02 将模型另存为“My_液压工作台.SLDASM”。

单击【文件】→【另存为】，首先选择【包括所有参考的零部件】，然后选择【添加前缀】并键入“My_”，最后键入【文件名】为“My_液压工作台.SLDASM”并单击【保存】。

STEP03 新建算例。

新建一个运动算例，确认【算例类型】选择了【Motion 分析】。

STEP04 计算并查看自由度。

观察已有力施加到 Top Linkage 子装配体上。在 Motion 分析中，子装配体按刚体处理。

在 Motion Manager 工具栏上，单击【计算】图标。

在 Motion Manager 树中，右键单击【配合】，然后单击【自由度】。

自由度对话框提供自由度和冗余配合的估计值。对于具有 1 个实际自由度的该模型，根据公式(8-2)，估算系统有

$$\sum F' = F + \left(6n - \sum_{i=1}^{5} i \cdot P_i\right) - \sum G' = 1 - (-11) = 12$$

个冗余配合。其中，1 是实际自由度数，-11 是估计自由度数，这 12 个冗余配合里就包括“Piston Male Align”配合。最后关闭自由度对话框。

**STEP05 查看图解。**

右键单击【图解 1】，然后单击【显示图解】，如图 8-9 所示。

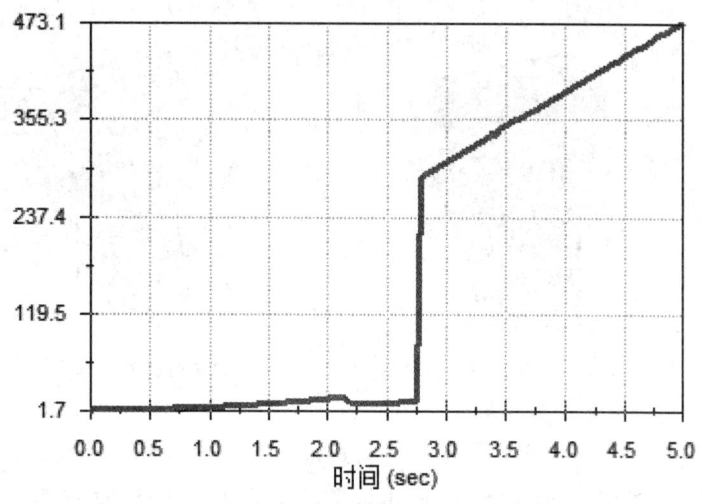


图 8-9 活塞和接头之间的反作用力力矩

该图解将显示活塞和接头之间的重合配合的反作用力力矩。当活塞发生最大位移时反作用力力矩达到峰值，这在运动模拟中大约 2.5 s 时发生，但计算的结果图解不会指明这一点。这是由于模型过度约束以及用于计算图解的冗余“Piston Male Align”配合被忽略而导致的。

接下来，分别使用上述 4 种技巧减少或消除该例题中的冗余配合。

定义刚性组，将组中的零部件(带有冗余约束)视为刚性实体。

提示：刚性组是运动算例实体，它们不合并到 Feature Manager 设计树中的装配体模型特征中。

**STEP06 定义刚性组。**

在 Motion Manager 设计树或图形区中，右键单击 My_Base Linkage<1>、My_Connector <1>、My_Connector<2> 项，如图 8-10 所示，选择【添加到新刚性组】，【刚性组 1】将显示在 Motion Manager 设计树中。

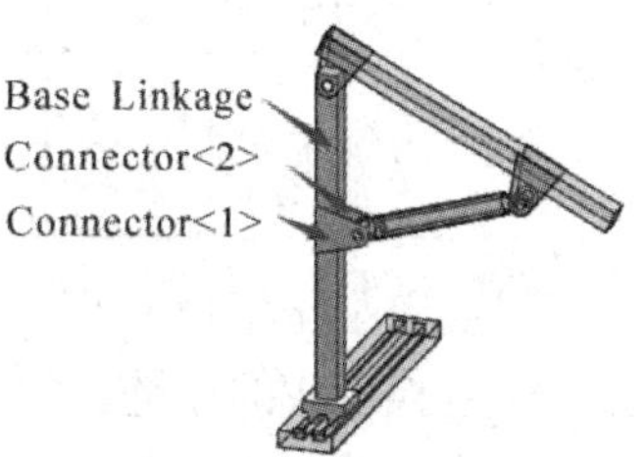


图 8-10 刚性组组件

STEP07 重新计算并查看自由度。

单击【计算】图标并查看自由度，将冗余配合估计数从 12 减至 8。

提示：

① 刚性组如同子装配体，将被视为一个构件；

② 创建由冗余配合参考引用的零部件刚性组或创建子装配体是减少运动计算中的冗余配合的最简单方法。

如果模型包含形成铰链的【同轴心】配合和【重合】配合，则可以通过用【铰链】配合替换这两个配合来减少部分冗余。

STEP08 铰链配合替换冗余配合。

在 Feature Manager 设计树中，删除 Pivot Mate1、Pivot Mate2 两个配合，使用 1 个铰链配合取而代之，单击【计算】图标，这时冗余数量减至 6，如图 8-11 所示。

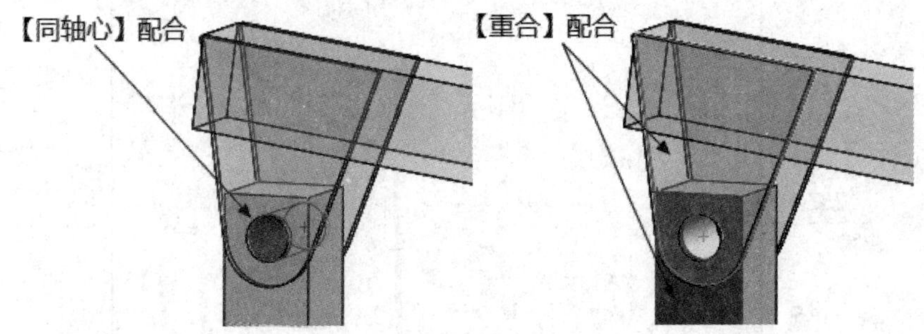


图 8-11 以铰链配合替换【同轴心】配合和【重合】配合

Piston Female Rotate【同轴心】配合可约束 4 个自由度，但是这里只需要 3 个自由度。除了约束水平轴旋转、水平和竖直平动以外，此配合还多余地约束绕竖直轴的旋转。可以用两个对等配合本原替换 Piston Female Rotate 的同轴心配合，从而删除此冗余。

配合本原是指约束至少 2 个自由度的配合。通过用配合本原替换配合，可以删除零部件上的冗余约束，方法是逐个限制零部件上的自由度。常见的配合本原如表 8-3 所示。

表 8-3 配合本原应用的自由度约束数量和类型

| 配合本原 | 约束自由度数量 | 类 型 |
| --- | --- | --- |
| 点到平面 | 1 个平移 | 点到平面重合 |
| 点到线 | 2 个平动 | 点到线重合 |
| 垂直 | 1 个旋转 | 线与线垂直 |
| 平行轴 | 2 个旋转 | 线与线平行 |
| 线到平面 | 1 个平移 | 线与平面重合 |
| | 1 个旋转 | |

如果要最小化模型上的约束以减少冗余，首先尝试将刚性零部件置于刚性组，然后用铰链配合替换形成的铰链。如果要进一步减少模型上的约束，则可尝试为其他配合替换配合本原。

**STEP09　以两个配合本原替换【同轴心】配合。**

在 Motion Manager 树中，删除 Piston Female Rotate 配合，如图 8-12 所示。在 Feature Manager 设计树中，展开 Piston Female 零部件并选择 Axis2，如图 8-13 所示。

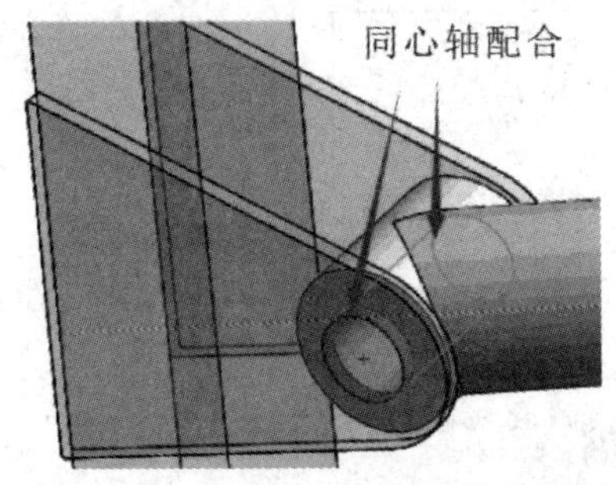


图 8-12　Piston Female 同轴心配合

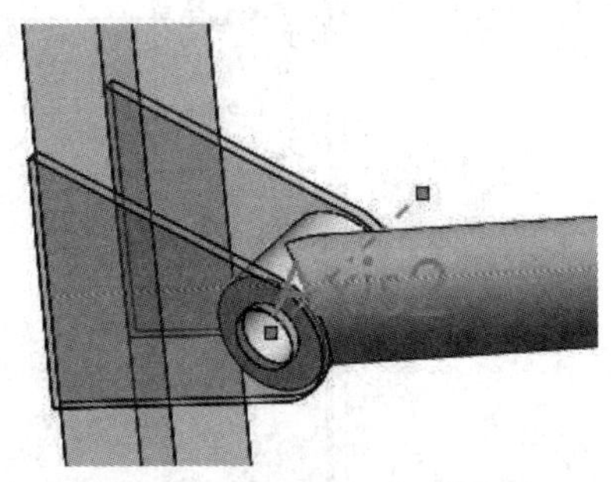

图 8-13　Piston Female 的 Axis2

在工具栏上单击【配合】图标，在图形区域中选择图 8-14 所示的接头边 Edge<1>@my_Connector-1，在出现的更新初始动画状态对话框中单击【否】按钮。在 PropertyManager 中选择【标准配合】，单击【垂直】图标⊥。在出现的更新初始动画状态对话框中单击【确认】图标✔。

在 Feature Manager 设计树中，在展开的 My_Connector<2>中选择 Axis1，在展开的 Piston Female 中选择 Point1。在 PropertyManager 中选择【标准配合】，单击【重合】图标，在出现的更新初始动画状态对话框中单击【否】，如图 8-15 所示。单击【确认】图标✔以保存配合。

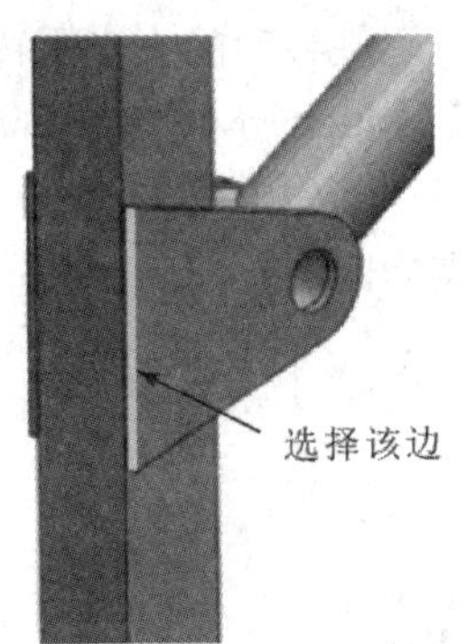


图 8-14　Connector-1 的边

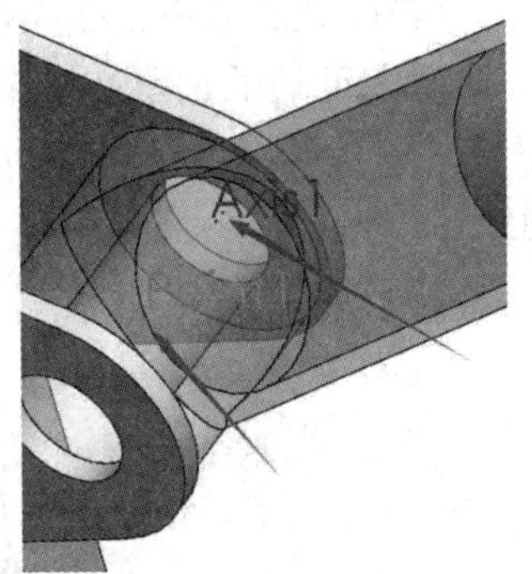

图 8-15　轴与点重合

单击【关闭】图标✖以关闭 PropertyManager，单击【计算】图标，这时冗余数量将减少至 5。

4) 以套管替换剩余冗余

**STEP10　以套管替换剩余冗余。**

单击 Motion Manager 工具栏上的【运动算例属性】图标，在弹出的运动算例属性窗口中勾选【以套筒替换冗余配合】，单击【套管参数】，在弹出的对话框中输入实际刚度值，此处单击【确认】即可，待对话框关闭后再单击【确认】图标✔。

单击【计算】图标，冗余数量将减至 0，从而删除了剩余冗余约束。修改后的局部配合图标将更新，用以指明用自动套管进行替换。右键单击图解【反作用力力矩】，然后单击显示图解，如图 8-16 所示。

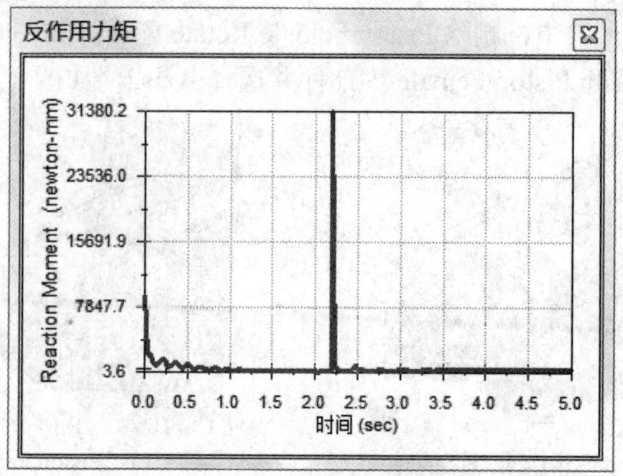


图 8-16 无过约束情况下的反作用力力矩

反作用力矩在大约 2.24 s 时达到峰值。这是预期行为，因为运动表明活塞位移在大约 2.24 s 时达到最大值。如果未删除冗余，则会错过此峰值。

STEP11 保存模型。

单击【保存】图标，将算例保存。

## 练习 8–1 静不平衡转子

图 8-17 为一个带圆孔的静不平衡圆盘(转子)随轴一起旋转的静不平衡转子模型，在离心力的作用下，轴颈对两边的轴承产生作用力。由于【Motion 分析】解算器默认将零部件视为无限刚性的刚体，所以只有一个轴承起作用。也就是说，只可放置一个约束(配合)，所有其他约束均为冗余。如果轴与其中一端轴承被约束为同心，则另一端轴承对轴的约束就是冗余约束。

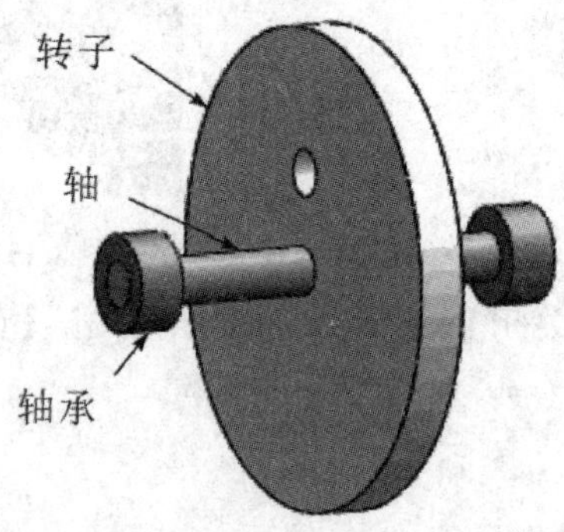


图 8-17 静不平衡转子模型

使用【Motion 分析】将刚性约束改为柔性约束对其进行模拟的操作步骤如下：

STEP01 打开装配体模型文件。

从文件夹“SolidWorks Motion\第八章\练习\静不平衡转子”下打开文件“静不平衡转子.SLDASM”。

STEP02　查看模型。

注意到模型由转子和两个固定轴承组成。轴与轴承之间借助两个【铰链】配合连接。

STEP03　新建运动算例。

新建一个运动算例，确认【算例类型】选择了【Motion 分析】。

STEP04　添加引力。

单击 Motion Manager 工具栏上的【引力】图标，在 Y 轴负方向添加引力，大小采用默认值。

STEP05　添加马达。

在轴上添加一个【旋转马达】，选择【等速】，大小设置为 100 RPM。

STEP06　运算。

单击【计算】图标。

STEP07　输出反作用力。

单击 Motion Manager 工具栏上的【结果和图解】图标。在【类别】窗口中选择【力】，在【子类别】中选择【反作用力】，在【分量】中选择【Y 分量】或【幅值】，在对象窗口中选择【铰链 1】，单击【确认】图标。刚性铰链 1 反作用力图解如图 8-18 所示。

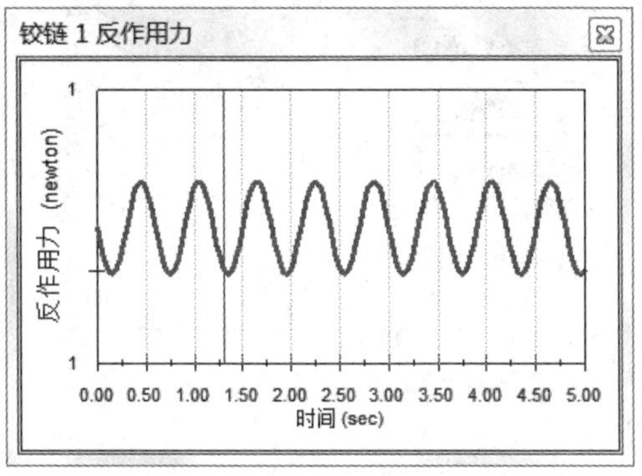


图 8-18　刚性铰链 1 反作用力

重复上述过程，将【铰链 2】处的反作用力输出。刚性铰链 2 反作用力图解如图 8-19 所示。

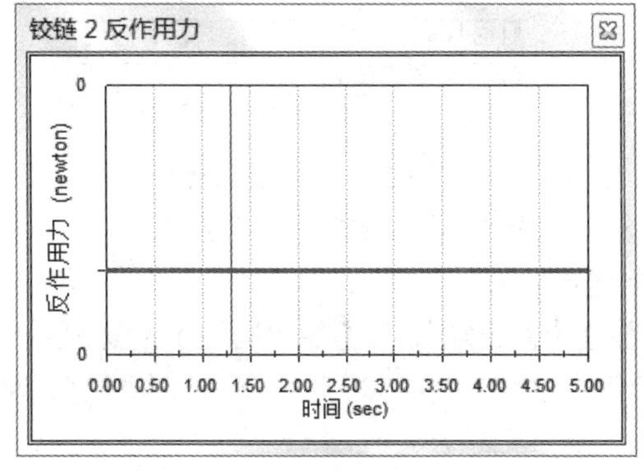


图 8-19　刚性铰链 2 反作用力

STEP08 查看结果。

观察到只有铰链 1 承受作用力，而铰链 2 不受力，显然与事实不符，这主要是由于装配体冗余配合所致。查看自由度，此时显示有 5 冗余。

STEP09 以手工套管替换刚性铰链。

刚性铰链既可以采用例题 8-1 的自动套管替换，也可以采用手动方法替换。在运动分析算例中，使用【套管】等于将刚性铰链转化为柔性配合进行处理。可将【套管】设想为包含有一些松弛度的弹簧和阻尼系统。

按顺序依次编辑每个铰链配合，如图 8-20 所示。

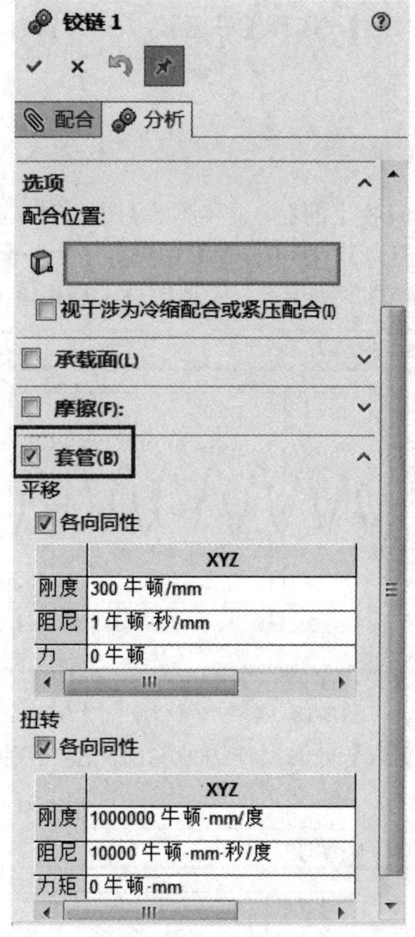


图 8-20 定义手工套管

选择【分析】选项卡，对每个配合做如下修改：

(1) 勾选【套管】复选框；

(2) 在【平移】和【扭转】中均勾选【各向同性】复选框；

(3) 在【平移】中修改【刚度】为“300 牛顿/mm”,【阻尼】为“1 牛顿·秒/mm”,【力】为“0 牛顿”。

(4) 保留【扭转】的默认设置不变。

这时每个配合都将在配合类型旁边显示一个手工套管标志。冗余数量将减至 0。

如果利用套管代表配合和零部件刚度，则可在运动分析算例中合成刚度。对刚度的了解越精确结果越好。

STEP10 **重新计算并输出结果。**

再次单击【计算】图标。经过手工套管替换刚性联接后的结果图解如图 8-21、图 8-22 所示。结果与事实相符。

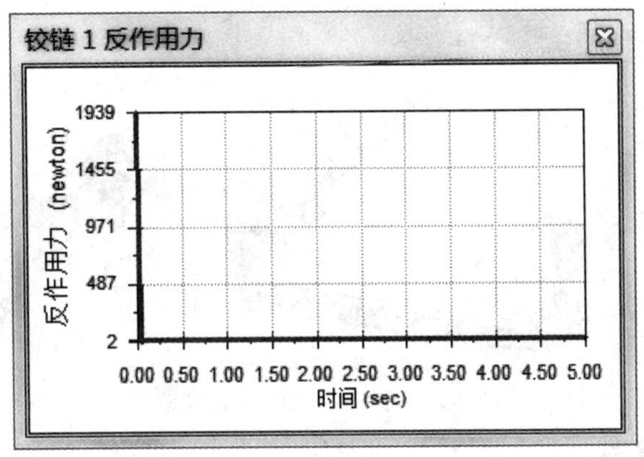


图 8-21 柔性铰链 1 反作用力

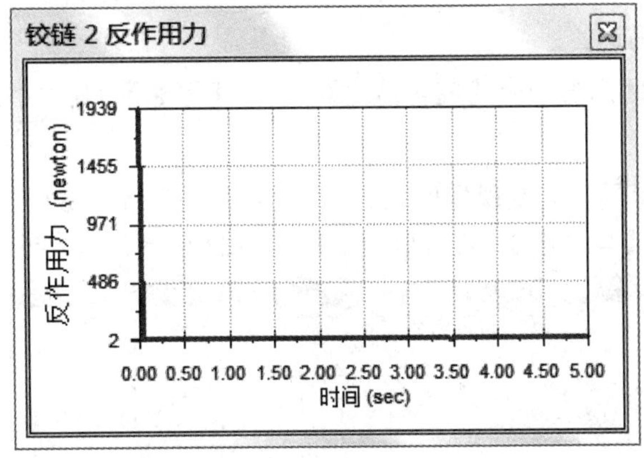


图 8-22 柔性铰链 2 反作用力

STEP11 **保存文件。**

单击【保存】图标，将算例保存。

## 练习 8–2 贝内特机构

贝内特机构

贝内特(Bennett)机构是一种过约束空间四杆机构，一般情况下由 4 个转动副组成的空间机构的自由度为 0，但经过贝内特的特殊安排，这种机构获得了 1 个自由度。贝内特机构的衍生形式具有可完全折叠和展开的性质，可用于航天、土木、军事等领域。

贝内特机构在理论上是颇有研究价值的，是机构学中的一个值得探索的机构。使用【Motion 分析】对其进行模拟的操作步骤如下：

STEP01 打开装配体模型文件。

从文件夹“SolidWorks Motion\第八章\练习\贝内特机构”下打开文件“贝内特机构.SLDASM”。

STEP02 查看模型。

图 8-23 为一种贝内特机构仿真模型，它由固定机架、曲柄、连杆和摇杆组成一空间四杆机构，它的 4 个运动副均是【铰链】配合。

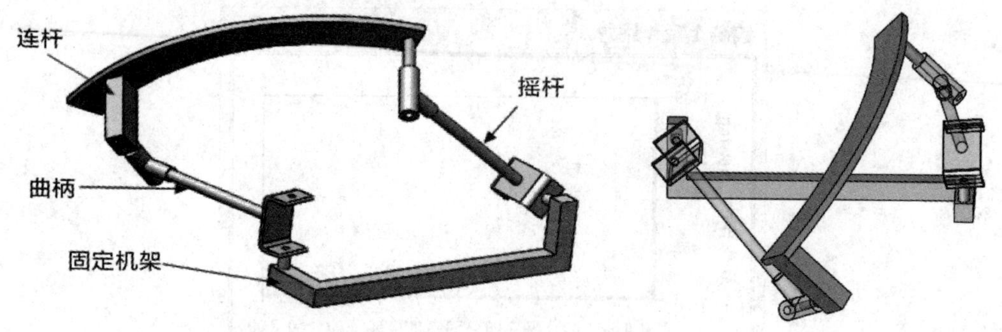


图 8-23 贝内特机构仿真模型

STEP03 新建算例。

新建一个运动算例，确认【算例类型】选择了【Motion 分析】。

STEP04 添加马达。

在曲柄与机架之间添加一个【旋转马达】，选择【等速】，其大小设置为 60RPM。

STEP05 运算。

单击【计算】图标 。会发现机构无法运动，这是由于经过数学运算后存在误差所致。右键单击【配合】→【自由度】，查看自由度如图 8-24 所示，其实该机构并非无法运动。

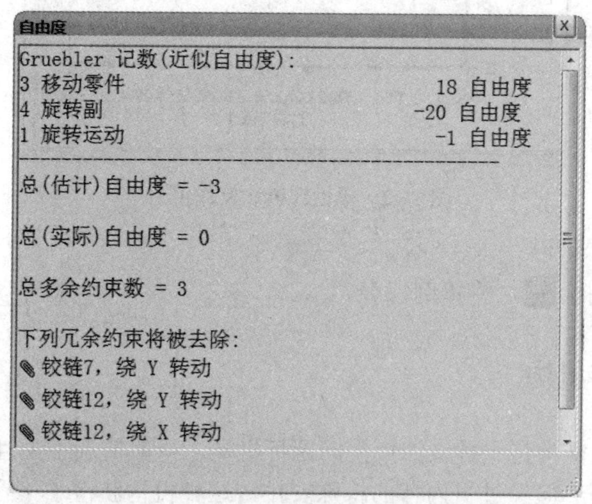


图 8-24 四个【铰链】配合下的自由度

STEP06 修改配合误差。

为了同时忽略【同轴心】和配合面【重合】的计算误差，将用配合面的中心点距离误差来控制，这需要用到【高级配合】中的【距离】来实现，其参数设置如图 8-25 所示。

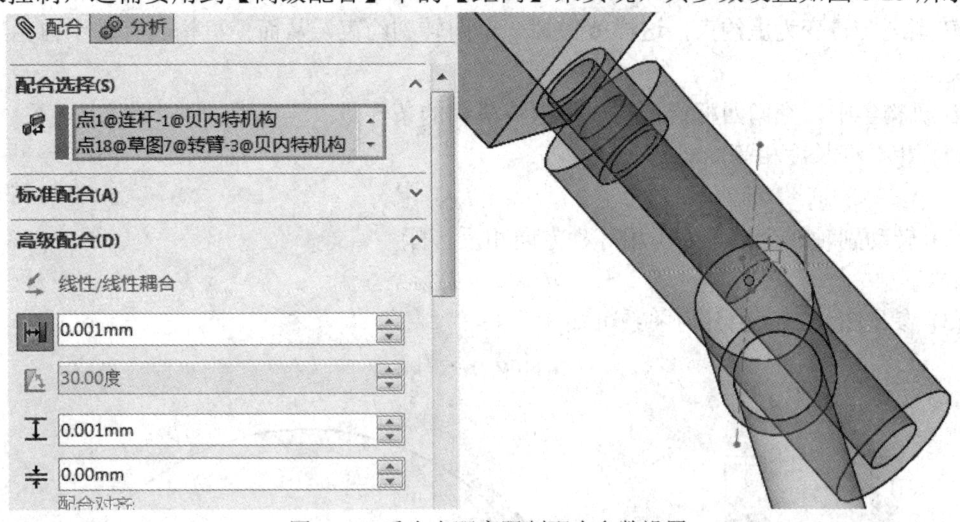


图 8-25　重合点距离限制配合参数设置

**STEP07　重新运算。**

经过上述修改后，重新运算并输出连杆两个端点的轨迹，如图 8-26 所示。

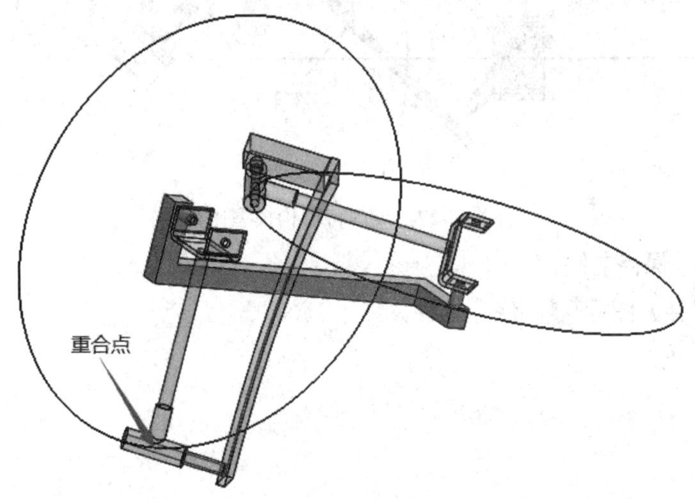


图 8-26　连杆两个端点轨迹

**STEP08　结果分析。**

由自由度计算公式

$$F=\left(6n-\sum_{i=1}^{5} i\cdot P_i\right)-\sum G'+\sum F'$$

可知，由于是 3 个运动构件、4 个铰链配合，所以 $n=3$，$i=5$ (铰链属于 5 级运动副)，$P_5=4$，$G'=1$，$F'=3$，代入公式得 $F=6\times 3-5\times 4-1+3=0$，与图 8-24 所示一致。

根据上述计算自由度为 0，意味着整个机构是无法运动的，然而我们创建的模型是可以动的，这是为什么呢？观察图 8-26 可以看到，连杆与摇杆重合点走出一个相同的轨迹且回转副的轴线重合，由此可知贝内特机构的实质就是通过特殊的回转副交叉角和杆长使 4 个回转副之一转变为虚约束，这样就去掉一个回转副约束，从而使机构具有 1 个自由度，可以运转。

在机构学中，空间四杆机构构成贝内特机构的条件是：

(1) 相对杆长度相等，即

$$l_{摇杆} = l_{机架}$$

(2) 转动副轴线交错角大小相等、方向相反，即

$$\alpha_{曲柄} = -\beta_{摇杆}$$

(3) 参见图 8-27，由几何关系可知

$$l_{连杆} \sin\alpha_{曲柄} = l_{摇杆}$$

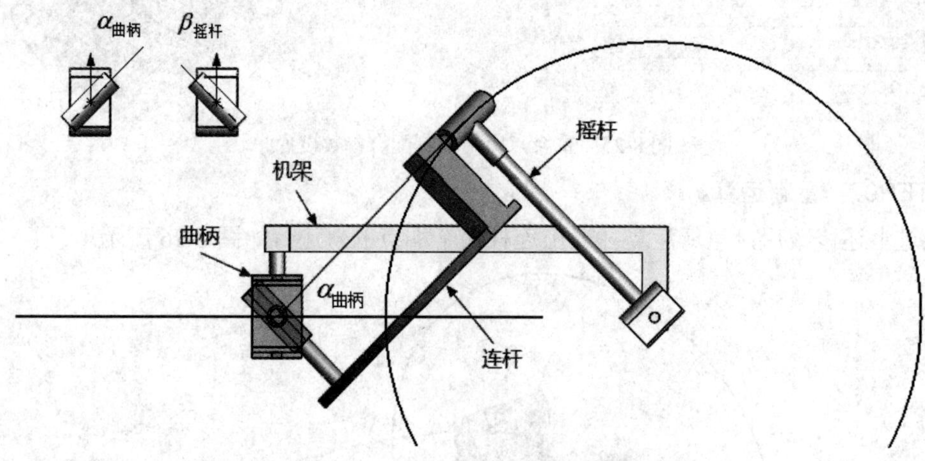


图 8-27 贝内特机构模型俯视图

STEP09 保存文件。

单击【保存】图标，保存文件。

# 第九章　优 化 设 计

学习目标

- 清楚优化设计的概念；
- 清楚优化设计的数学模型的内容；
- 了解多目标函数的处理；
- 掌握赋予零部件材料属性的方法；
- 掌握优化设计中传感器的使用；
- 掌握优化设计中方程式的使用；
- 清楚全局变量及其作用；
- 掌握将方程式变量与零部件的几何(特征)尺寸相关联的方法；
- 掌握将方程式变量与全局变量相关联的方法。

## 一、基 本 知 识

优化设计是根据设计理论，采用数学最优化方法，在各种限制条件下，使其主要性能指标达到最优值的一种设计方法。最优化设计方法的实质是将设计任务的具体要求构造成数学模型，也就是将设计问题化为数学问题。在这个数学模型中，既包括设计要求，又包括根据设计要求提出的必须满足的附加条件，从而构成一个完整的数学规划命题。逐步求解这个数学规划命题，使其最佳地满足设计要求，从而获得诸多可行方案中的最优设计方案。这个过程就是最优化过程，利用这种方法进行机构设计，称为机构优化设计。

由于机构优化设计方法是建立在数学解析法的基础上的，因此在设计过程中首先要把机械设计问题转化为数学问题，建立数学模型。机构优化设计的数学模型包括三个组成部分：一是需要求解的一组参数，设计者把这些参数当作变量处理，称为设计变量；二是需要达到的用设计变量表达的一个或若干个设计的目标，这个(些)目标称为目标函数；三是若干个必需的限制条件，而设计变量的选择和某些预先提出的要求必须满足这些限制条件，称为设计约束或约束条件。按照具体设计问题而拟定的设计变量、目标函数和约束条件的总体就组成了优化设计的数学模型。若目标函数和约束函数均为线性的，则该优化问题属于线性规划问题。如果目标函数和约束函数中至少有一个是非线性时，则该优化问题称为非线性规划问题。一般机构优化设计问题的目标函数多属于非线性函数，因此多是非线性规划问题。

### 1. 目标函数

把优化问题描述为目标函数的极小化问题，其一般形式为

$$\min F(\boldsymbol{X}) \qquad \boldsymbol{X}=(x_1,\ x_2,\ \cdots,\ x_n)^{\mathrm{T}}$$

根据一项设计准则建立的目标函数称为单目标函数。但是有些设计问题所追求的目标不止一个，可能要求几个目标同时达到最优。这时，首先应将几个目标分别建立起分目标函数，然后将几个分目标函数合成为一个统一的目标函数 $F(\boldsymbol{X})$，称为多目标函数。其一般形式为

$$F(\boldsymbol{X})=W_1 f_1(\boldsymbol{X})+W_2 f_2(\boldsymbol{X})+\ \cdots\ +W_L f_L(\boldsymbol{X})$$

式中，$W_i$为加权因子，$L$为分目标函数的个数。

### 2. 设计变量

$n$个实数的设计变量$x_1$，$x_2$，…，$x_n$，简化记为具有$n$个分量的向量或点$\boldsymbol{X}$，即

$$\boldsymbol{X}=(x_1,\ x_2,\ \cdots,\ x_n)^{\mathrm{T}}$$

当$\boldsymbol{X}$的分量$x_1$，$x_2$，…，$x_n$被定为一组特定值时，即代表一个设计方案。

优化过程开始时所选定的设计变量以$X^{(0)}$表示，称为初始点。使目标函数$F(\boldsymbol{X})$达到最小时的设计变量以$X^*$表示，称为最优点，即该设计优化方案的设计变量值。最优点处的目标函数值$F^*$称为最优值，$F^*=F(X^*)$。通常把最优点$X^*$和最优值$F^*$称为最优解。

### 3. 约束条件

根据约束条件的性质，可以将约束条件分为几何约束(包括边界约束)和性能约束两种。

几何约束是指根据某种设计要求，设计变量必须满足的某些几何条件以及对设计变量的取值范围加以限制的约束条件。

性能约束是指所设计的方案在满足设计目标的情况下，还要求必须满足某些特定的工作性能。针对机构而言不仅包括机构的力学性能，如机构的传力性能、机构最小传动角限制等，还包括机构的运动性能，如机构的可动性、加速度最大值限制等。

若约束条件以不等式形式出现，即

$$G_u(X)\geqslant 0 \quad u=1,\ 2,\ \cdots,\ z$$

则称为不等式约束。

### 4. 优化方法

在机构优化设计过程中，优化设计数学模型的建立及选用适当的优化方法无疑是最关键的，是取得正确结果的前提，因此必须使它能全面准确地反映设计意图，同时还要有利于方法的实施和求解的方便。所谓的优化方法就是按照某种逻辑结构对设计方案进行反复迭代计算，并使其逐步逼近最优方案的过程。

目前，机构优化设计多数是指使机构的运动学或动力学性能达到最优值的一种设计，在少数情况下，也有以体积最小、重量最轻、寿命最长、工作最可靠、费用最经济等作为机构优化设计的目标。最优值通常是指在多因素下，令人满意的最好或最恰当的值，在很多情况下，可以用最大值或最小值来代表最优值。

# 二、实 践 操 作

## 例题 9–1　静不平衡转子优化

图 9-1 为一个钢制圆盘，盘厚 $b = 50$ mm，位置 I 处有一直径 $\Phi = 50$ mm 的通孔，位置 II 处有一质量 $m_2 = 0.5$ kg 的重块。为了使圆盘平衡，要求在圆盘上以 $r = 200$ mm 为半径的构造圆上制一个通孔，通过优化来确定此孔的大小与位置。

使用【Motion 分析】首先对均质圆盘进行旋转模拟，其次对带孔和重块钢制圆盘进行旋转模拟，最后通过优化将静不平衡转子优化成静平衡转子。具体操作步骤如下：

STEP01　创建装配体。

创建一个由不带孔的均质圆盘、轴和轴承组成的无惯性力的静平衡转子装配体模型，如图 9-2 所示。

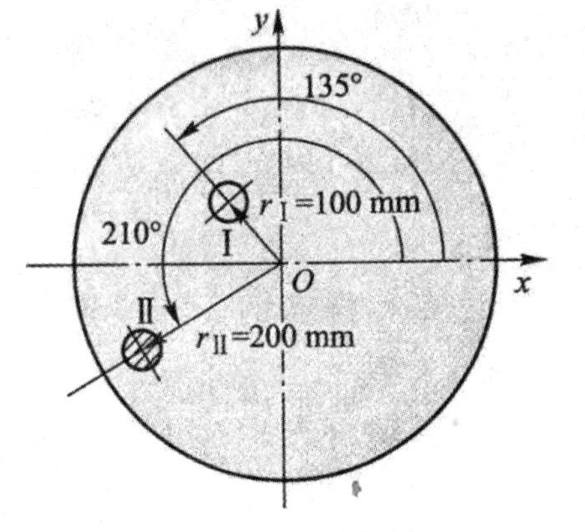


图 9-1　钢制圆盘

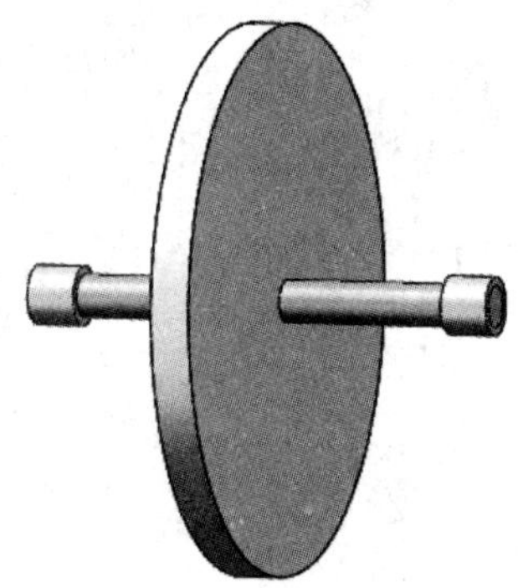

图 9-2　均质圆盘模型

STEP02　创建运动算例。

新建一个运动算例，确认【算例类型】选择了【Motion 分析】，单位默认为【毫米、千克、秒】。

STEP03　添加引力。

单击 Motion Manager 工具栏上的【引力】图标，在 Y 轴负方向添加引力，大小取默认值。

STEP04　添加旋转马达。

在圆盘(单面转子)上添加一个旋转马达，选择【等速】，其大小设置为 1000 RPM。

STEP05　添加材料。

在 Motion Manager 树中，右键单击单面转子(圆盘)，选择【材料】→【修改材料】，弹出材料属性对话框，如图 9-3 所示。选择【普通碳钢】后，单击【应用】按钮并关闭窗口。

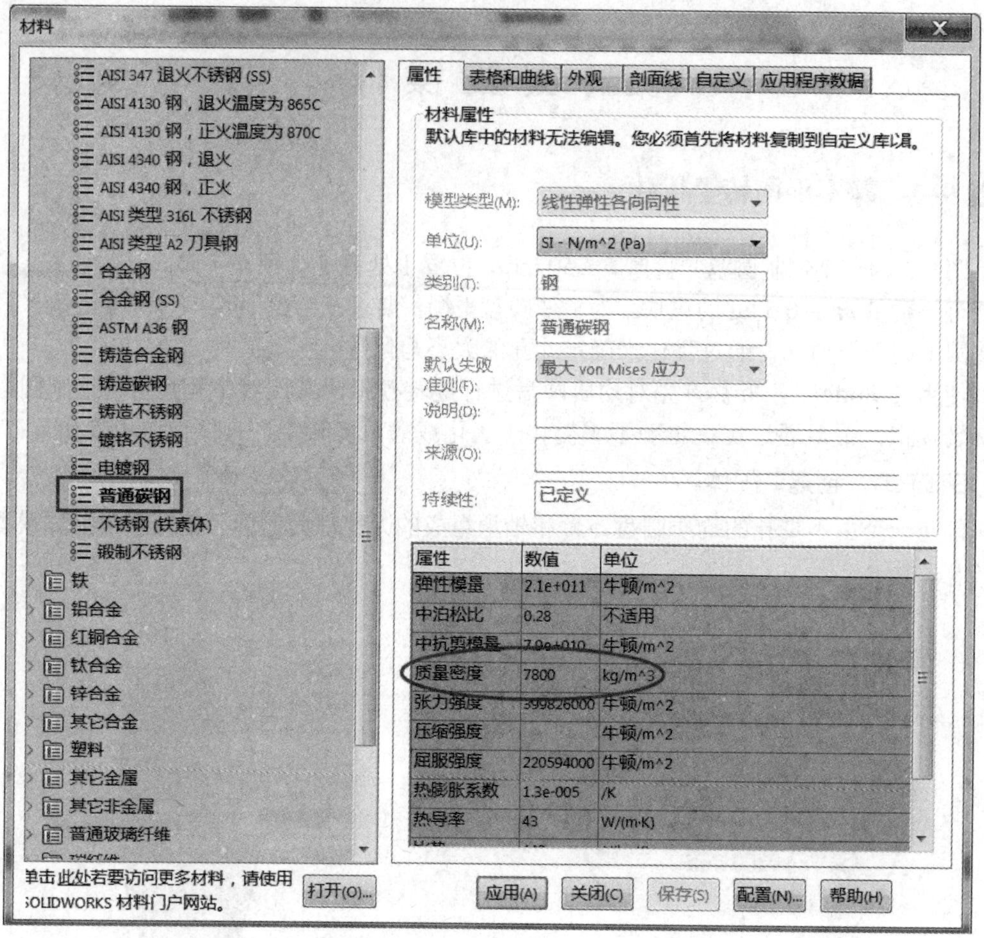

材料
AISI 347 退火不锈钢 (SS)
AISI 4130 钢，退火温度为 865C
AISI 4130 钢，正火温度为 870C
AISI 4340 钢，退火
AISI 4340 钢，正火
AISI 类型 316L 不锈钢
AISI 类型 A2 刀具钢
合金钢
合金钢 (SS)
ASTM A36 钢
铸造合金钢
铸造碳钢
铸造不锈钢
镀铬不锈钢
电镀钢
普通碳钢
不锈钢 (铁素体)
锻制不锈钢
铁
铝合金
红铜合金
钛合金
锌合金
其它合金
塑料
其它金属
其它非金属
普通玻璃纤维
单击此处若要访问更多材料，请使用 SOLIDWORKS 材料门户网站。
打开(O)...
属性
表格和曲线
外观
剖面线
自定义
应用程序数据
材料属性
默认库中的材料无法编辑。您必须首先将材料复制到自定义库以。
模型类型(M):
线性弹性各向同性
单位(U):
SI - N/m^2 (Pa)
类别(T):
钢
名称(M):
普通碳钢
默认失败准则(F):
最大 von Mises 应力
说明(D):
来源(O):
持续性:
已定义
属性
数值
单位
弹性模量
2.1e+011
牛顿/m^2
中泊松比
0.28
不适用
中抗剪模量
7.9e+010
牛顿/m^2
质量密度
7800
kg/m^3
张力强度
399826000
牛顿/m^2
压缩强度
牛顿/m^2
屈服强度
220594000
牛顿/m^2
热膨胀系数
1.3e-005
/K
热导率
43
W/(m·K)
应用(A)
关闭(C)
保存(S)
配置(N)...
帮助(H)

图 9-3 转子材料

STEP06 运行并输出结果。

单击【计算】图标，并输出两端轴承(铰链)的反作用力，如图 9-4、图 9-5 所示。反作用力为 0，说明该圆盘是一个静平衡圆盘(转子)。

铰链 1 反作用力
0.0
0.0
反作用力 (newton)
0.00 0.50 1.00 1.50 2.00 2.50 3.00 3.50 4.00 4.50 5.00
时间 (sec)

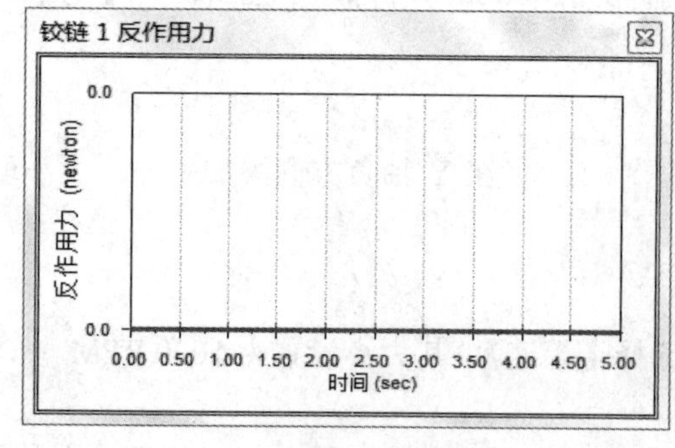

图 9-4 铰链 1 反作用力

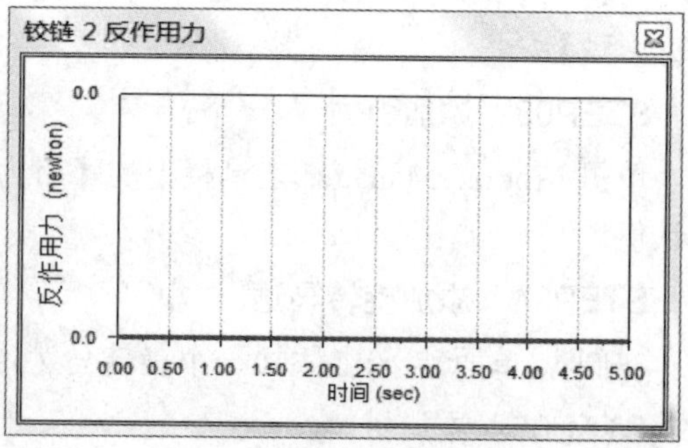

铰链 2 反作用力
0.0
0.0
反作用力 (newton)
0.00 0.50 1.00 1.50 2.00 2.50 3.00 3.50 4.00 4.50 5.00
时间 (sec)

图 9-5 铰链 2 反作用力

STEP07 创建圆孔。

根据题目要求在位置 I 处，创建一个圆孔，直径$\phi$= 50 mm。

**STEP08 添加重块。**

将已创建好的圆柱体作为重块，插入到题目给出的位置Ⅱ处。

**STEP09 赋予重块质量。**

在赋予重块质量之前，先运行由圆孔惯性力引起的轴承(铰链 1)反作用力，如图 9-6 所示。

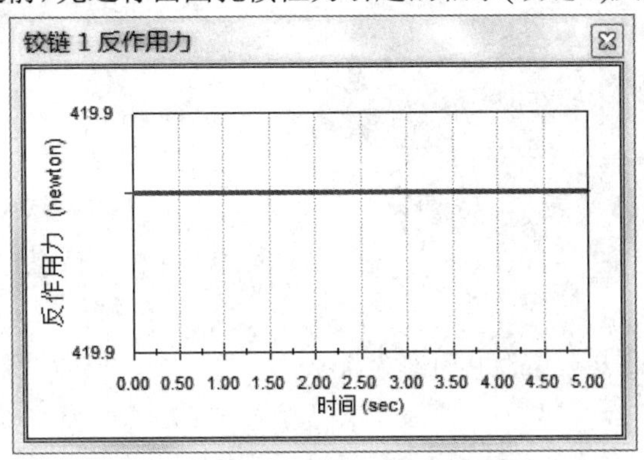


图 9-6 圆孔引起的轴承反作用力

单击工具栏上的【质量属性】图标，选择重块，单击【覆盖质量属性】→【覆盖质量】，输入 0.5 kg，单击【确认】图标，并关闭窗口。

**STEP10 重新运行并输出结果。**

单击【计算】图标，并输出两端轴承(铰链 1)的反作用力。圆孔与重块共同引起的反作用力，如图 9-7 所示。

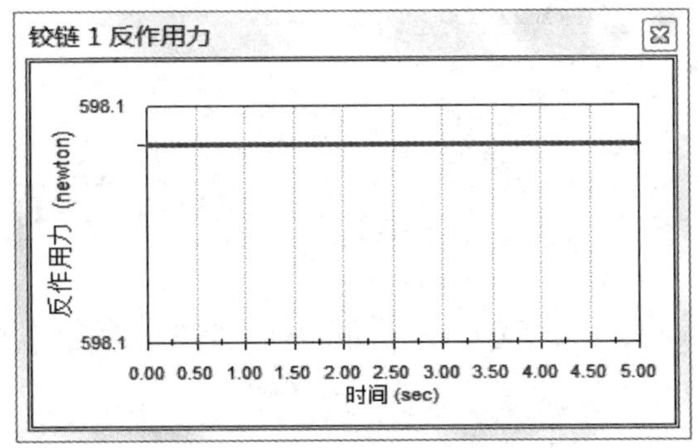


图 9-7 圆孔与重块共同引起的轴承反作用力

**STEP11 在圆盘上添加一待优化的圆孔。**

根据题目要求，在 $r = 200$ mm 处，任意位置创建一个圆孔，其直径大小与具体位置将设为优化变量，如图 9-8 所示。

**STEP12 创建设计算例。**

右键单击【运动算例 1】→【生成新设计算例】。

**STEP13 添加传感器。**

在模型树上右键单击【传感器】→【添加传感器】，其参数设置如图 9-9 所示。

将传感器捕捉到的铰链 1 反作用力，作为优化的目标函数，使其最小化。

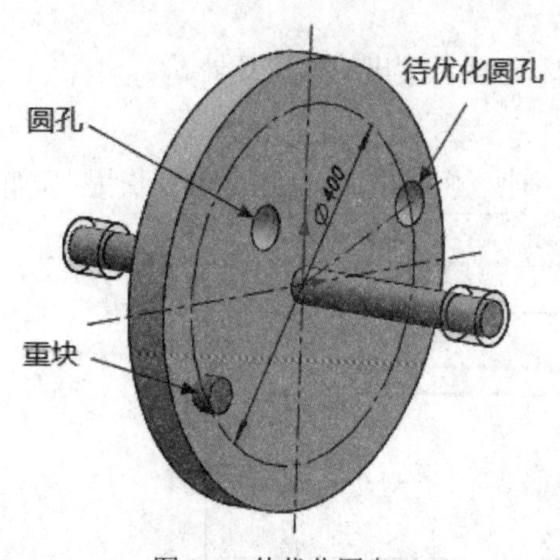


图 9-8　待优化圆盘

图 9-9　传感器参数设置

STEP14　添加方程式。

在模型树上右键单击【方程式】→【管理方程式】，弹出方程式管理页面，如图 9-10 所示。单击【方程式视图】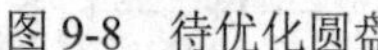，在【全局变量】下输入全局变量 $r$、$d$、$\theta$ 分别代表待优化圆孔的径向位置、直径(待优化圆孔)、圆周位置，径向位置 $r$ = 200 mm 已给定，其他两参数作为优化变量，这里暂时赋给一个临时值。

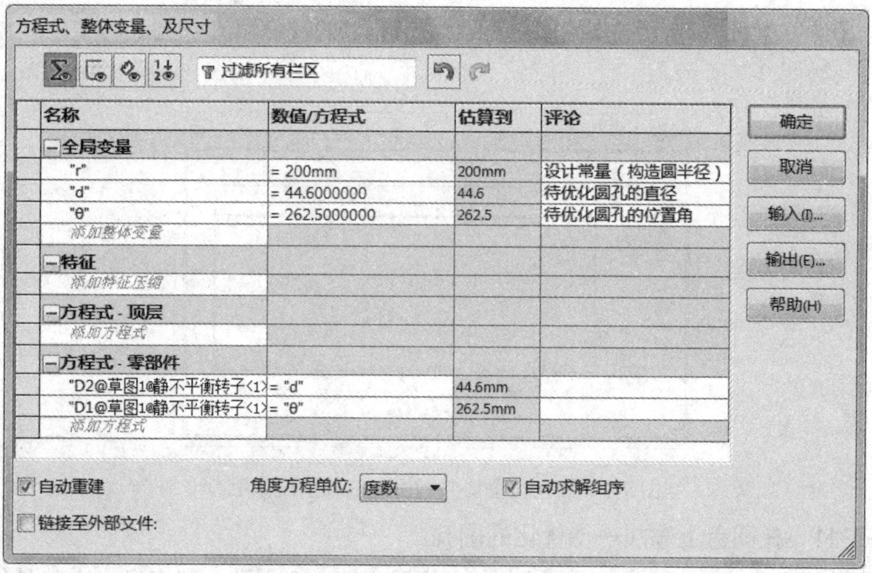

方程式、整体变量、及尺寸

过滤所有栏区

| 名称 | 数值/方程式 | 估算到 | 评论 |
|---|---|---|---|
| −全局变量 | | | |
| "r" | = 200mm | 200mm | 设计常量（构造圆半径） |
| "d" | = 44.6000000 | 44.6 | 待优化圆孔的直径 |
| "θ" | = 262.5000000 | 262.5 | 待优化圆孔的位置角 |
| 添加整体变量 | | | |
| −特征 | | | |
| 添加特征压缩 | | | |
| −方程式 - 顶层 | | | |
| 添加方程式 | | | |
| −方程式 - 零部件 | | | |
| "D2@草图1@静不平衡转子<1> | = "d" | 44.6mm | |
| "D1@草图1@静不平衡转子<1> | = "θ" | 262.5mm | |
| 添加方程式 | | | |

确定　取消　输入(I)...　输出(E)...　帮助(H)

☑自动重建　角度方程单位: 度数　☑自动求解组序

☐链接至外部文件:

图 9-10　方程式管理页面

提示：按 Tab 键移到该行中的下一个单元格。

在输入过程中，等号“=”变为红色表示方程式不完整。

STEP15　将优化变量关联到模型尺寸。

使用链接数值(也称“共享数值”或“链接尺寸”)链接两个或多个尺寸，无须使用关系式或几何关系。当尺寸用这种方式链接起来后，改变链接数值中的任意一个数值都会改变与其链接的所有其他数值。

在【方程式-零部件】下，单击待优化尺寸，在【数值/方程式】中选择相应的全局变量，如图 9-11 所示。

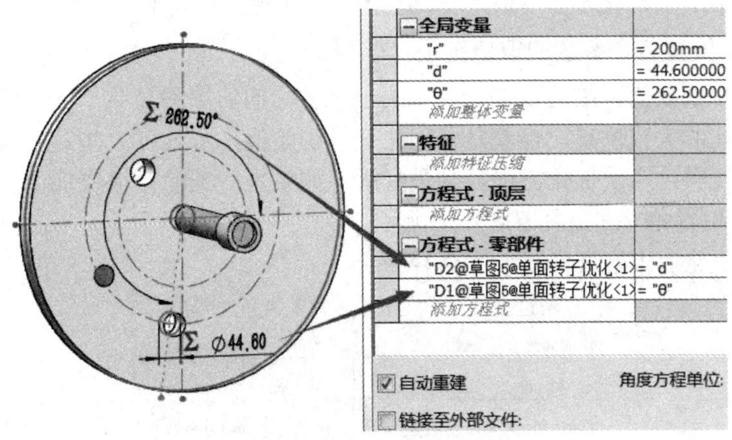


图 9-11　模型尺寸关联全局变量

**STEP16　添加优化参数。**

在【设计算例】中，单击【变量视图】→【添加参数】，如图 9-12 所示。

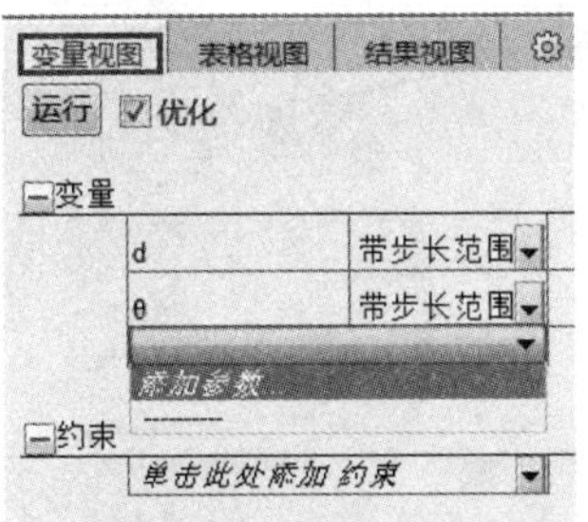


图 9-12　添加参数

在弹出的【参数】对话框内输入设计变量名称及关联的全局变量。注意右面的“*”号出现表明该参数已链接到全局变量或模型尺寸。如果没有链接，则需要在下面【参考】中进行链接，如图 9-13 所示。

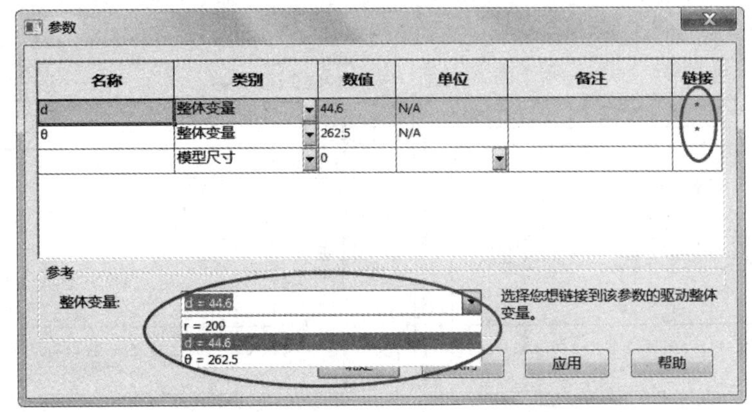


图 9-13　设计变量与模型尺寸链接

当所有设计变量添加完毕后，再以同样的方法添加约束条件(本例题不设置约束条件)与优化目标函数(本例题选择前面添加的传感器)。至此设计变量、约束条件、目标函数均已设置完毕，接下来设置各个参数的变化范围、极值等。

**STEP17　设置各个参数的取值范围。**

关于各个参数取值范围的设置，这取决于对目标的估算和经验，比如该例题，可以先寻找到待优化孔的大致位置，也就是待优化变量初始值，步长可大些。第二次优化再进行细化。一般需要经过多次优化方能找到最优解，如果是一维的会很快优化出最优解，而本题是二维(孔的位置角 $\theta$ 和直径 $d$)的则稍慢。

经过多次优化后本题最优解如图 9-14 所示。

| 初始 | 优化 (0) | 情形 30 | 情形 31 |
|---|---|---|---|
| 42.200000 | 42.200000 | 42.300000 | 42.100000 |
| 252.700000 | 252.700000 | 252.860000 | 252.880000 |
| 0.0990365 牛顿 | 0.0990365 牛顿 | 3.38135 牛顿 | 3.40492 牛顿 |

图 9-14　优化结果

**STEP18　生成最优模型尺寸。**

左键单击图 9-14 中的【优化(0)】结果，模型将自动变换为该尺寸模型，如图 9-15 所示。

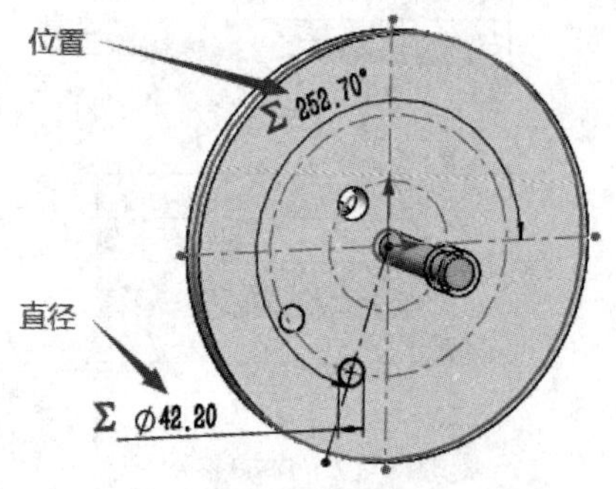


图 9-15　优化后的模型

**STEP19　再次运行并输出结果。**

回到【运动算例】，单击运算，结果如图 9-16、图 9-17 所示。从中可见轴承的反作用力已趋近于 0，达到静平衡状态。

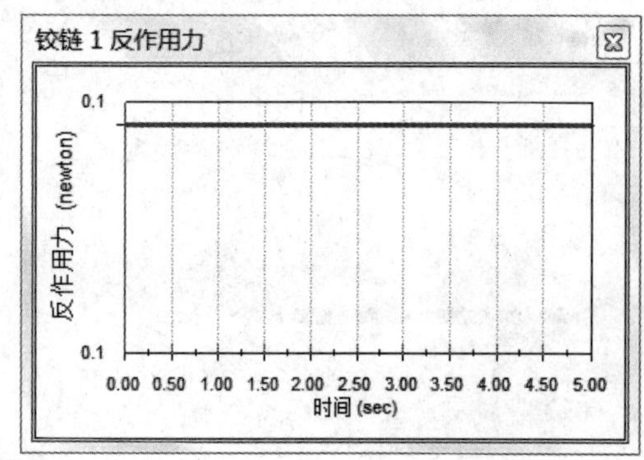


图 9-16　优化后的轴承 1 反作用力

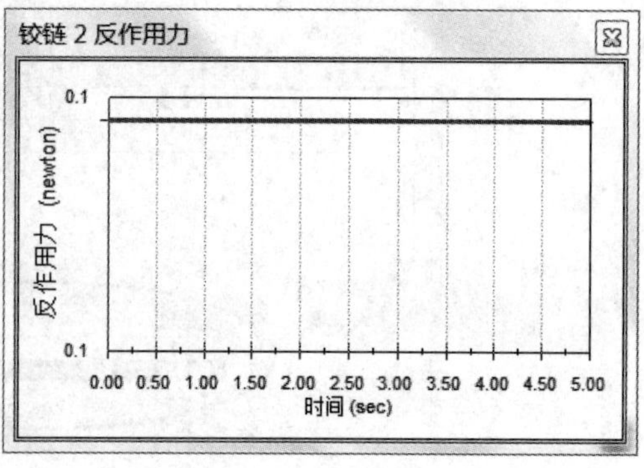


图 9-17　优化后的轴承 2 反作用力

STEP20 与理论结果对比。

在位置 I 处，质径积：

$$-m_1 r_1 = -7.66\times 10^{-2}\ \text{kg}\cdot\text{m}$$

在位置 II 处，质径积：

$$m_2 r_2 = 0.1\ \text{kg}\cdot\text{m}$$

根据静平衡条件 $\sum m_i r_i = 0$ ，可得

$$\begin{cases}-(m_b r_b)_x = -\sum m_i r_i \cos\alpha_i = m_1 r_1\cos 135^\circ - m_2 r_2 \cos 210^\circ = 3.24\times 10^{-2}\ \text{kg}\cdot\text{m} \\ -(m_b r_b)_y = -\sum m_i r_i \cos\alpha_i = m_1 r_1 \sin 135^\circ - m_2 r_2 \sin 210^\circ = 0.1042\ \text{kg}\cdot\text{m}\end{cases}$$

$$m_b r_b = \sqrt{(m_b r_b)_x^2 + (m_b r_b)_y^2} = 0.1091\ \text{kg}\cdot\text{m}$$

将 $r_b = 200$ mm 代入上式，则所需平衡质量 $m_b = 0.5455$ kg。

孔的直径与位置为

$$\varphi_b = \sqrt{\frac{4m_b}{\pi b\rho}} = 42.2\ \text{mm}，\quad \alpha_b = \text{actan}\frac{(m_b r_b)_y}{(m_b r_b)_x} = 72.73^\circ$$

而

$$72.73^\circ + 180^\circ = 252.73^\circ$$

理论值与仿真结果完全一致。

## 例题 9–2 曲柄摇杆机构的最佳尺寸族

对于四杆机构，工程中往往要求根据行程速度变化系数 $K$ 可以进行机构综合。希望工作行程慢速运行以降低功率，空行程快速运行以提高生产率。根据工艺要求一般给定执行构件(摇杆)的摆角 $\psi$。

图 9-18 为曲柄摇杆机构，已知行程速度变化系数 $K$、摇杆摆角 $\psi$，考虑工艺和力学性能设计该机构。

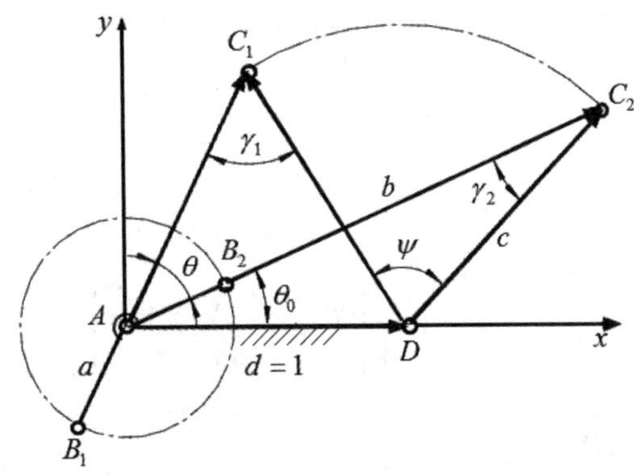


图 9-18 曲柄摇杆机构

由于机构优化设计方法是建立在数学解析法基础上的，因此在设计过程中首先要把机构设计问题转化为数学问题，并建立数学模型。具体操作步骤如下：

**STEP01　建立数学模型。**

已知图 9-18 中，极位夹角 $\theta$ 和近极位传动角 $\gamma_1$ 为

$$\begin{cases}\gamma_1=\psi+\gamma_2-\theta\\ \theta=\dfrac{K-1}{K+1}\end{cases} \tag{9-1}$$

令机架长 $d=1$，则机构中的待求量为曲柄长 $a$、连杆长 $b$、摇杆长 $c$ 及远极位曲柄位置角 $\theta_0$，由环路 $AC_1D$ 和 $AC_2D$ 列出投影方程式

$$\begin{cases}(b-a)\cos(\theta+\theta_0)=d+c\cos(\gamma_1+\theta+\theta_0)\\ (b-a)\sin(\theta+\theta_0)=c\sin(\gamma_1+\theta+\theta_0)\\ (b+a)\cos\theta_0=d+c\cos(\gamma_2+\theta_0)\\ (b+a)\sin\theta_0=c\sin(\gamma_2+\theta_0)\end{cases} \tag{9-2}$$

上式是以 $a$、$b$、$c$、$\theta_0$ 为未知量的非线性方程组，经变换后解得

$$\begin{cases}\tan\theta_0=\dfrac{\sin\gamma_2\sin\theta}{\sin\gamma_1-\sin\gamma_2\cos\theta}\\ a=\dfrac{A-B}{N}\\ b=\dfrac{A+B}{N}\\ c=\dfrac{\sin\theta_0}{\sin\gamma_2}\end{cases} \tag{9-3}$$

式中

$$\begin{cases}A=\cos(\theta+\theta_0)\sin(\gamma_2+\theta_0)\\ B=\sin\gamma_2+\sin\theta_0\cos(\gamma_1+\theta+\theta_0)\\ N=2\sin\gamma_2\cos(\theta+\theta_0)\end{cases} \tag{9-4}$$

根据最小传动角发生在曲柄与机架共线的两位置之一，可知

$$\gamma_{\min}=\arccos\left[\frac{b^2+c^2-(d+a)^2}{2bc}\right]$$

或

$$\gamma_{\min}=\arccos\left[\frac{b^2+c^2-(d-a)^2}{2bc}\right]$$

**STEP02　确定设计常量。**

根据题目要求确定设计常量：行程速度变化系数 $K$、摇杆摆角 $\psi$，机架长度 $d=1$。

STEP03 确定设计变量。

选取设计变量：机构远极位传动角 $\gamma_2$。

STEP04 确定约束条件。

约束条件(边界和几何)为

$$\begin{cases} a \geqslant 0.1 \\ \gamma_1 \geqslant 30^\circ \\ \gamma_2 \geqslant 30^\circ \\ \theta_0 \geqslant 5^\circ \\ 90^\circ - \left(\gamma_2 + \dfrac{\psi}{2}\right) \geqslant 0 \end{cases} \tag{9-5}$$

式中：第一式考虑工艺，曲柄长度不能过短；第二、三、四式考虑传动性能，各个角不可过小；第五式是考虑曲柄支座 $A$ 不能在 $C$ 点的运动范围之内。

STEP05 确定目标函数。

该机构的优化综合应保证整个运动循环中具有最佳的传力性能，即机构的最小传动角 $\gamma_{min}$ 最大化。此外，为使机构具有较大的输出力矩，应尽量增加输出构件摇杆的长度，但也应避免因相对尺寸过分悬殊而加大机构的绝对尺寸，可使摇杆长度 $c$ 逼近机架长度 $d$ 。

目标函数为

$$F(\gamma_2) = \min\left[W_1(90^\circ - \gamma_{min}) + W_2(d - c)\right] \tag{9-6}$$

其中，$W_1$、$W_2$ 为权重值，这里设 $W_1 = W_2 = 1$。式中前部分是压力角 $\alpha$，后部分为杆长差。

STEP06 创建模型。

创建机架长度 $d = 1$ mm 的曲柄摇杆机构装配体模型，如图 9-19 所示。

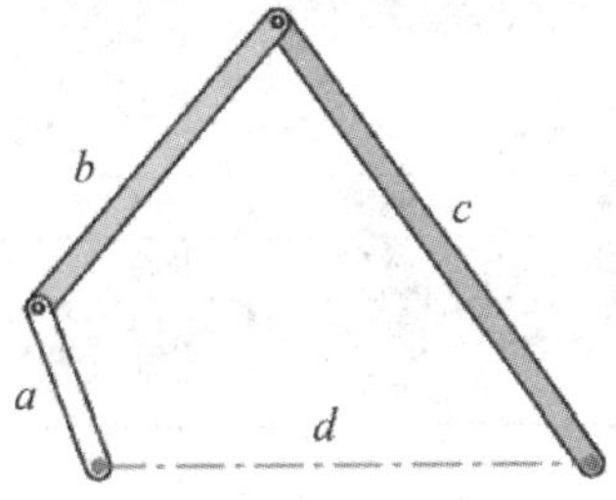


图 9-19 曲柄摇杆模型

STEP07 配置质量。

由于模型过小，软件认为其没有质量，无法进行仿真优化，需手工配置质量。

在工具栏上，单击【工具】→【评估】→【质量属性】，在质量属性窗口中为各个杆 $a$ 、$b$ 、$c$ 配置一定大小的质量即可。

STEP08 输入方程式。

在模型树上右键单击【方程式】→【管理方程式】，在弹出的对话框中输入全局变量和方程式及尺寸关联，如图 9-20 所示。

| 名称 | 数值/方程式 | 估算到 | 评论 |
|---|---|---|---|
| −全局变 | | | |
| "K" | = 1.200000 | 1.2 | 行程速度比系数 |
| "Ψ" | = 60.000000 | 60 | 摇杆最大摆角 |
| "γ2" | = 52.000000 | 52 | 远极位传动角 |
| "θ" | = 180 * ( ( "K" - 1 ) / ( "K" + 1 ) ) | 16.3636 | 极位夹角 |
| "γ1" | = "Ψ" + "γ2" - "θ" | 95.6364mm | 近极位传动角 |
| "θθ" | = ( sin ( "γ2" ) * sin ( "θ" ) ) / ( sin ( "γ1" ) - sin ( "γ2" ) * cos ( "θ" ) ) | 0.928616 | 中间变量 |
| "θ0" | = atn ( "θθ" ) | 42.8803 | 远极位曲柄位置角 |
| "AA" | = cos ( "θ" + "θ0" ) * sin ( "γ2" + "θ0" ) | 0.509531 | 中间变量 |
| "BB" | = sin ( "γ2" ) + sin ( "θ0" ) * cos ( "γ1" + "θ" + "θ0" ) | 0.171899 | 中间变量 |
| "NN" | = 2 * sin ( "γ2" ) * cos ( "θ" + "θ0" ) | 0.805953 | 中间变量 |
| "a" | = ( "AA" - "BB" ) / "NN" | 0.418922mm | 曲柄 |
| "b" | = ( "AA" + "BB" ) / "NN" | 0.845496mm | 连杆 |
| "c" | = sin ( "θ0" ) / sin ( "γ2" ) | 0.863527 | 摇杆 |
| "d" | = 1mm | 1mm | 机架 |
| "γmin1" | = arccos ( ( "b" * "b" + "c" * "c" - ( "d" - "a" ) * ( "d" - "a" ) ) / ( 2 * "b" * "c" ) ) | 39.7368 | 最小传动角1 |
| "γmin2" | = arccos ( ( "b" * "b" + "c" * "c" - ( "d" + "a" ) * ( "d" + "a" ) ) / ( 2 * "b" * "c" ) ) | 112.245 | 最小传动角2 |
| "γmin" | = IIF ( "γmin1" - "γmin2" , "γmin1" , "γmin2" ) | 39.7368mm | 最小传动角 |
| "FF" | = ( 90 - "γmin1" ) + abs ( "d" - "c" ) | 50.3996 | 目标函数（最小化） |
| 添加整体 | | | |
| +特征 | | | |
| +方程式 - | | | |
| −方程式 - | | | |
| "D2@草 | = "a" | 0.42mm | 尺寸关联 |
| "D2@草 | = "b" | 0.85mm | 尺寸关联 |
| "D2@草 | = "c" | 0.86mm | 尺寸关联 |
| 添加方程 | | | |

图 9-20　全局变量及方程式

STEP09　创建优化算例。

右键单击【运动算例】，选择【生成新设计算例】。

STEP10　创建设计变量(包括常量)。

单击【变量视图】→【添加参数】，在参数表里输入相应的参数，如图 9-21 所示。

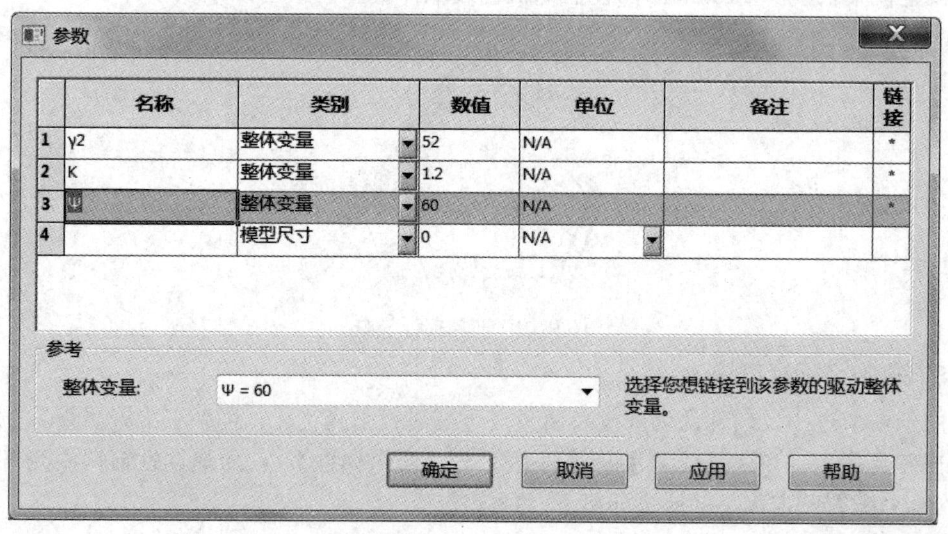


| | 名称 | 类别 | 数值 | 单位 | 备注 | 链接 |
|---|---|---|---|---|---|---|
| 1 | γ2 | 整体变量 | 52 | N/A | | * |
| 2 | K | 整体变量 | 1.2 | N/A | | * |
| 3 | Ψ | 整体变量 | 60 | N/A | | * |
| 4 | | 模型尺寸 | 0 | N/A | | |



图 9-21　参数表

STEP11　创建约束条件和目标函数。

直接选取相应的参数，如图 9-22 所示。

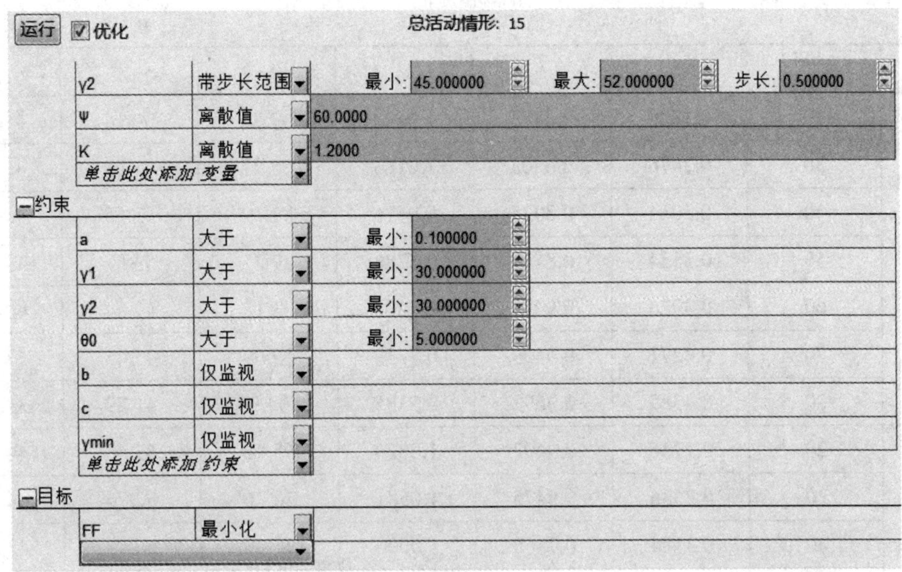


图 9-22　优化参数

**STEP12　运行优化。**

经多次优化得到表 9-1 所示的曲柄摇杆机构最优尺寸族。

表 9-1　曲柄摇杆机构最优尺寸族

| $K$ | $\varphi$ /° | $a$ | $b$ | $c$ | $\gamma_1$ /° | $\gamma_2$ /° | $\gamma_{min}$ /° |
|---|---|---|---|---|---|---|---|
| 1.10 | 20 | 0.1639 | 0.5997 | 0.9758 | 80.38 | 68.95 | 58.43 |
| | 30 | 0.2208 | 0.7591 | 0.8785 | 86.27 | 64.84 | 56.26 |
| | 40 | 0.2642 | 0.8443 | 0.7922 | 92.25 | 60.82 | 53.32 |
| | 50 | 0.2988 | 0.8962 | 0.7227 | 98.05 | 56.62 | 49.93 |
| | 60 | 0.3413 | 0.9088 | 0.6940 | 104.43 | 52.35 | 46.17 |
| | 70 | 0.3553 | 0.9505 | 0.6300 | 109.38 | 47.95 | 42.38 |
| | 80 | 0.3814 | 0.9649 | 0.6022 | 114.98 | 43.55 | 38.38 |
| | 90 | 0.4069 | 0.9755 | 0.5830 | 120.53 | 39.10 | 34.29 |
| | 100 | 0.4327 | 0.9833 | 0.5714 | 120.05 | 34.62 | 30.16 |
| 1.15 | 20 | 0.1705 | 0.5356 | 1.0326 | 74.65 | 67.21 | 53.04 |
| | 30 | 0.2377 | 0.7157 | 0.9618 | 80.93 | 62.95 | 51.55 |
| | 40 | 0.2894 | 0.8212 | 0.8811 | 86.38 | 58.94 | 49.19 |
| | 50 | 0.3307 | 0.8840 | 0.8108 | 92.33 | 54.89 | 46.27 |
| | 60 | 0.3657 | 0.9230 | 0.7546 | 98.20 | 50.76 | 42.98 |
| | 70 | 0.3968 | 0.9488 | 0.7111 | 103.98 | 46.54 | 39.44 |
| | 80 | 0.4260 | 0.9660 | 0.6790 | 109.71 | 42.27 | 35.74 |
| | 90 | 0.4543 | 0.9782 | 0.6563 | 115.39 | 37.95 | 31.93 |

续表

| $K$ | $\varphi$ /° | $a$ | $b$ | $c$ | $\gamma_1$ /° | $\gamma_2$ /° | $\gamma_{min}$ /° |
|---|---|---|---|---|---|---|---|
| 1.20 | 20 | 0.1730 | 0.4873 | 1.0642 | 69.78 | 66.14 | 48.59 |
| | 30 | 0.2476 | 0.6803 | 1.0183 | 75.27 | 61.63 | 47.63 |
| | 40 | 0.3064 | 0.8025 | 0.9476 | 81.19 | 57.55 | 45.77 |
| | 50 | 0.3534 | 0.8757 | 0.8786 | 87.21 | 53.57 | 43.26 |
| | 60 | 0.3926 | 0.9211 | 0.8202 | 93.18 | 49.54 | 40.31 |
| | 70 | 0.4271 | 0.9499 | 0.7739 | 99.09 | 45.45 | 37.07 |
| | 80 | 0.4589 | 0.9692 | 0.7385 | 104.93 | 41.29 | 33.63 |
| 1.25 | 20 | 0.1736 | 0.4492 | 1.0824 | 65.48 | 65.48 | 44.76 |
| | 30 | 0.2536 | 0.6475 | 1.0581 | 70.76 | 60.76 | 44.24 |
| | 40 | 0.3184 | 0.7860 | 1.0000 | 76.48 | 56.48 | 42.81 |
| | 50 | 0.3704 | 0.8692 | 0.9341 | 85.52 | 52.52 | 40.67 |
| | 60 | 0.4134 | 0.9203 | 0.8748 | 88.57 | 48.57 | 38.04 |
| | 70 | 0.4507 | 0.9527 | 0.8259 | 94.56 | 44.56 | 35.06 |
| | 80 | 0.4848 | 0.9735 | 0.7879 | 100.5 | 40.50 | 31.85 |
| 1.30 | 20 | 0.1733 | 0.4184 | 1.0930 | 61.61 | 65.09 | 41.38 |
| | 30 | 0.2568 | 0.6181 | 1.0863 | 66.69 | 60.17 | 41.24 |
| | 40 | 0.3272 | 0.7672 | 1.0418 | 72.28 | 55.76 | 40.18 |
| | 50 | 0.3836 | 0.8631 | 0.9810 | 78.20 | 51.68 | 38.39 |
| | 60 | 0.4301 | 0.9205 | 0.9217 | 84.28 | 47.76 | 36.04 |
| | 70 | 0.4699 | 0.9562 | 0.8709 | 90.34 | 43.82 | 33.31 |
| 1.35 | 20 | 0.1724 | 0.3928 | 1.0989 | 58.09 | 64.90 | 38.37 |
| | 30 | 0.2584 | 0.5913 | 1.1062 | 62.99 | 59.80 | 38.53 |
| | 40 | 0.3332 | 0.7489 | 1.0752 | 68.42 | 55.23 | 37.81 |
| | 50 | 0.3940 | 0.8561 | 1.0213 | 74.22 | 51.03 | 36.33 |
| | 60 | 0.4437 | 0.9211 | 0.9630 | 80.27 | 47.08 | 34.26 |
| | 70 | 0.4860 | 0.9598 | 0.9109 | 86.39 | 43.20 | 31.76 |
| 1.4 | 20 | 0.1713 | 0.3712 | 1.1017 | 54.85 | 64.85 | 35.65 |
| | 30 | 0.2588 | 0.5669 | 1.1200 | 59.59 | 59.59 | 36.07 |
| | 40 | 0.3373 | 0.7312 | 1.1017 | 64.85 | 54.85 | 35.65 |
| | 50 | 0.4023 | 0.8474 | 1.0558 | 70.56 | 50.56 | 34.45 |
| | 60 | 0.4550 | 0.9215 | 1.0000 | 76.51 | 46.51 | 32.63 |

STEP13 使用运动算例检验优化数据。

在 Motion Manager 工具栏上，单击【运动算例属性】图标，在弹出的运动算例属性窗口中重置【每秒帧数】，将其设置为 300 帧，同时将运行时间更改为 1 s。

在表 9-1 中随机找一组数据，例如打阴影这组数据。在【运动算例】中将杆长改为表中给出的数据即 $a = 0.333$，$b = 0.749$，$c = 1.00$。运行后，输出连杆与摇杆之间的传动角 $\gamma_{min} = 37.81°$，如图 9-23 所示。最小传动角发生在曲柄与机架共线时，大小与表中给出的数据完全一致。

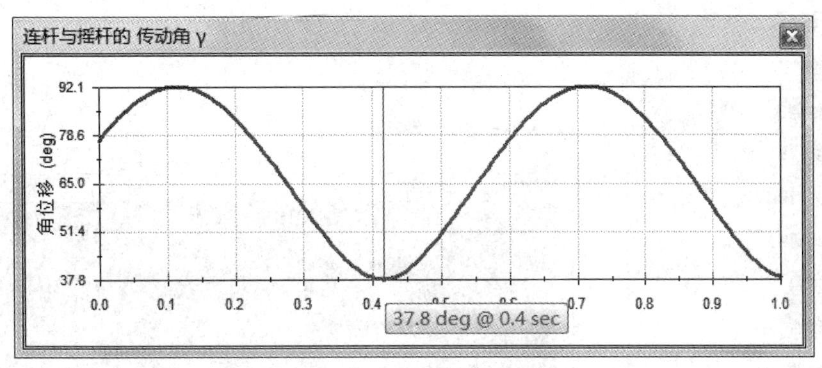


图 9-23 连杆与摇杆的传动角

STEP14 保存文件。

单击【保存】图标，保存文件。

基于 FEA 的轻量化设计

## 例题 9–3 基于 FEA 的轻量化设计

图 9-24 为一个左端固定，右半部上面承载 1 MPa 的均布载荷的普通碳钢钢板，试确定最右端向下位移不大于 1 mm 条件下的最小板厚，即钢板质量最小(上表面尺寸不变)。

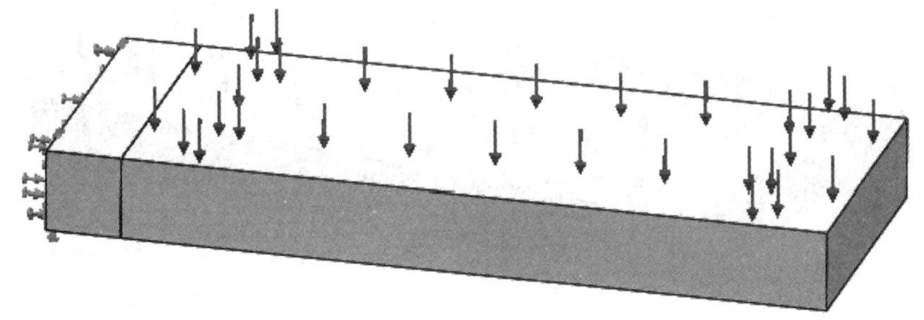

图 9-24 钢板模型

STEP01 打开钢板模型并建立 FEA 算例。

打开模型后，右键单击【运动算例】→【生成新模拟算例】，在弹出如图 9-25 所示的窗口中选择【静应力分析】，单击【确认】图标。

STEP02 赋予模型材料。

右键单击零件模型【钢板】→【应用材料到所有实体】，弹出【材料】表供选择，在左侧选择【普通碳钢】，其【属性】如图 9-26 所示。单击【应用】并关闭窗口。

信息

为带线性材料的零部件研究应变、位移、应力、及安全系数

名称

静应力分析 2

类型

静应力分析
热力
频率
屈曲
跌落测试
疲劳
压力容器设计
设计算例
子模型
非线性
线性动力

选项

使用 2D 简化

图 9-25　仿真算例菜单

属性 | 表格和曲线 | 外观 | 剖面线 | 自定义 | 应用程序数据 | 收藏

材料属性

默认库中的材料无法编辑。您必须首先将材料复制到自定义库以进行编辑。

模型类型(M): 线性弹性各向同性
单位(U): SI - N/m^2 (Pa)
类别(T): 钢
名称(M): 普通碳钢
默认失败准则(F): 最大 von Mises 应力
说明(D):
来源(O):
持续性: 已定义

| 属性 | 数值 | 单位 |
| --- | --- | --- |
| 弹性模量 | 2.1e+011 | 牛顿/m^2 |
| 中泊松比 | 0.28 | 不适用 |
| 中抗剪模量 | 7.9e+010 | 牛顿/m^2 |
| 质量密度 | 7800 | kg/m^3 |
| 张力强度 | 399826000 | 牛顿/m^2 |
| 压缩强度 | | 牛顿/m^2 |
| 屈服强度 | 220594000 | 牛顿/m^2 |
| 热膨胀系数 | 1.3e-005 | /K |
| 热导率 | 43 | W/(m·K) |

图 9-26　普通碳钢属性

**STEP03　固定模型。**

右键单击【夹具】→【固定几何体】，选择左端面，单击【确认】图标✔，如图 9-27 所示。

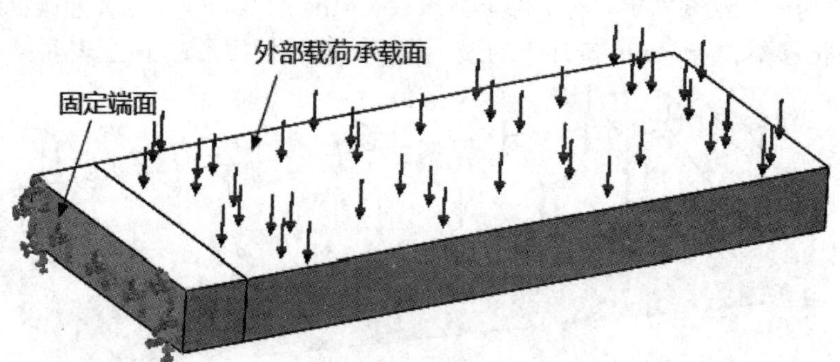


图 9-27　固定模型左端面

**STEP04　添加载荷。**

右键单击【外部载荷】→【压力】，选择上表面，设置大小为 1 MPa，方向向下。单击【确认】图标✔后如图 9-28 所示。

**STEP05　单元划分。**

右键单击【网格】→【生成网格】，保留默认设置，单击【确认】图标✔，如图 9-28 所示。

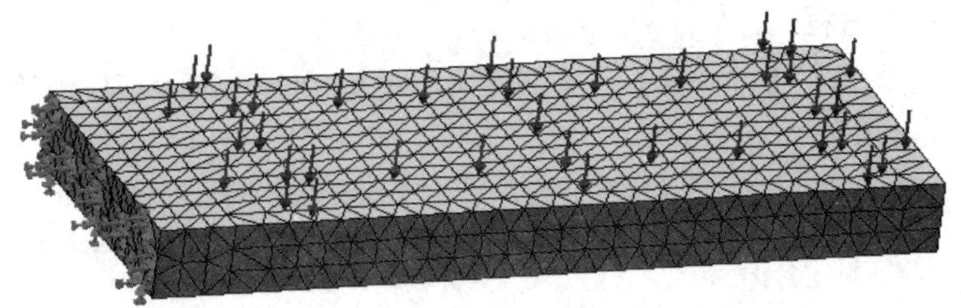

图 9-28 单元模型

STEP06 运行分析。

右键单击【静应力分析】→【运行】，默认显示【应力图解】，再次右键单击【位移 1】→【显示】，位移图解便显示出来，如图 9-29 所示。图中显示最大位移小于 1 mm。

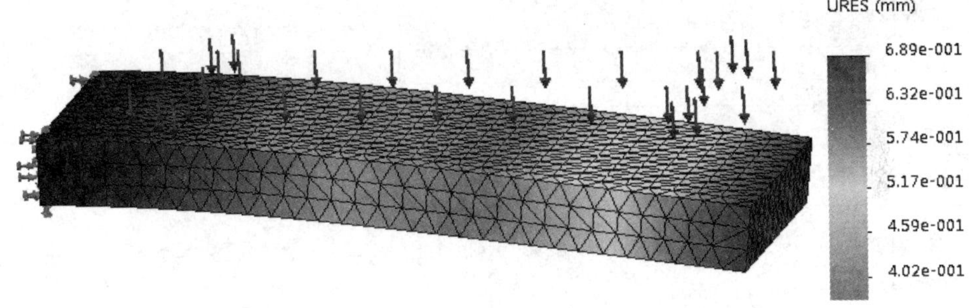


图 9-29 模型在外载荷作用下的最大位移

STEP07 创建设计算例。

右键单击【静应力分析】→【生成新设计算例】。

STEP08 创建传感器。

右键单击【传感器】→【添加传感器】，按照图 9-30 所示设置，并单击【确认】图标✔。

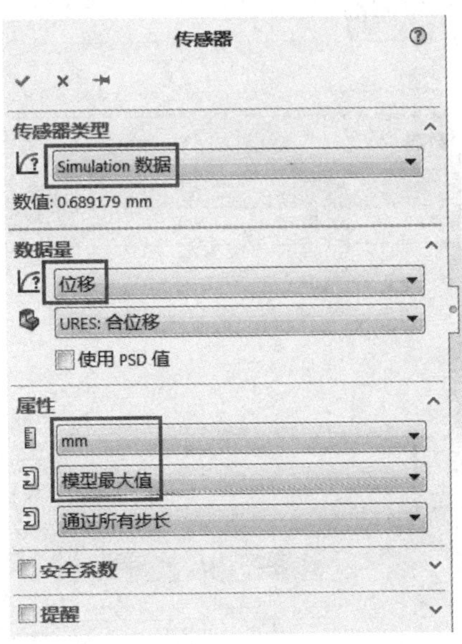


图 9-30 传感器设置

STEP09 输入方程式。

在模型树上右键单击【方程式】→【管理方程式】，在弹出的对话框中输入全局变量和方程式，如图 9-31 所示。

方程式、整体变量、及尺寸

过滤所有栏区

| 名称 | 数值/方程式 | 估算到 | 评论 |
|---|---|---|---|
| −全局变量 | | | |
| "a" | = 90mm | 90mm | 长度 |
| "w" | = 40mm | 40mm | 宽度 |
| "h" | = 8.850000 | 8.85 | 厚度 |
| "volume" | = "a" * "w" * "h" | 31860 | 体积 |
| 添加整体变量 | | | |
| −特征 | | | |
| 添加特征压缩 | | | |
| −方程式 | | | |
| "D1@凸台-拉伸1" | = "h" | 8.85mm | |
| "D1@草图1" | = "a" | 90mm | |
| "D2@草图1" | = "w" | 40mm | |
| "D1@凸台-拉伸2" | = "h" | 8.85mm | |
| 添加方程式 | | | |

确定 取消 输入(I)... 输出(E)... 帮助(H)

自动重建 角度方程单位: 度数 自动求解组序

链接至外部文件:

图 9-31 全局变量及方程式

STEP10 关联模型尺寸。

单击【变量视图】→【添加参数】，在参数表里输入优化变量、约束条件以及优化目标函数等参数。注意右边的“*”，代表待优化变量与模型尺寸已关联。操作方法是：在【整体变量】里，选择参数并关联相应的模型尺寸，如图 9-32 所示。

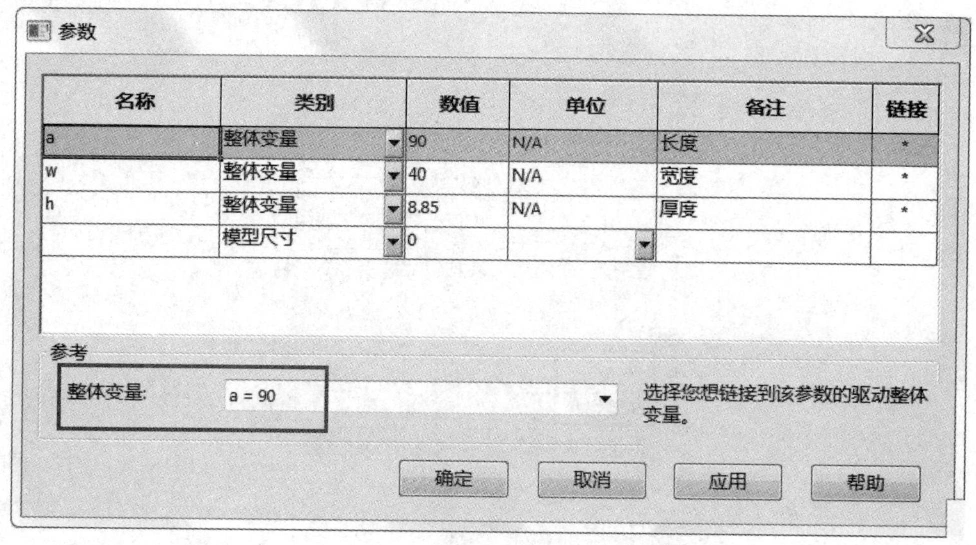
参数

| 名称 | 类别 | 数值 | 单位 | 备注 | 链接 |
|---|---|---|---|---|---|
| a | 整体变量 | 90 | N/A | 长度 | * |
| w | 整体变量 | 40 | N/A | 宽度 | * |
| h | 整体变量 | 8.85 | N/A | 厚度 | * |
| | 模型尺寸 | 0 | | | |



图 9-32 参数与模型尺寸关联

STEP11　设置优化参数。

参照图 9-33 所示进行参数设置。

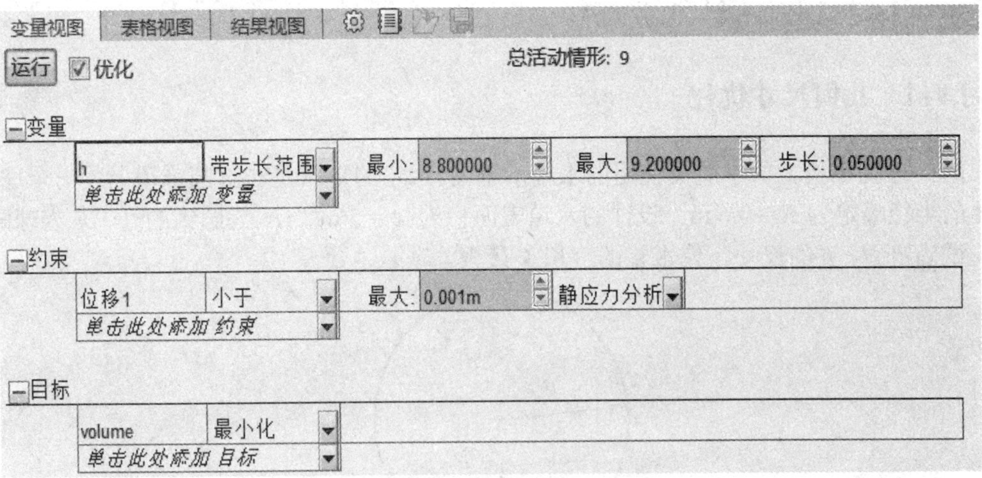

变量视图　表格视图　结果视图

运行　☑优化　　总活动情形: 9

⊟变量

h　带步长范围　最小: 8.800000　最大: 9.200000　步长: 0.050000

单击此处添加 变量

⊟约束

位移1　小于　最大: 0.001m　静应力分析

单击此处添加 约束

⊟目标

volume　最小化

单击此处添加 目标

图 9-33　优化参数

STEP12　运行优化。

经多次优化得到图 9-34 所示的尺寸，单击绿色的(优化 2)最优结果，结果显示钢板厚度为 8.85 mm，即可保证板的右端最大位移小于 1 mm。

| | | 当前 | 初始 | 优化 (2) | 情形 1 | 情形 2 |
|---|---|---|---|---|---|---|
| h | | 8.700000 | 8.700000 | 8.850000 | 8.800000 | 8.850000 |
| 位移1 | < 0.001m | 0.00104247m | 0.00104247m | 0.0009908m | 0.00100764m | 0.0009908m |
| volume | 最小化 | 31320.000000 | 31320.000000 | 31860.000000 | 31680.000000 | 31860.000000 |

图 9-34　尺寸最优结果

STEP13　显示最优图解。

右键单击【结果与图表】→【位移 1】，如图 9-35 所示。从图中可以看出板厚优化到 8.85 mm 时，右位移为 0.99 mm，符合要求。

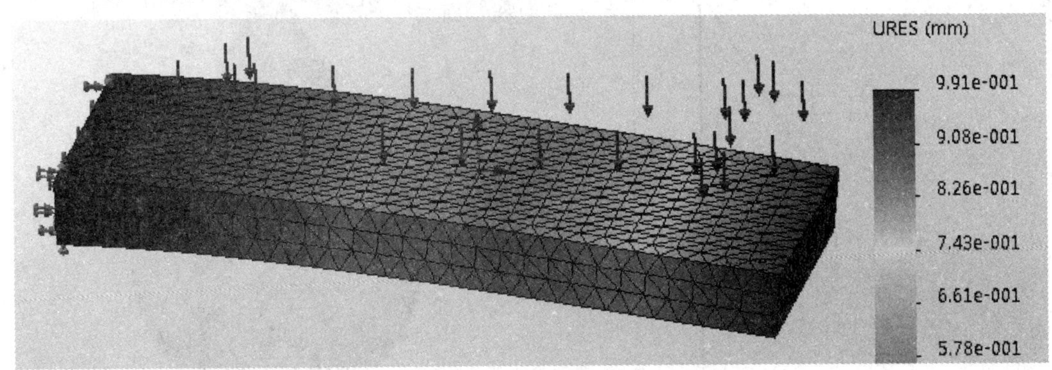


图 9-35　优化后的结果

注意：由于钢板不厚，选择【URES:合位移】与【UY:Y 位移】相差不大，故二者均可

接受，Y 位移更符合题目要求。

**STEP14　保存文件。**

单击【保存】图标，保存文件。

## 练习 9-1　几何尺寸优化

图 9-36 为飞机上供宇航员使用的水箱示意图。水箱的形状是在直圆锥顶上装一个球体。球体的半径限定为 $R = 0.6$ m，设计的水箱表面积为 $A = 5$ m$^2$。$H$ 为圆锥的高、$h$ 为球缺的高，试确定 $H$、$h$ 的尺寸，使水箱的容积 $V$ 最大。

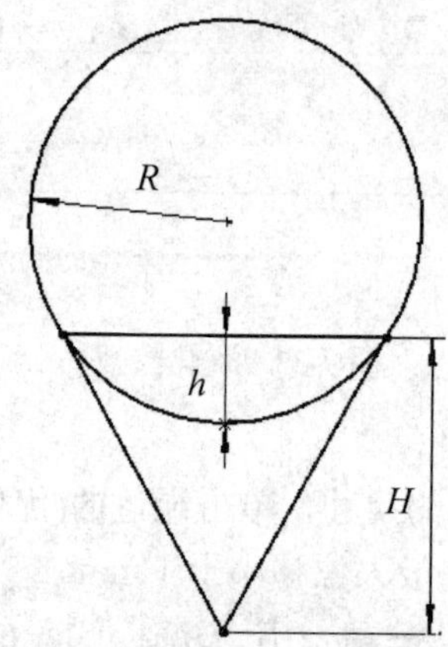


图 9-36　飞机上的水箱示意图

分析：这是一个纯几何问题，不涉及 Motion 分析数据、Simulation 模拟数据等，所以仅使用【设计算例】本身就可解决这类问题。具体操作步骤如下：

**STEP01　绘制草图。**

绘制出图 9-37 所示的水箱草图并标注三个尺寸。

**STEP02　建立几何模型。**

通过旋转创建出图 9-38 所示的水箱模型。

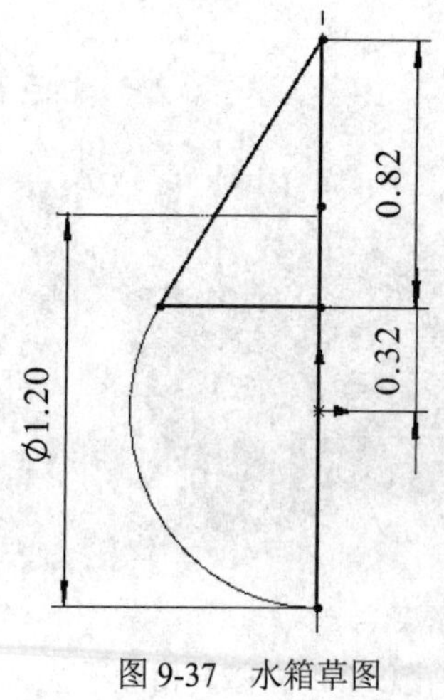


图 9-37　水箱草图

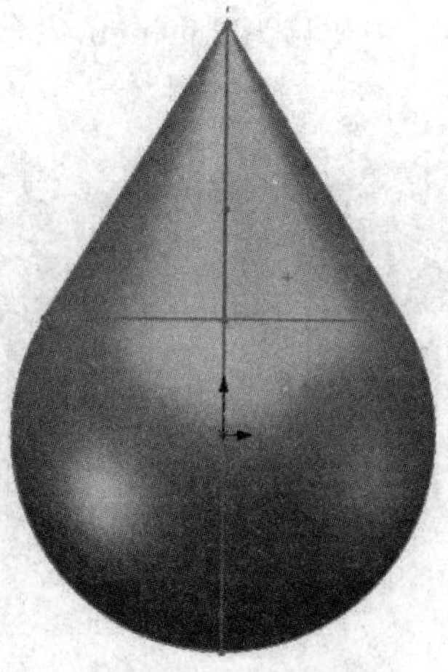

图 9-38　水箱模型

STEP03 建立体积大小传感器。

在模型树上右键单击【传感器】→【添加传感器】，在【传感器类型】中选择【质量属性】，在图形区内选择几何模型，在【质量属性】中选择【质量】或【体积】(针对本题目二者一样)。单击【确认】图标✔。

STEP04 建立表面积大小传感器。

在 SolidWorks 工具栏上单击【评估】→【测量】，分别选择圆锥与球，单击【创建传感器】，如图 9-39 所示，并重新命名该传感器。

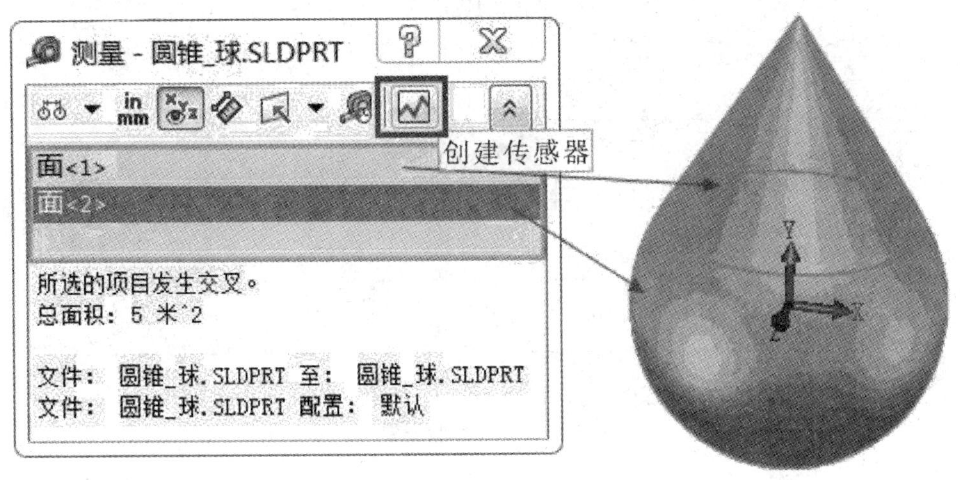


图 9-39 创建面积传感器

STEP05 创建全局变量。

在模型树上右键单击【方程式】→【管理方程式】，在全局变量域里输入 $x_1$、$x_2$ 使 $H=x_1$，$h=R-x_2$。接下来用这两个全局变量作为设计变量，并将 $x_1$、$x_2$ 分别关联到模型尺寸，如图 9-40 所示。

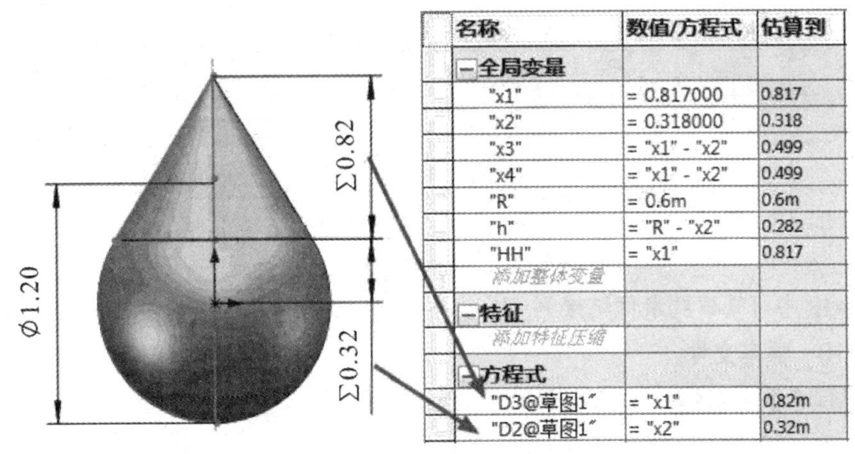


| 名称 | 数值/方程式 | 估算到 |
|---|---|---|
| −全局变量 | | |
| "x1" | = 0.817000 | 0.817 |
| "x2" | = 0.318000 | 0.318 |
| "x3" | = "x1" - "x2" | 0.499 |
| "x4" | = "x1" - "x2" | 0.499 |
| "R" | = 0.6m | 0.6m |
| "h" | = "R" - "x2" | 0.282 |
| "HH" | = "x1" | 0.817 |
| 添加整体变量 | | |
| −特征 | | |
| 添加特征压缩 | | |
| −方程式 | | |
| "D3@草图1" | = "x1" | 0.82m |
| "D2@草图1" | = "x2" | 0.32m |

图 9-40 创建设计变量

STEP06 创建设计算例。

右键单击【运动算例】，选择【生成新设计算例】。

STEP07　创建设计变量(包括常量)。

单击【变量视图】→【添加参数】，在参数表里输入相应的参数。

STEP08　创建约束条件和目标函数。

直接选取相应的参数，如图 9-41 所示。

变量视图　表格视图　结果视图

运行　☑优化　　总活动情形: 728

变量

| | | | | |
|---|---|---|---|---|
| x1 | 带步长范围 | 最小: 0.810000 | 最大: 0.900000 | 步长: 0.001000 |
| x2 | 带步长范围 | 最小: 0.318000 | 最大: 0.325000 | 步长: 0.001000 |
| 单击此处添加 变量 | | | | |

约束

| | | |
|---|---|---|
| 面积 | 小于 | 最大: 5m^2 |
| x4 | 大于 | 最小: 0.000000 |
| x3 | 小于 | 最大: 0.600000 |
| HH | 只监视 | |
| h | 只监视 | |
| 单击此处添加 约束 | | |

目标

| | |
|---|---|
| 质量1 | 最大化 |
| 单击此处添加 目标 | |

图 9-41　优化参数设置

STEP09　运行设计算例。

经多次优化得到图 9-42 所示的最终结果。

| | | 当前 | 初始 | 优化 (8) | 情形 1 |
|---|---|---|---|---|---|
| x1 | | 0.817000 | 0.817000 | 0.817000 | 0.810000 |
| x2 | | 0.318000 | 0.318000 | 0.318000 | 0.318000 |
| 面积 | < 5m^2 | 4.99924088m^2 | 4.99924088m^2 | 4.99924088m^2 | 4.9897542m^2 |
| x4 | > 0.000000 | 0.499000 | 0.499000 | 0.499000 | 0.492000 |
| x3 | < 0.600000 | 0.499000 | 0.499000 | 0.499000 | 0.492000 |
| HH | 仅监视 | 0.817000 | 0.817000 | 0.817000 | 0.810000 |
| h | 仅监视 | 0.282000 | 0.282000 | 0.282000 | 0.282000 |
| 质量1 | 最大化 | 999.848 kg | 999.848 kg | 999.848 kg | 997.95 kg |

图 9-42　最终的优化结果

从图 9-42 中可观察到最优结果为 $H = x_1 = 0.817$ m，$h = R - x_2 = 0.282$ m。

STEP10　保存文件。

单击【保存】图标，保存文件。

## 练习 9–2　按力矩比设计摇块机构

冶金、矿山、工程机械中的翻斗车、挖掘机、升降台等均采用摇块机构。图 9-43 为载重汽车中的自卸机构就属于摇块机构。

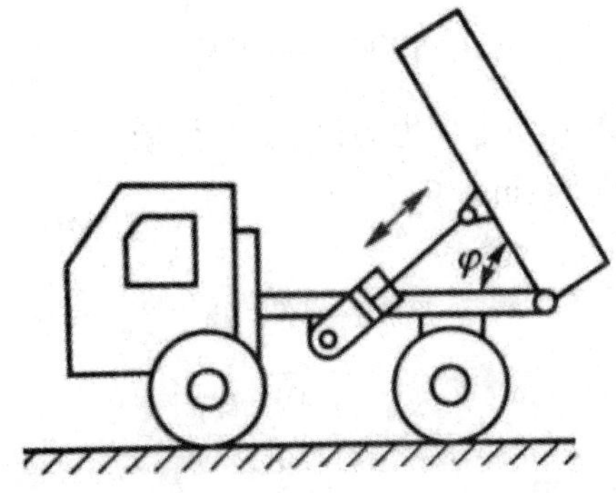


图 9-43 汽车自卸机构

图 9-44 中的摇块机构运动简图中的摇块为液压气缸，推杆为执行构件，缸中推力 $F$ 一般为定值。设计中往往给定两极限位置的力矩比 $M_1/M_2$。在远极限位置时 $AB_2$ 不宜靠近机架 $AD$，可用推杆 $AB$ 的初位角 $\varphi_0$ 来限制，而摇杆摆角 $\psi$ 则为工艺给定值。

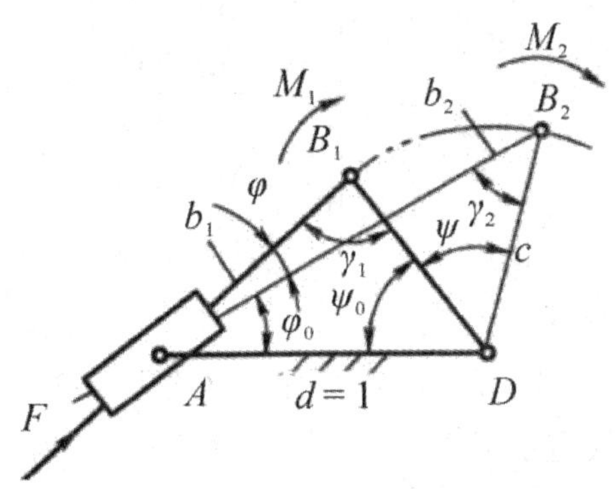


图 9-44 摇块机构运动简图

由于摇块机构的传力性能、运动特性取决于各个杆长的相对值，若令机架 $AD$ 的长度 $d=1$、推杆摆角 $\psi$、推杆初位角 $\varphi_0$、推杆两极限位置时，推力 $F$ 输出的推杆力矩比 $\mu_M=M_1/M_2$，试确定机构相对机架尺寸 $b_1$、$b_2$、$c$。

鉴于机构优化设计方法是建立在数学解析法的基础上的，因此在设计过程中首先要把机构设计问题转化为数学问题，并建立数学模型。为此，我们先建立数学模型，再进行优化。具体操作步骤如下：

**STEP01 建立数学模型。**

由图 9-44 可知两极限位置处的力矩为 $M_1=Fc\sin\gamma_1$，$M_2=Fc\sin\gamma_2$，可得推杆力矩比为

$$\mu_M=\frac{M_1}{M_2}=\frac{\sin\gamma_1}{\sin\gamma_2} \tag{9-6}$$

在△$AB_1D$ 和△$AB_2D$ 中，由正弦定理得

$$\sin\gamma_1=\frac{\sin\varphi}{c}，\quad \sin\gamma_2=\frac{\sin\varphi_0}{c}$$

两式相除得

$$\sin\varphi = \mu_M \sin\varphi_0$$

注意：尽管推杆初位角 $\varphi_0$ 和推杆力矩比 $\mu_M$ 是根据工艺要求人为确定的。但是，由上式可知 $\varphi_0$、$\mu_M$ 间的匹配应满足 $\sin\varphi_0 \leqslant 1/\mu_M$。

由几何关系得到

$$\gamma_2 = \gamma_1 + \varphi - \varphi_0 - \psi \tag{9-7}$$

$$\psi_0 = 180^\circ - (\gamma_1 + \varphi) \tag{9-8}$$

将式(9-7)、式(9-8)代入式(9-6)得

$$\tan\gamma_1 = \frac{\mu_M \sin(\varphi - \varphi_0 - \psi)}{1 - \mu_M \cos(\varphi - \varphi_0 - \psi)} \tag{9-9}$$

由正弦定理得到

$$\begin{cases} b_1 = \dfrac{\sin\psi_0}{\sin\gamma_1} \\ b_2 = \dfrac{\sin(\psi + \psi_0)}{\sin\gamma_2} \\ c = \dfrac{\sin\varphi}{\sin\gamma_1} \end{cases} \tag{9-10}$$

STEP02 确定设计常量。

根据题目要求确定设计常量：摇杆力矩比 $\mu_M$、摇杆摆角 $\psi$，机架长度 $d=1$。

STEP03 确定设计变量。

选取设计变量：推杆初位角 $\varphi_0$。

STEP04 确定约束条件。

约束条件(边界和几何)为

$$\begin{cases} 1.0 \geqslant b_1 \geqslant 0.3 \\ \gamma_1 \geqslant 30^\circ \\ \gamma_2 \geqslant 30^\circ \\ 45^\circ \geqslant \varphi_0 \geqslant 5^\circ \\ c \geqslant 0.3 \end{cases} \tag{9-11}$$

STEP05 确定目标函数。

该机构的优化综合应保证整个运动循环中具有最佳的传力性能，即机构的两极限位置的力矩之和最大，即目标函数为

$$F(\varphi_0) = \min\left[\frac{1}{c(\sin\gamma_1 + \sin\gamma_2)}\right] \tag{9-12}$$

**STEP06 创建模型。**

创建机架长度 $d=1$ mm 的摇块机构装配体模型。

注意：在推杆上开个槽使之具备两个关联长度 $b_1$、$b_2$，以备后面使用，如图 9-45 所示。

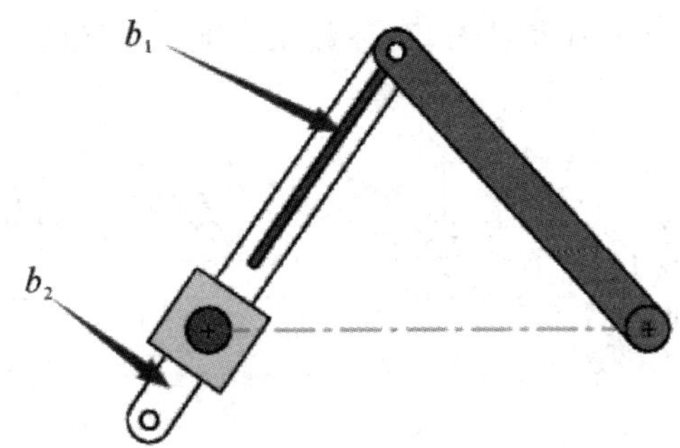


图 9-45 摇块机构模型

**STEP07 配置质量。**

由于模型过小，软件认为没有质量，无法进行仿真优化，需手工配置质量。

在工具栏上，单击【工具】→【评估】→【质量属性】，在质量属性窗口中为各个杆 $a$、$b$、$c$ 配置一定的质量即可。

**STEP08 输入方程式。**

在模型树上右键单击【方程式】→【管理方程式】，在弹出的对话框中输入全局变量和方程式，如图 9-46 所示。

| 名称 | 数值/方程式 | 估算到 | 评论 |
|---|---|---|---|
| −全局变 | | | |
| "μM" | = 1.300000 | 1.3 | |
| "ψ" | = 70.000000 | 70 | |
| "φ0" | = 43.40000 | 43.4 | |
| "φ" | = arcsin ( "μM" * sin ( "φ0" ) ) | 63.2799 | 推杆位置角 |
| "γ81" | = atn ( ( "μM" * sin ( "φ" - "φ0" - "ψ" ) ) / ( 1 - "μM" * cos ( "φ" - "φ0" - "ψ" ) ) ) | -80.5266 | 传动角过渡 |
| "γ82" | = "γ81" + "φ" - "φ0" - "ψ" | -130.647 | 传动角过渡 |
| "ψ80" | = 180 - ( "γ81" + "φ" ) | 197.247 | 摇杆位置角过渡 |
| "b1" | = sin ( "ψ80" ) / sin ( "γ81" ) | 0.300587 | 推杆长度 |
| "b2" | = sin ( "ψ" + "ψ80" ) / sin ( "γ82" ) | 1.31645 | 推杆长度 |
| "c" | = abs ( sin ( "φ" ) / sin ( "γ81" ) ) | 0.905564 | 摇杆长度 |
| "F(φ0)" | = abs ( "c" * ( sin ( "γ81" ) + sin ( "γ82" ) ) ) | 1.5803 | 力矩之和 |
| "φ00" | = "φ0" | 43.4 | |
| "bb" | = "b1" | 0.300587 | |
| "Mu" | = "μM" * sin ( "φ0" ) | 0.893214 | |
| "γ1" | = IIF ( "γ81" , - "γ81" , "γ81" ) | 80.5266 | 传动角 |
| "γ2" | = IIF ( "γ82" , 180 + "γ82" , "γ82" ) | 49.3533 | 传动角 |
| "ψ0" | = IIF ( "γ81" , "ψ80" - 180 , "ψ80" ) | 17.2467 | 摇杆位置角 |
| 添加整 | | | |
| −特征 | | | |
| 添加特 | | | |
| −方程式 | | | |
| 添加方 | | | |
| −方程式 | | | |
| "D2@草 | = "c" | 0.91mm | c |
| "D2@草 | = "b2" | 1.32mm | b2 |
| "D2@草 | = "b1" | 0.3mm | b1 |
| 添加方 | | | |

图 9-46 全局变量及方程式

STEP09 创建设计算例。

右键单击【运动算例】选择【生成新设计算例】。

STEP10 创建设计变量(包括常量)。

单击【变量视图】→【添加参数】，在参数表里输入相应的参数，如图 9-47 所示。

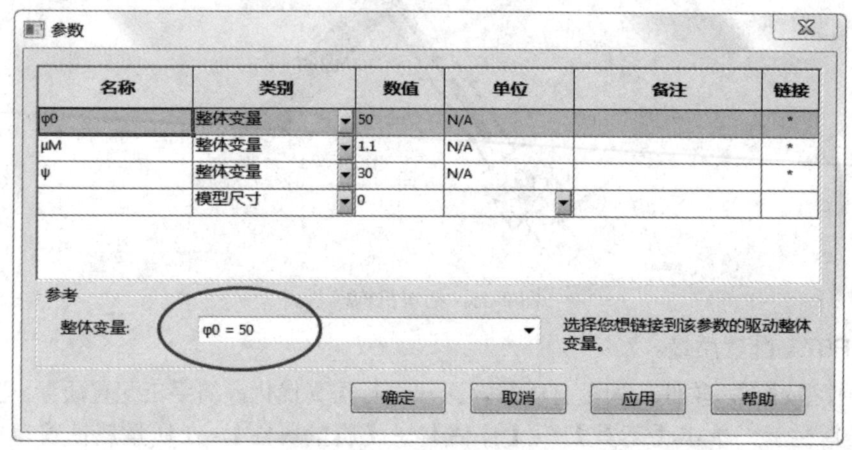

参数

| 名称 | 类别 | 数值 | 单位 | 备注 | 链接 |
|---|---|---|---|---|---|
| φ0 | 整体变量 | 50 | N/A | | * |
| μM | 整体变量 | 1.1 | N/A | | * |
| ψ | 整体变量 | 30 | N/A | | * |
| | 模型尺寸 | 0 | | | |

参考

整体变量: φ0 = 50 选择您想链接到该参数的驱动整体变量。

确定 取消 应用 帮助

图 9-47 设计变量参数表

STEP11 创建约束条件和目标函数。

直接选取相应的参数，如图 9-48 所示。

运行 ☑优化 总活动情形: 11

| 变量 | 类型 | 值 | | |
|---|---|---|---|---|
| φ0 | 带步长范围 | 最小: 40.000000 | 最大: 50.000000 | 步长: 1.000000 |
| ψ | 离散值 | 50.0 | | |
| μM | 离散值 | 1.100000 | | |
| *单击此处添加 变量* | | | | |

⊟约束

| 约束 | 类型 | 值 |
|---|---|---|
| b1 | 大于 | 最小: 0.300000 |
| b2 | 仅监视 | |
| c | 大于 | 最小: 0.300000 |
| γ1 | 大于 | 最小: 30.000000 |
| γ2 | 大于 | 最小: 30.000000 |
| ψ0 | 仅监视 | |
| φ0 | 大于 | 最小: 5.000000 |
| φ00 | 小于 | 最大: 45.000000 |
| bb | 小于 | 最大: 1.000000 |
| *单击此处添加 约束* | | |

⊟目标

| 目标 | 类型 |
|---|---|
| F(φ0) | 最大化 |

图 9-48 优化参数

注意：也可在优化设计算例中定义多个目标。可为每个目标指派权重，目标的权重越高，优化该目标就越重要。程序会将目标的最终权重修改为：(键入的该目标的权重)/(键入的所有目标的权重总和)。

STEP12 运行优化。

经多次优化得到表 9-2 所示的摇块机构最佳尺寸族。

表 9-2 摇块机构最佳尺寸族($d=1$)

| $\mu_M$ | $\psi/°$ | $b_1$ | $b_2$ | $c$ | $\gamma_1/°$ | $\gamma_2/°$ | $\varphi_0/°$ | $\psi_0/°$ |
|---|---|---|---|---|---|---|---|---|
| 1.1 | 30 | 0.6379 | 1.0313 | 0.7778 | 89.3 | 65.3 | 45.0 | 39.6 |
| | 40 | 0.5178 | 1.0495 | 0.7856 | 81.9 | 65.4 | 45.0 | 30.8 |
| | 50 | 0.4166 | 1.0943 | 0.8062 | 74.8 | 61.3 | 45.0 | 23.7 |
| | 60 | 0.3202 | 1.1544 | 0.8367 | 68.4 | 57.7 | 45.0 | 17.3 |
| | 70 | 0.3004 | 1.2427 | 0.8228 | 61.9 | 53.3 | 41.3 | 15.4 |
| | 80 | 0.3009 | 1.3271 | 0.7992 | 55.7 | 48.7 | 36.9 | 14.4 |
| | 90 | 0.2995 | 1.4019 | 0.7802 | 49.8 | 44.0 | 32.8 | 13.2 |
| | 100 | 0.2997 | 1.4674 | 0.7626 | 44.0 | 39.2 | 28.8 | 12.0 |
| | 110 | 0.3009 | 1.5233 | 0.7464 | 38.4 | 34.3 | 24.9 | 10.8 |
| 1.2 | 30 | 0.8879 | 1.2976 | 0.9212 | 67.1 | 50.1 | 45.0 | 54.9 |
| | 40 | 0.6379 | 1.1886 | 0.8555 | 82.7 | 55.7 | 45.0 | 39.3 |
| | 50 | 0.4809 | 1.1786 | 0.8499 | 86.7 | 56.3 | 45.0 | 28.7 |
| | 60 | 0.3542 | 1.2077 | 0.8664 | 78.3 | 54.7 | 45.0 | 20.3 |
| | 70 | 0.3000 | 1.2749 | 0.8566 | 68.9 | 51.5 | 42.11 | 16.4 |
| | 80 | 0.2995 | 1.3534 | 0.8237 | 62.0 | 47.4 | 37.3 | 15.3 |
| | 90 | 0.3016 | 1.4229 | 0.7954 | 54.8 | 42.9 | 32.8 | 14.3 |
| | 100 | 0.3008 | 1.4800 | 0.7739 | 48.1 | 38.4 | 28.7 | 12.9 |
| | 110 | 0.2998 | 1.5370 | 0.7562 | 41.7 | 33.7 | 24.8 | 11.5 |
| 1.3 | 50 | 0.6121 | 1.3338 | 0.9448 | 76.6 | 48.5 | 45.0 | 36.5 |
| | 60 | 0.4187 | 1.2950 | 0.9196 | 88.4 | 50.3 | 45.0 | 34.7 |
| | 70 | 0.3006 | 1.3165 | 0.9056 | 80.5 | 49.3 | 43.4 | 17.2 |
| | 80 | 0.2998 | 1.3834 | 0.8530 | 69.1 | 45.0 | 37.8 | 16.3 |
| | 90 | 0.3007 | 1.4462 | 0.8159 | 60.2 | 41.9 | 33.0 | 15.1 |
| | 100 | 0.3002 | 1.5020 | 0.7881 | 52.4 | 37.5 | 28.7 | 13.8 |
| | 110 | 0.2992 | 1.5507 | 0.7662 | 45.2 | 33.1 | 24.7 | 12.2 |
| 1.4 | 40 | 1.1002 | 1.6049 | 0.9994 | 56.6 | 36.6 | 36.6 | 66.8 |
| | 50 | 0.8279 | 1.5204 | 1.0014 | 65.5 | 40.5 | 40.6 | 48.9 |
| | 60 | 0.5806 | 1.4594 | 0.9993 | 73.2 | 43.1 | 43.1 | 33.8 |
| | 70 | 0.3595 | 1.4221 | 0.9986 | 79.9 | 44.7 | 44.6 | 20.7 |
| | 80 | 0.3005 | 1.4206 | 0.8931 | 77.9 | 44.3 | 38.6 | 17.1 |
| | 90 | 0.9410 | 1.0776 | 0.0980 | 55.3 | 36.0 | 3.3 | 15.9 |
| | 100 | 0.3008 | 1.5210 | 0.8032 | 56.8 | 36.9 | 28.7 | 14.6 |
| | 110 | 0.2994 | 1.5648 | 0.7766 | 48.6 | 32.4 | 24.6 | 13.0 |

续表

| $\mu_M$ | $\psi$/° | $b_1$ | $b_2$ | $c$ | $\gamma_1$ /° | $\gamma_2$ /° | $\varphi_0$ /° | $\psi_0$ /° |
|---|---|---|---|---|---|---|---|---|
| 1.5 | 40 | 1.2478 | 1.7071 | 0.9999 | 51.4 | 31.4 | 31.4 | 77.2 |
| | 50 | 0.9854 | 1.6276 | 0.9978 | 60.6 | 35.5 | 35.4 | 59.1 |
| | 60 | 0.7414 | 1.5717 | 1.0017 | 68.1 | 38.2 | 38.3 | 43.5 |
| | 70 | 0.5128 | 1.5261 | 0.9954 | 75.6 | 40.2 | 40.0 | 29.8 |
| | 80 | 0.3055 | 1.5042 | 0.9995 | 81.3 | 41.2 | 41.2 | 17.6 |
| | 90 | 0.3002 | 1.5023 | 0.8702 | 73.0 | 39.6 | 33.7 | 16.7 |
| | 100 | 0.3001 | 1.5420 | 0.8217 | 61.6 | 35.9 | 28.8 | 15.3 |
| | 110 | 0.3002 | 1.5793 | 0.7874 | 52.2 | 31.8 | 24.5 | 13.7 |
| 1.6 | 50 | 1.1098 | 1.7104 | 1.0028 | 56.2 | 31.3 | 31.4 | 67.3 |
| | 60 | 0.8693 | 1.6545 | 1.0019 | 64.2 | 34.2 | 34.3 | 51.5 |
| | 70 | 0.6413 | 1.6119 | 1.0000 | 71.3 | 36.3 | 36.3 | 37.4 |
| | 80 | 0.4284 | 1.5832 | 0.9989 | 77.8 | 37.6 | 37.6 | 24.8 |
| | 90 | 0.3012 | 1.5420 | 0.9127 | 82.0 | 38.2 | 34.4 | 17.4 |
| | 100 | 0.3013 | 1.5648 | 0.8418 | 66.7 | 35.0 | 28.9 | 16.1 |
| | 110 | 0.2989 | 1.5956 | 0.8013 | 55.9 | 31.2 | 24.5 | 14.3 |
| 1.7 | 50 | 1.1327 | 1.6523 | 0.8674 | 58.2 | 30.0 | 25.7 | 74.3 |
| | 60 | 0.9701 | 1.7131 | 0.9974 | 61.1 | 31.0 | 30.9 | 58.1 |
| | 70 | 0.7475 | 1.6773 | 1.0016 | 67.9 | 33.0 | 33.1 | 43.9 |
| | 80 | 0.5327 | 1.6460 | 0.9980 | 74.7 | 34.6 | 34.5 | 30.9 |
| | 90 | 0.3320 | 1.6309 | 1.0021 | 80.1 | 35.4 | 35.5 | 35.4 |
| | 100 | 0.2999 | 1.5918 | 0.8688 | 72.7 | 34.2 | 29.2 | 16.6 |
| | 110 | 0.3014 | 1.6115 | 0.8135 | 59.7 | 30.5 | 24.4 | 15.1 |
| 1.8 | 60 | 0.9993 | 1.6534 | 0.8698 | 64.3 | 30.0 | 25.8 | 64.2 |
| | 70 | 0.8347 | 1.7255 | 0.9989 | 65.4 | 30.3 | 30.3 | 49.4 |
| | 80 | 0.6230 | 1.7001 | 1.0018 | 71.7 | 31.8 | 31.9 | 36.3 |
| | 90 | 0.4191 | 1.6790 | 0.9998 | 77.9 | 32.9 | 32.9 | 24.2 |
| | 100 | 0.3078 | 1.6230 | 0.8963 | 79.4 | 33.1 | 29.3 | 17.6 |
| 1.9 | 60 | 1.0000 | 1.4910 | 0.6247 | 71.8 | 30.0 | 18.2 | 71.8 |
| | 70 | 0.8636 | 1.6365 | 0.8423 | 71.8 | 30.0 | 24.9 | 55.1 |
| | 80 | 0.6898 | 1.7135 | 0.9689 | 71.9 | 30.0 | 29.0 | 41.0 |
| | 90 | 0.4961 | 1.7223 | 1.0025 | 75.4 | 30.6 | 30.7 | 28.7 |
| | 100 | 0.3011 | 1.7102 | 1.0027 | 80.8 | 31.3 | 31.4 | 17.3 |

STEP13 方案的选用。

表 9-2 给出摇块机构为不同值时，摇杆不同摆角的最佳尺寸，可以根据要求直接选用。例如当摆角 $\psi=60°$ 时，共有 9 个方案。应分析各个方案的传动性能及结构大小，然后选用较好的机构。现以 $\mu_M=1.1$ 和 $\mu_M=1.9$ 时的两个方案为例，比较两者的优劣。

液压缸的行程是确定机构绝对尺寸的依据，如图 9-49 所示，要求液压缸的行程

$$h=l_{AB_2}-l_{AB_1}=500\ \text{mm}$$

由此得到两个方案的比例尺应为

$$\mu_{l_1}=\frac{l_{AB_2}-l_{AB_1}}{b_2-b_1}=\frac{500}{1.1544-0.3203}=599.38$$

$$\mu_{l_2}=\frac{l_{AB_2}-l_{AB_1}}{b_2-b_1}=\frac{500}{1.4911-1.000}=1018.12$$

绝对尺寸：$\mu_M=1.1$ 时，$l_{AB_1}=599.38\times0.3202=191.92\,\text{mm}$；

绝对尺寸：$\mu_M=1.9$ 时，$l_{AB_1}=1018.12\times1.000=1018.12\,\text{mm}$。

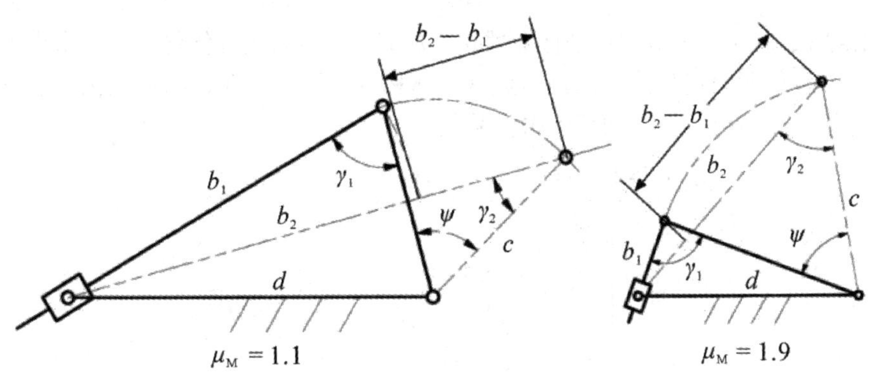


图 9-49 $\psi=60°$ 的两方案比较

两个方案的相对尺寸和绝对尺寸计算值见表 9-3、表 9-4。

**表 9-3 两方案的相对尺寸**

| $\mu_M$ | $\psi$ | $b_1$ | $b_2$ | $c$ | $\gamma_1$ | $\gamma_2$ | $\varphi_0$ | $\psi_0$ |
|---|---|---|---|---|---|---|---|---|
| 1.1 | 60 | 0.3202 | 1.1544 | 0.8367 | 68.4 | 57.7 | 45.0 | 17.3 |
| 1.9 | 60 | 1.0000 | 1.4910 | 0.6247 | 71.8 | 30.0 | 18.2 | 71.8 |

**表 9-4 两方案的绝对尺寸**

| $\mu_M$ | $\psi$ | $l_{AB_1}$ | $l_{AB_2}$ | $l_{CB}$ | $h$ | $\gamma_1$ | $\gamma_2$ |
|---|---|---|---|---|---|---|---|
| 1.1 | 60 | 191.92 | 691.92 | 501.56 | 500 | 68.4 | 57.7 |
| 1.9 | 60 | 1018.12 | 1518.12 | 636.12 | 500 | 71.8 | 30.0 |

从表 9-3、表 9-4 中均可发现，当 $\mu_M = 1.1$ 时，其尺寸明显小于 $\mu_M = 1.9$ 时的尺寸。另外，还应计算在相同液压缸推力 $F$ 作用下的输出力矩。两极限位置的输出力矩分别为 $M_1 = Fl_{CB}\sin\gamma_1$，$M_2 = Fl_{CB}\sin\gamma_2$，平均力矩为 $M_e = Fl_{CB}(\sin\gamma_1 + \sin\gamma_2)/2$。

计算结果列于表 9-5。

**表 9-5 两方案的输出力矩**

| $\mu_M$ | $\psi$ | $\gamma_1$ | $\gamma_2$ | $l_{CB}$ | $M_1$ | $M_2$ | $M_e$ |
|---|---|---|---|---|---|---|---|
| 1.1 | 60 | 68.4 | 57.7 | 501.56 | 466.34 | 423.94 | 445.14 |
| 1.9 | 60 | 71.8 | 30.0 | 636.12 | 604.30 | 318.06 | 438.06 |

可见两个方案均满足给定的力矩比。当 $\mu_M = 1.9$ 时机构有较大的初始输出力矩，当 $\mu_M = 1.1$ 时工作机构区间有较平稳的输出力矩。由以上分析可见，若不要求实现给定的力矩比，则取 $\mu_M = 1.1$ 会有较小的结构尺寸且工作区间力矩平稳输出。

**STEP14 保存文件。**

单击【保存】图标，保存文件。

## 练习 9–3 基于 FEA 的尺寸优化

基于 FEA 的尺寸优化

悬臂托架按图 9-50 所示方式进行支撑和施加载荷。对其进行优化以更改中央被切除的三角形的大小及位置。优化的目的是尽量减小体积但又不超过允许的最大应力或位移值。此外，固有频率必须位于指定的范围内以避免发生共振。

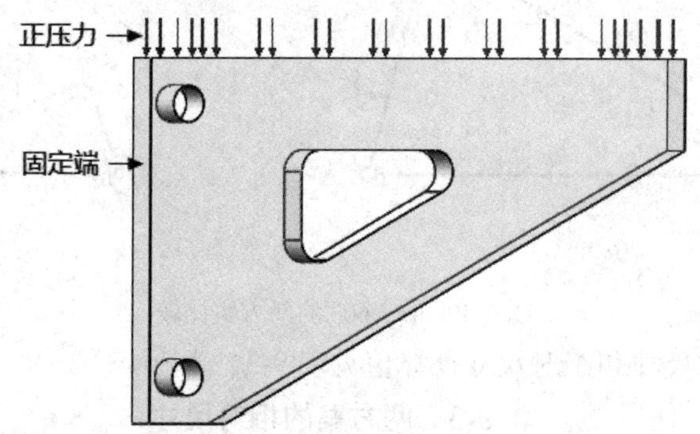


图 9-50 悬臂托架

使用【Motion 分析】对悬臂托架进行轻量化设计的操作步骤如下：

**STEP01 打开模型文件。**

在文件夹“SolidWorks Motion\第九章\练习”下打开文件“三角支架.SLDPRT”。

**STEP02 建立 FEA 算例。**

打开模型后，右键单击【运动算例】→【生成新模拟算例】→【静应力分析】，单击【确认】图标✔。

**STEP03 赋予模型材料。**

右键单击零件模型【钢板】→【应用材料到所有实体】，弹出【材料】表供选择，在左侧选择【合金钢 SS】，单击【应用】并关闭窗口。

STEP04　固定模型。

右键单击【夹具】→【固定几何体】，选择左端面，单击【确认】图标✔，如图 9-51 所示。

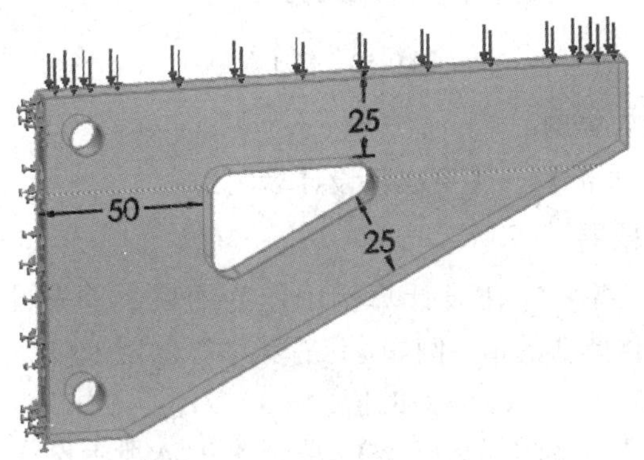

图 9-51　固定模型左端面

STEP05　添加载荷。

右键单击【外部载荷】→【压力】，选择上端面，其值大小设为 $5\times10^6$ N/m$^2$，方向向下，单击【确认】图标✔，如图 9-52 所示。

STEP06　运行分析(跨过单元划分)。

右键单击【静应力分析】→【运行】，默认显示【应力图解】，再次右键单击【位移 1】→【显示】，位移图解便显示出来，如图 9-52 所示。图中显示最大 von Mises 应力(VON)为 $1.23\times10^8$ N/m$^2$，最大位移(URES)为 0.08244 mm。

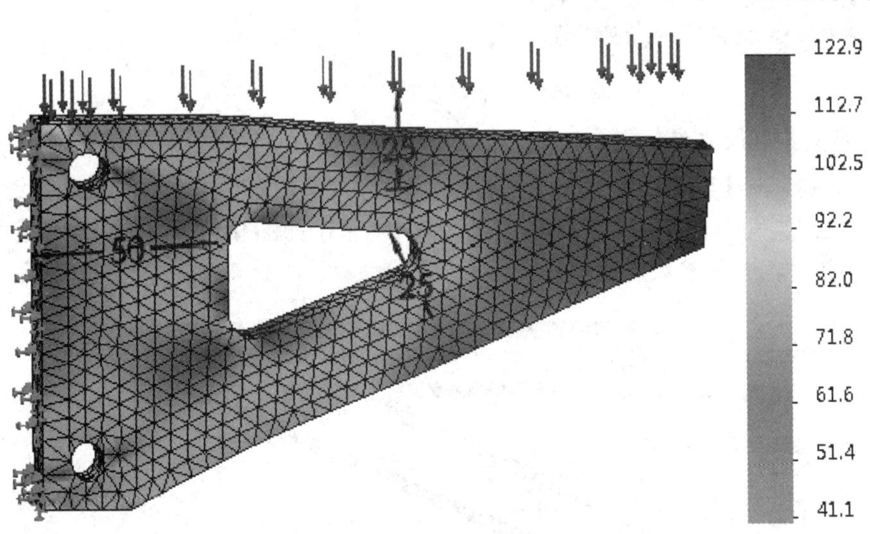

图 9-52　模型在外载荷作用下的最大位移

STEP07　创建频率算例。

固定左端面，并运行。观察第 1 阶频率为 366.01 Hz，如图 9-53 所示。

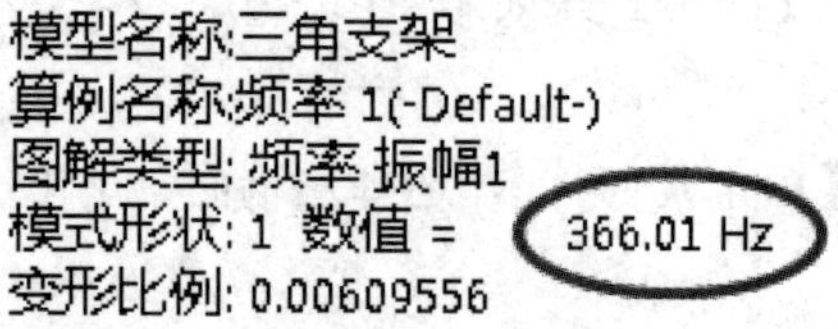

模型名称:三角支架
算例名称:频率 1(-Default-)
图解类型: 频率 振幅1
模式形状: 1 数值 = 366.01 Hz
变形比例: 0.00609556

图 9-53 第 1 阶频率

STEP08 创建设计算例。

右键单击【静应力分析】→【生成新设计算例】。

STEP09 创建传感器。

需要定义传感器，并将它在设计算例中作为约束。首先设计算例运行对应的初始 Simulation 算例以更新传感器的值，例如，运行频率算例用来跟踪共振频率值。然后定义另外一个传感器用来跟踪 von Mises 应力的值。

右键单击【传感器】→【添加传感器】，按照图 9-54 所示设置 4 个传感器，并单击【确认】图标✔。它们分别跟踪最大应力、合力位移、1 阶频率以及托架的体积。

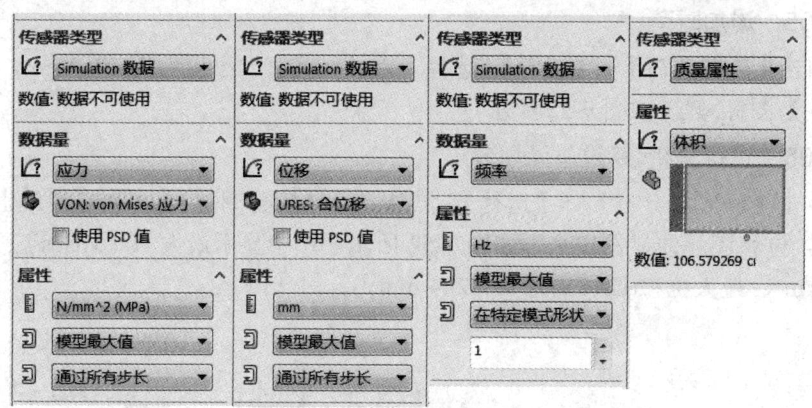


图 9-54 传感器设置

STEP10 定义关联尺寸参数。

单击【设计算例】→【变量视图】→【添加参数】。进入参数对话框，在列的底部键入 DV1 作为名称，设定类别为【模型尺寸】。在图形区域中，单击如图 9-55 所示的 DV1 尺寸。单击【确认】图标✔，关闭参数对话框。

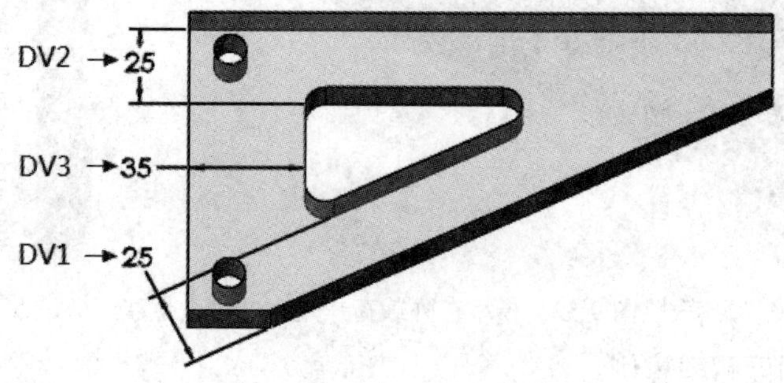


图 9-55 参数与尺寸关联

使用类似步骤定义参数 DV2 和 DV3。

**STEP11 定义设计变量。**

定义 3 个命名为 DV1、DV2 和 DV3 的参数作为设计变量，取值范围如图 9-56 所示。

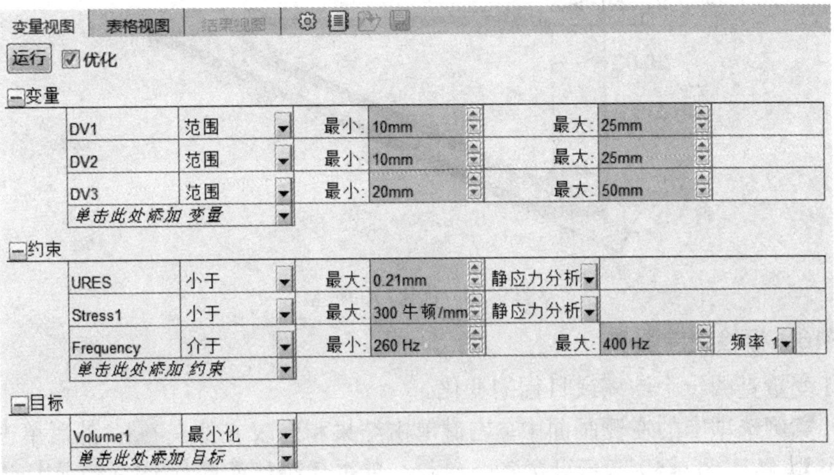

变量视图 表格视图 结果视图

运行 ☑优化

⊟变量

| | | | |
|---|---|---|---|
| DV1 | 范围 | 最小: 10mm | 最大: 25mm |
| DV2 | 范围 | 最小: 10mm | 最大: 25mm |
| DV3 | 范围 | 最小: 20mm | 最大: 50mm |
| *单击此处添加 变量* | | | |

⊟约束

| | | | | |
|---|---|---|---|---|
| URES | 小于 | 最大: 0.21mm | 静应力分析 | |
| Stress1 | 小于 | 最大: 300 牛顿/mm | 静应力分析 | |
| Frequency | 介于 | 最小: 260 Hz | 最大: 400 Hz | 频率 1 |
| *单击此处添加 约束* | | | | |

⊟目标

| | |
|---|---|
| Volume1 | 最小化 |
| *单击此处添加 目标* | |

图 9-56 优化变量、约束和目标

**STEP12 定义约束条件。**

可以使用任何传感器或从动全局变量来为优化设计算例定义约束，参照图 9-56，具体要求如下：

① 对最大 von Mises 应力施加的约束不能超过 300 MPa。

② 最大合力位移不得超过特定值 0.21 mm。

③ 1 阶频率必须介于 260～400 Hz 之间。

提示：以上约束由设计人员根据具体要求给定。

**STEP13 定义优化目标并运行。**

将体积最小化作为优化目标，即轻量化设计，参照图 9-56。

**STEP14 查看优化结果。**

成功进行优化后，最优的方案以绿色高亮显示。优化结果如图 9-57 所示。

| | | 当前 | 初始 | 优化 |
|---|---|---|---|---|
| DV1 | | 10mm | 25mm | 10.01562119mm |
| DV2 | | 25mm | 25mm | 21.95604324mm |
| DV3 | | 35mm | 50mm | 20.0825119mm |
| URES | < 0.21mm | 0.13061572mm | 0.08243047mm | 0.20722322mm |
| Stress1 | < 300 牛顿/mm^2 | 189.990432 牛顿/mm^2 | 122.90016 牛顿/mm^2 | 274.178336 牛顿/mm^2 |
| Frequency | (260 Hz ~ 400 Hz) | 317.3542571139 Hz | 366.0088091381 Hz | 274.5155049205 Hz |
| Volume1 | 最小化 | 83918.2 mm^3 | 106579 mm^3 | 70484 mm^3 |

图 9-57 优化结果

STEP15　更新模型尺寸。

选择绿色的优化列，软件自动在图形窗口中更新模型，如图 9-58 所示。

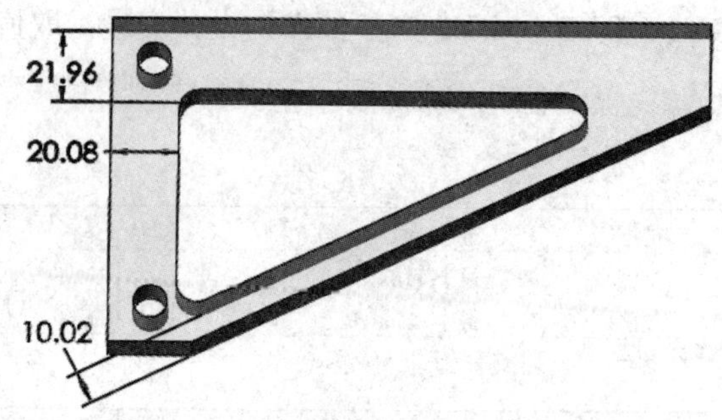


图 9-58　优化后的模型

STEP16　标绘趋向图表。

以设计变量查阅一个约束或目标的变化。

在设计算例选项卡的左侧画面中，右键单击结果和图表文件夹，然后单击【定义当地趋向图表】。按照图 9-59 所示设置各个参数，单击【确认】图标，趋向图表如图 9-60 所示。注意：不能为带有连续变量的优化设计算例标绘设计历史趋向图表。

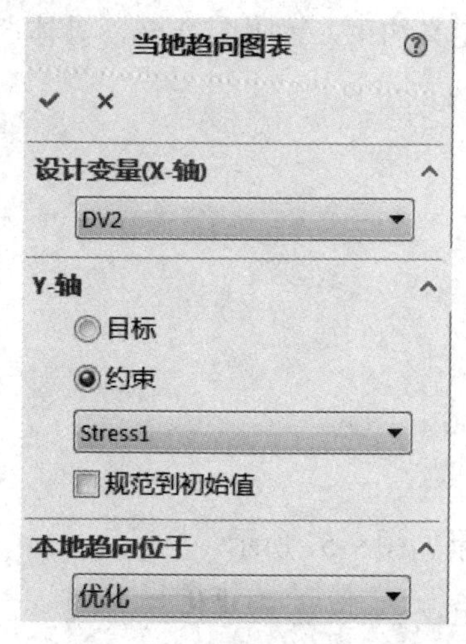


图 9-59　趋向图表参数选择

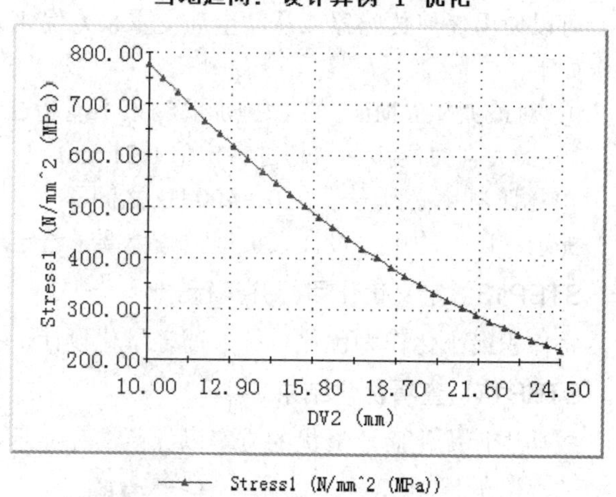


图 9-60　趋向图表

针对本例的趋向图表标绘出 DV1 和 DV2 为最优值时，von Mises 应力的最大值随着设计变量 DV2 的变化而变化。

STEP17　保存文件。

单击【保存】图标，保存文件。

# 第十章　从运动分析到有限元分析

学习目标

- 了解有限元分析原理及其分析步骤；
- 掌握将运动(Motion)仿真数据应用到承载面上的方法；
- 了解 Simulation 模块的分析步骤；
- 清楚惯性卸除的含义及其作用；
- 掌握使用软弹簧稳定模型的方法；
- 了解设计历史图表；
- 掌握将多个时间画面载荷从 Motion 分析输出到 Simulation 分析中的方法。

## 一、基 本 知 识

### 1. 有限元分析原理

有限元分析(Finite Element Analysis，FEA)是利用数学近似的方法对真实物理系统(几何和载荷工况)进行模拟。也就是用有限数量的单元去模拟真实系统。

有限元分析的具体步骤如下：

(1) 结构离散化。对结构进行离散化，即将其划分成彼此通过节点相连的有限个单元或称网格。

(2) 选择位移函数。在每个单元内定义形函数，其目的是将几何相对简单的单元的位移通过一个连续的函数表征出来。其单元内部的结果可以通过插值计算得到，从而得到整个计算域的结果。

(3) 创建单元刚度矩阵。在已有形函数的基础上，通过虚位移原理，计算出单元的刚度矩阵。

(4) 集成总体刚度矩阵。将各个单元的刚度矩阵按照一定的规则进行装配。这样有利于通过程序进行有限元求解。结构总刚度矩阵体现了结构对载荷的响应，是整个有限元法的基础。

(5) 求解平衡方程。

### 2. 将运动仿真载荷输出到承载面上的方法

SolidWorks Motion 和 SolidWorks Simulation 两个模块协同工作，将 SolidWorks Motion 得到的输出结果(载荷)无缝输入到 SolidWorks Simulation 进行有限元分析(FEA)包括两种方法：

(1) 直接法：直接求解，即直接在 SolidWorks Motion 界面中进行设置、求解和后处理。

(2) 间接法：输出载荷，即输出载荷至 SolidWorks Simulation，在 SolidWorks Simulation 界面中进行设置、求解和后处理。

加载(或输出)的力只传递到面，而不允许传递到边线和点，只有转移到面的力才可以从【Motion 分析】输出到【Simulation 分析】。SolidWorks 中用在配合定义中的任意面，将被认定为加载(或输出)的载荷承载面。如果在配合中用的是其他实体(点、边线)时，那么承载面必须在【分析】选项中加以指定。

在运动分析中，默认的初始配合位置是使用配合定义中的第一个实体(面的中心)来确定的，它将影响有限元分析的准确度。在运行运动算例之前，承载面和位置必须输入。因为两个零部件永久连在一起，且不会发生明显的相对变动，这个配合位置无须修改。然而将初始位置放到最理想的位置是一个良好的习惯，尤其是当对零部件进行有限元应力分析的时候。

### 3. 将运动仿真载荷输出到承载面上进行有限元分析

SolidWorks Motion 模拟具有运动零部件的装配体装置，并计算运动过程中在零部件上所形成的力或力矩(载荷)。

在运行了运动算例后，可将在单个零部件上形成的力或力矩输出到 SolidWorks Simulation 以计算其应力和位移。可为一个或多个时间画面输出运动载荷。SolidWorks Simulation 为每个选定的时间画面生成一个设计情形。

运动仿真可以应用各种所需的仿真结果数值(力、力矩、加速度等)加载至承载面，并求解应力和变形分析。其内部本质是：运动仿真分析以刚体动力学方法简化成瞬态问题计算，并求解出零部件的加速度和运动副的反作用力，然后在 Solidworks Simulation 中，将这些结果载荷应用到承载面上，并求解有限元分析(FEA)问题。

## 二、实践操作

简易冲床

### 例题 10-1　简易冲床(直接法)

图 10-1 为一个简易冲床模型，它由基座、摆锤、连杆、冲子组成。振荡马达驱动摆锤通过连杆推动冲子对板料进行冲压。

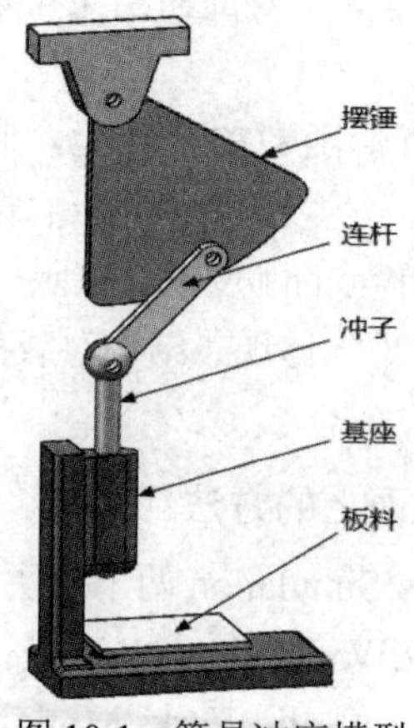


图 10-1　简易冲床模型

现结合【Motion 分析】和【Simulation】两个模块对连杆进行有限元分析的操作步骤如下：

**STEP01　打开模型文件。**

在文件夹“SolidWorks Motion\第十章\例题”下，打开装配体文件“简易冲床.SLDASM”。

**STEP02　查看各个构件的配合。**

机座和板料固定、冲子与机架之间采用【同轴心】配合，冲子与连杆之间、连杆与摆锤之间都采用【同轴心】和面【重合】配合，摆锤与机架之间采用【铰链】配合。

**STEP03　添加振荡马达。**

按图 10-2 所示添加振荡马达并为其设置参数。

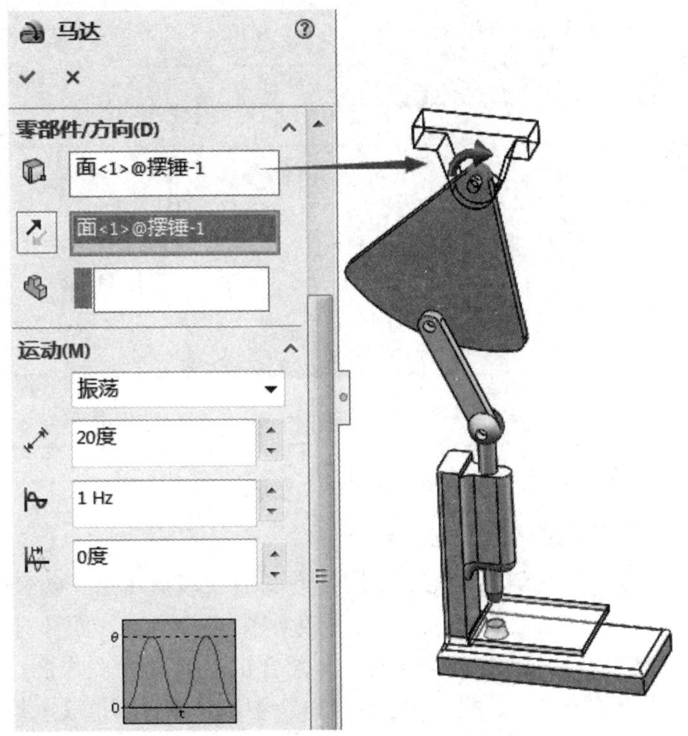


图 10-2　振荡马达参数设置

**STEP04　添加引力。**

在 Y 轴负方向添加【引力】，大小采用默认值。

**STEP05　定义实体接触。**

在冲子与板料之间进行实体接触设置，材料均选【Steel(Dry)】。其他采用默认值。

**STEP06　运行计算。**

将计算时间调整为 2 s，单击【计算】图标，进行 Motion 分析。

**STEP07　输出计算结果。**

输出冲子与板料之间的摩擦力和冲击力如图 10-3、图 10-4 所示，马达力矩如图 10-5 所示。

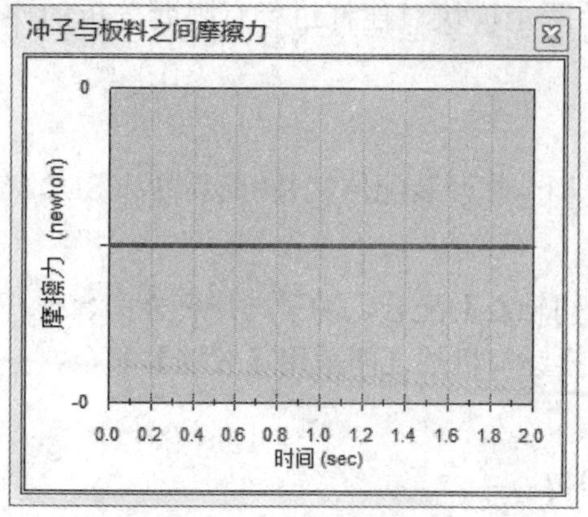


图 10-3 冲子与板料之间的摩擦力

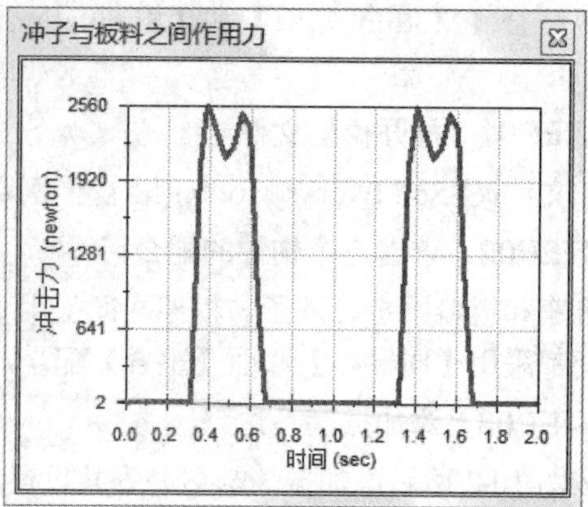


图 10-4 冲子与板料之间的冲击力

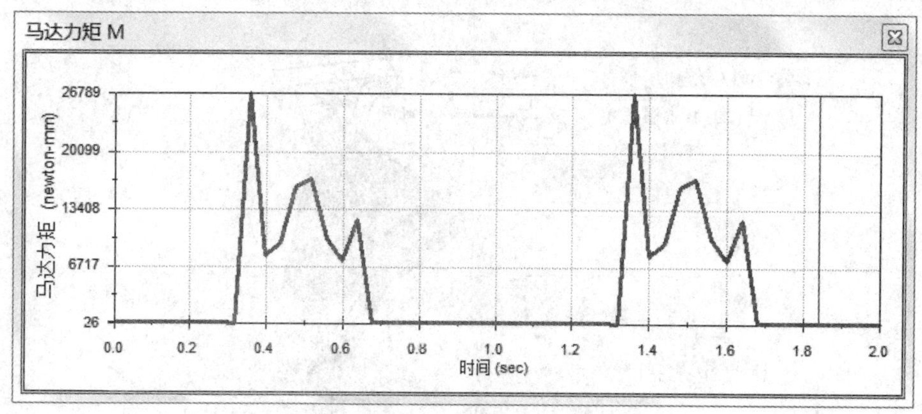


图 10-5 马达力矩

**STEP08 指定连杆与摆锤之间的承载面。**

加载(或输出)的力只传递到面，而不允许传递到边线和点。当在配合中用到了其他实体类型(点、边线)时，承载面必须在【分析】选项卡中进行指定。而针对本例题要想使运动载荷正确传输，必须对连杆的两个【同轴心】配合指定承载面(受力面)。

编辑连杆与摆锤的【同轴心】配合，选择【分析】选项卡，勾选【承载面】复选框，单击【孤立零部件】，这将隐藏与该配合无关的零部件，选择连杆孔的内表面，如图 10-6 所示。

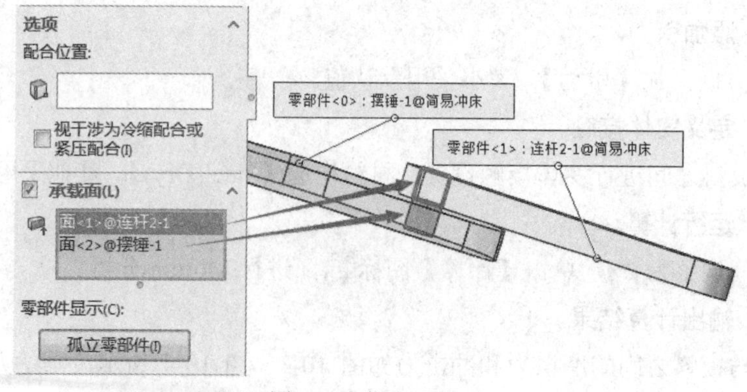


图 10-6 指定承载面

**STEP09 指定连杆与冲子之间的承载面。**

以同样的操作，指定连杆与冲子之间的承载面。

**STEP10 重新运行并保存文件。**

重新运行并保存文件。注意这里须先保存文件后，方可继续下一步，也就是经过保存后，SolidWorks Simulation 模块在进行有限元分析(FEA)前要读取刚刚保存的数据。

**STEP11 输入运动载荷。**

确认在 SolidWorks 中已经加载了 SolidWorks Simulation 模块。

在 SolidWorks 工具栏上，单击【Simulation】选择【输入运动载荷】，弹出【输入运动载荷】对话框。在【可用的装配体零部件】中选择“连杆-1”，然后单击【>】将此零部件移动至【所选零部件】栏中。选中【多画面算例】，在【画面号数】的【开始】微调框中输入 8，在终端框中输入 20，如图 10-7 所示。单击【确认】图标。这将为连杆零部件输入并保存载荷数据至 CWR(数据库)文件并定义设计算例。

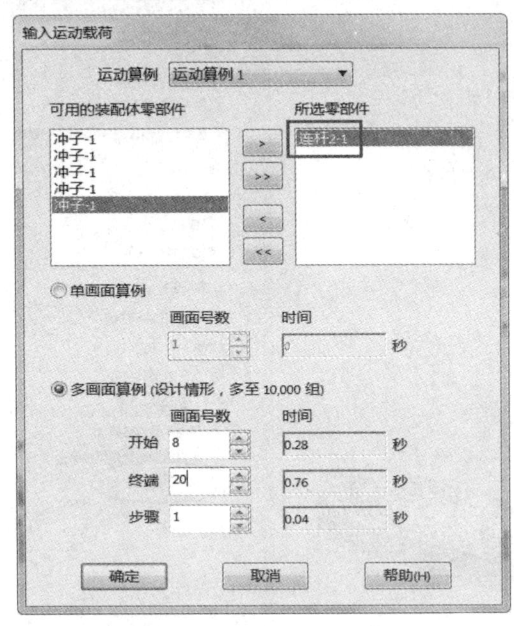


图 10-7 输入运动载荷

根据图 10-4 中提供的数据，观察这两个画面号数与之对应的【时间】，即 0.28～0.76 s 间已包含一个完整的冲压过程。

Simulation 在连杆零部件文档中以预定义的设计情形生成新的设计算例。每个设计情形的载荷均在相关画面的特定时间运动过程中自动加载上了。

以上定义了 13 种设计情形。通过分析可观察到所有设计情形的最大应力及其发生的时刻。

**STEP12 打开连杆零部件。**

可在 Feature Manager 窗口中，右键单击【连杆】→【打开文件】图标。

这时在窗口下面可以看到，已经添加了一个名为 CM1-ALT-Frames-8-20-11 的 Simulation 设计算例和一个名为 CM1-ALT-Frames-8-20-1 的 Simulation 静态算例。

数字 8、20 和 1 分别表示运动算例中的起始和结束画面编号以及画面增量。

STEP13　添加材料。

在状态栏上切换到静态算例，指定【连杆】材料，同时审核运动载荷的定义(引力、离心力和远程载荷等)。

在 Simulation Study 中，右键单击零部件【连杆】，并选择【应用/编辑材料】，从【材料】库文件中选择【合金钢】，单击【应用】和【关闭】。

STEP14 划分单元网格。

右键单击【网格】→【生成网格】，保留默认设置，单击【确认】图标，如图 10-8 所示。

STEP15　属性设置。

右键单击算例图标并选择【属性】。由于零部件连杆需自平衡的，因此【使用惯性卸除】复选框将默认勾选，如图 10-9 所示。

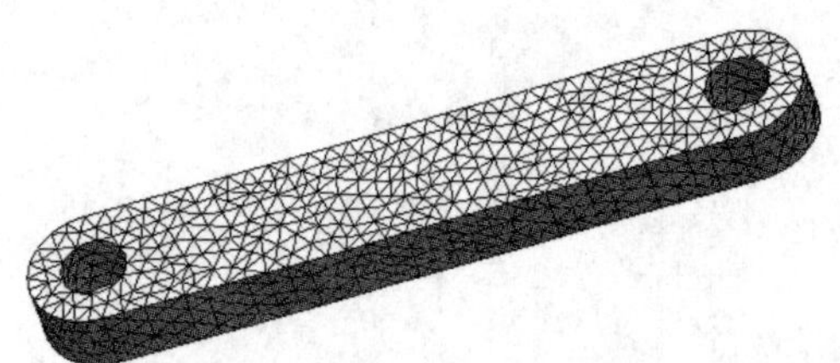

图 10-8　连杆单元模型

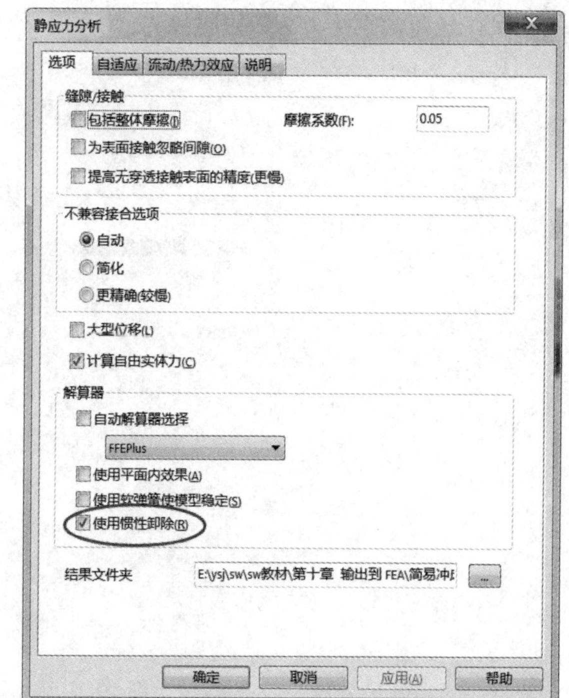


图 10-9　属性设置

【使用惯性卸除】是为了避免刚体运动而人为加上的平衡载荷，用来消除沿着无约束方向的载荷，又称惯性释放。也可【使用软弹簧使模型稳定】加以平衡。当激活该选项时，模型被带刚度的弹簧包围，弹簧的刚度相对于模型的刚度可以忽略不计，有限元模型便被稳定下来，所有的刚体运动被约束。

只要模型是自平衡的或外部载荷的幅值很小，以至于软弹簧能够抵消时，该选项是有效的。读者可参考有限元分析的相关内容。

STEP16　运行设计算例。

切换到设计算例并单击【运行】，程序将按照 13 种不同数据情形依次求解。

在设计算例树中，右键单击【结果和图表】，并选择【定义设计历史图表】，在【Y-轴】

中单击【约束】，选择【VON：von Mises Stress】，单击【确认】图标✔。

该步骤的作用是将上述 13 种设计情形中的最大 von Mises 应力连成一条曲线作为结果输出。

**STEP17　查看结果。**

图表显示最大 von Mises 应力在零部件连杆中贯穿的 13 个情形。可以观察到最大应力值(143.26 MPa)发生在【设计情形 4】处，这远小于材料【合金钢】的屈服强度(620.4 MPa)，非常安全，如图 10-10 所示。关闭历史图表并保存零部件文档。

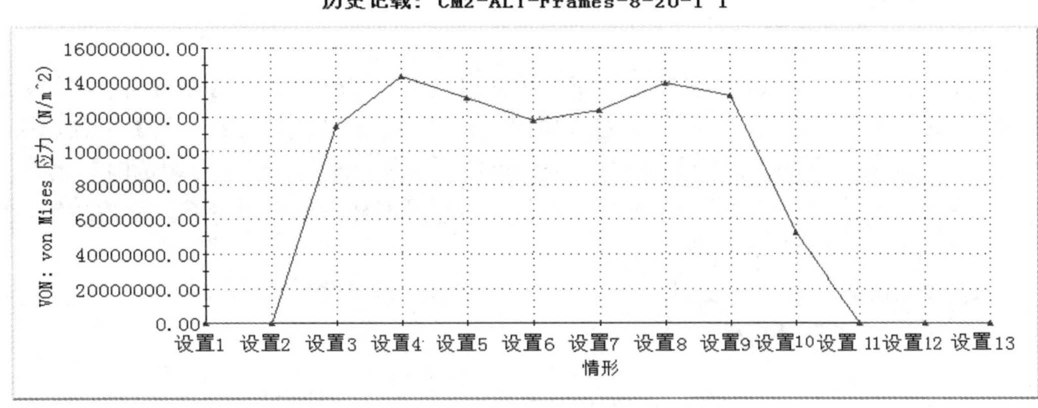


图 10-10　设计历史图表

**STEP18　设计情形 4。**

在设计算例树中，当指针变成⬇时选取【情形 4】列的标题行，并显示 von Mises 应力和最大合位移 URES，如图 10-11、图 10-12 所示。

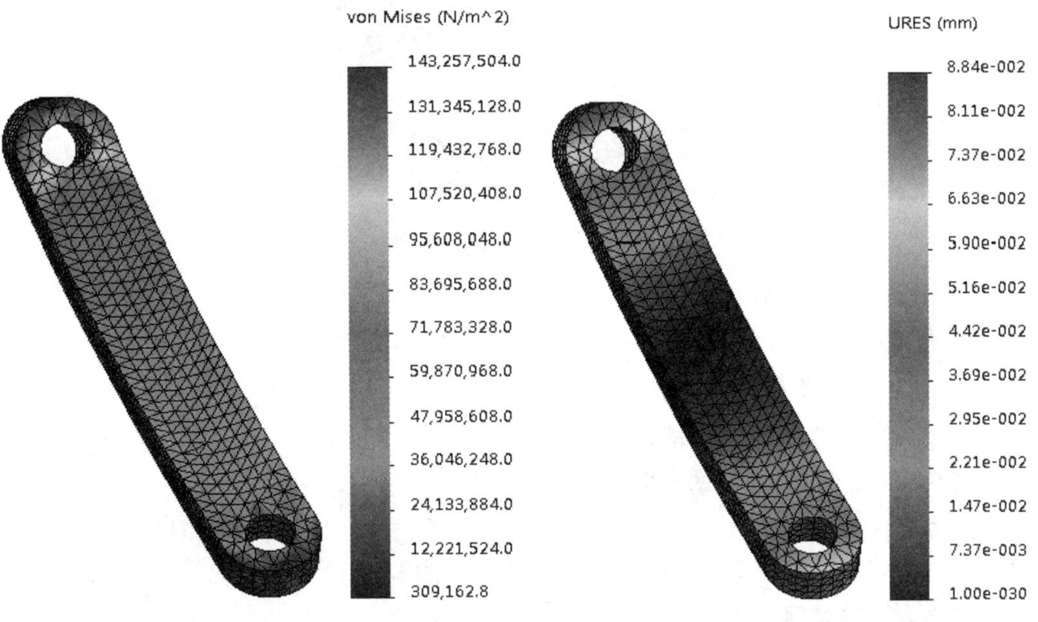


图 10-11　情形 4 的 von Mises 应力　　图 10-12　情形 4 的最大合位移 URES

STEP19 保存文件。

单击【保存】图标，保存文件。

## 例题 10–2 简易冲床(间接法)

在 SolidWorks Motion 界面中直接进行有限元分析，同样要求在 SolidWorks 中激活 SolidWorks Simulation 模块后才能进行有限元分析。其操作步骤如下：

STEP01～STEP10 同例题 10-1。

STEP11 模拟设置。

在 SolidWorks Motion 工具栏上，单击【模拟设置】图标，在【模拟所用零件】选项中选择要分析的零部件——连杆。在【模拟开始时间】和【模拟结束时间】中分别指定 0.2 s 和 0.8 s。单击【添加时间】，将时间范围添加至【模拟时间步长和时间范围】域中。

在【高级】选项下拖动【网格密度】滑块，设置【网格密度比例因子】为“0.95”，生成更精细的网格，如图 10-13 所示。

单击【确认】图标，此时软件将显示“您想将材料指派给零部件吗？”的提示信息，这时单击【是】，打开【材料】窗口。

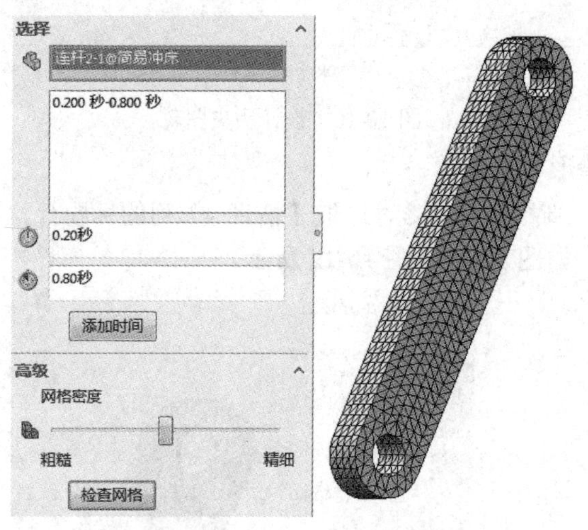


图 10-13 模拟参数设置

STEP12 指派材料。

与例题 10-1 的 STEP13 方法相同，指派连杆材料为【合金钢】。

STEP13 进行有限元分析。

单击【计算模拟结果】图标。

STEP14 显示 0. 4 s 时的应力结果。

为了显示 0.4 s 时连杆的应力结果图解，需将时间线移至 0.4 s 处，如图 10-14 所示。在工具栏上单击【应力图解】图标，选择【应力图解】，为了更清楚地显示连杆的应力结果在 Feature Manager 中，右键单击【连杆】，并选择【孤立】，这时就单独显示连杆，其他组件均不显示，其结果如图 10-15 所示。

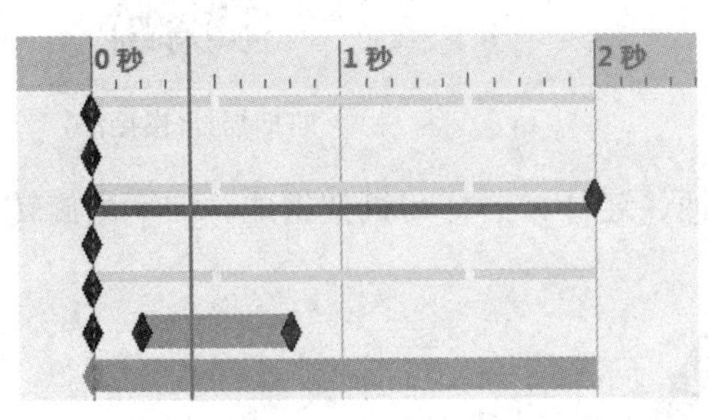


图 10-14　指定时间

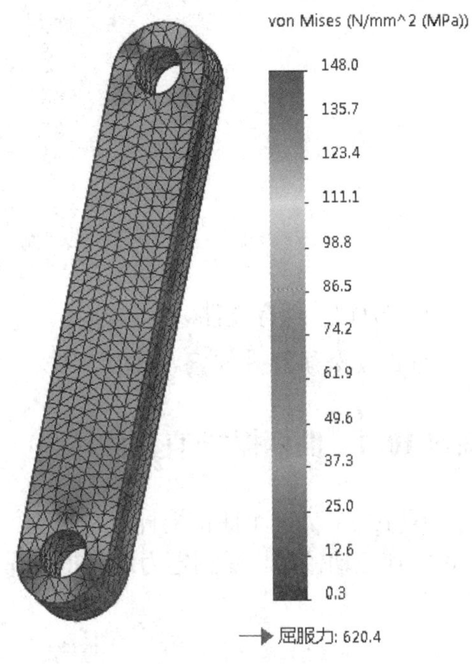


图 10-15　应力图解

**STEP15　显示 0.4 s 时的安全系数。**

仿照上步，输出变形图解和安全系数图解，如图 10-16、图 10-17 所示。

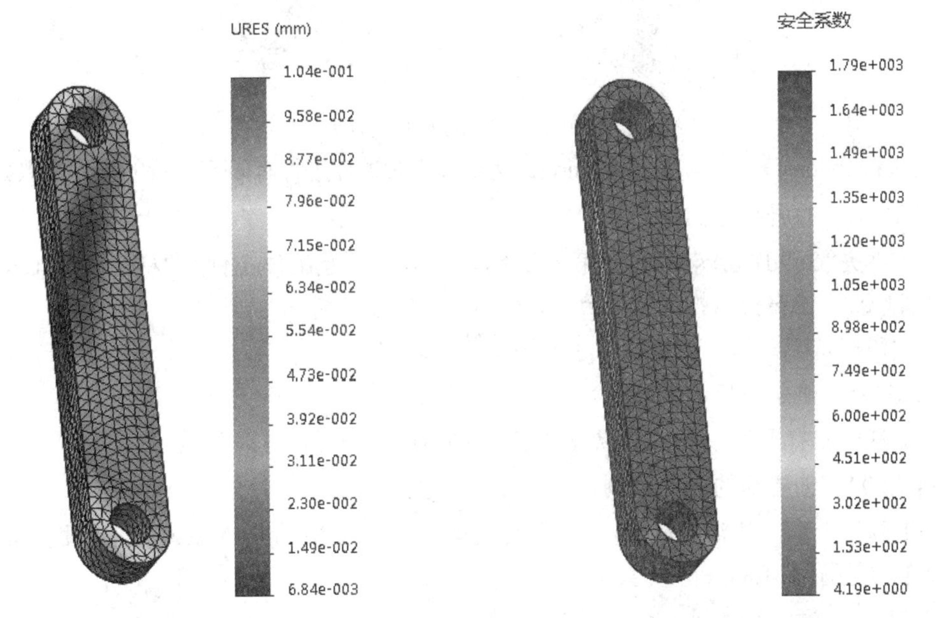


图 10-16　变形图解　　　　图 10-17　安全系数图解

**STEP16　动画显示并查看总体最大值。**

设置图例如图 10-18 所示。选择【变形图解】，单击【播放】按钮 ▶ 观察动画。整个要求的分析时间(0.2～0.8 s)内的最大合位移为 0.225 mm。

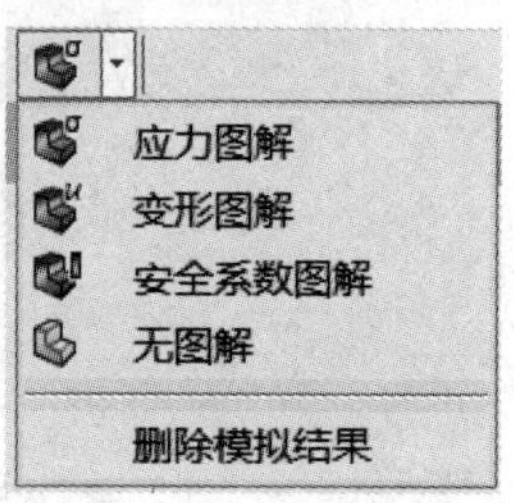


图 10-18 设置图例

STEP17 保存文件。

单击【保存】图标，保存文件。

## 练习 10–1 曲柄摇杆(直接法)

曲柄摇杆(直接法)

图 10-19 为一个曲柄摇杆机构模型，它由曲柄、连杆、摇杆和机架组成。曲柄由旋转马达等速驱动，摇杆受到定力矩模拟工作载荷。

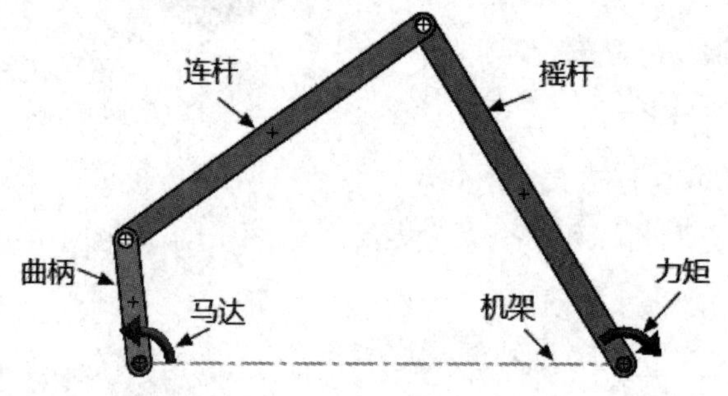


图 10-19 曲柄摇杆机构模型

使用【Motion 分析】与【Simulation】两个模块对摇杆进行有限元分析的操作步骤如下：

STEP01 打开模型文件。

在文件夹“SolidWorks Motion\第十章\练习”下，打开装配体文件“曲柄摇杆.SLDASM”。

STEP02 查看各个构件的配合。

各个构件之间以及与机架之间均采用【铰链】配合。

STEP03 确认单位。

在工具栏的右下角，确认单位被设定为【MMGS(毫米、克、秒)】。

STEP04 创建新的运动算例。

在工具栏上单击【新建运动算例】图标，同时在 Motion Manager 工具栏左侧【算例类型】中选择【Motion 分析】。

STEP05 添加马达。

在曲柄上添加【旋转马达】，选择【等速】，其大小设置为 100 RPM。

STEP06 添加力矩。

按图 10-20 所示在摇杆上添加【力矩】，选择【等速】，其大小设置为 100 牛顿 · mm。

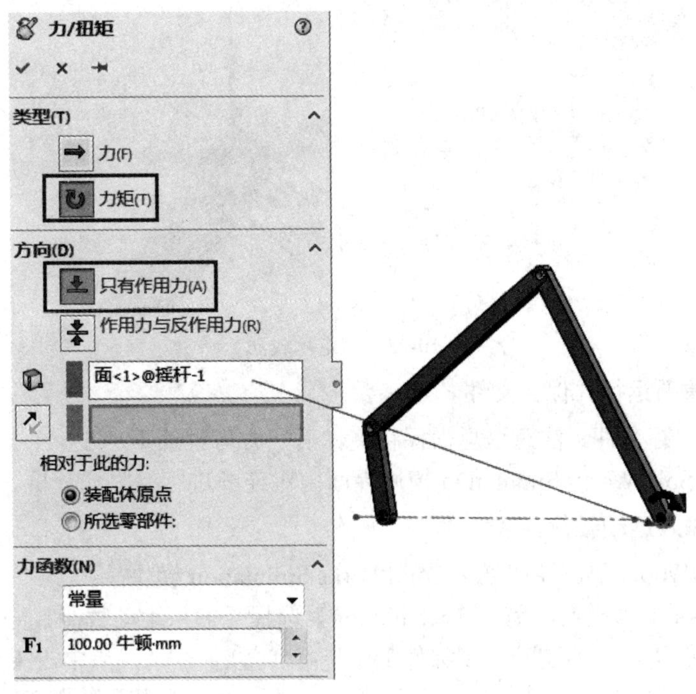


图 10-20　力矩参数设置

**STEP07　调整计算时间。**

将计算时间调整为 2 s。

**STEP08　运行并输出马达力矩。**

单击【计算】图标，并输出马达力矩如图 10-21 所示。

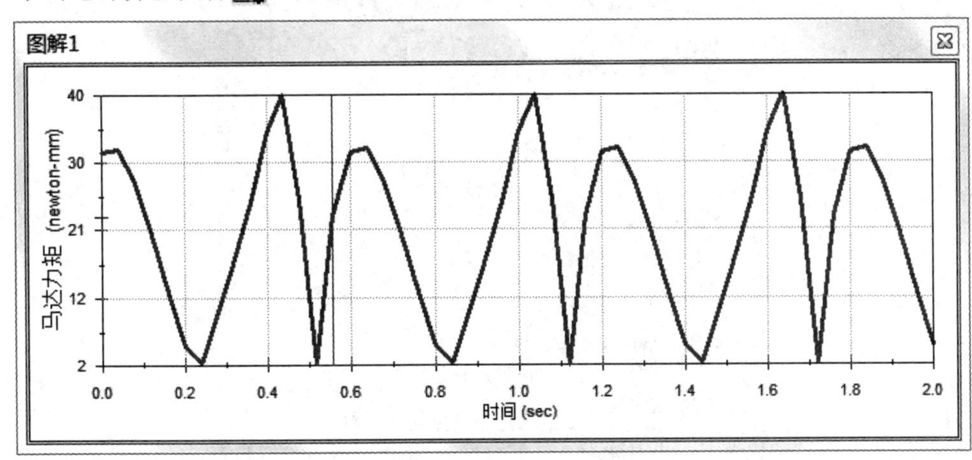


图 10-21　马达力矩

**STEP09　指定连杆与摇杆之间的承载面。**

编辑连杆与摇杆的【同轴心】配合，选择【分析】选项卡，勾选【承载面】复选框，单击【孤立零部件】，这将隐藏与该配合无关的零部件，选择孔的内表面作为摇杆的受力面，即承载面如图 10-22 所示。

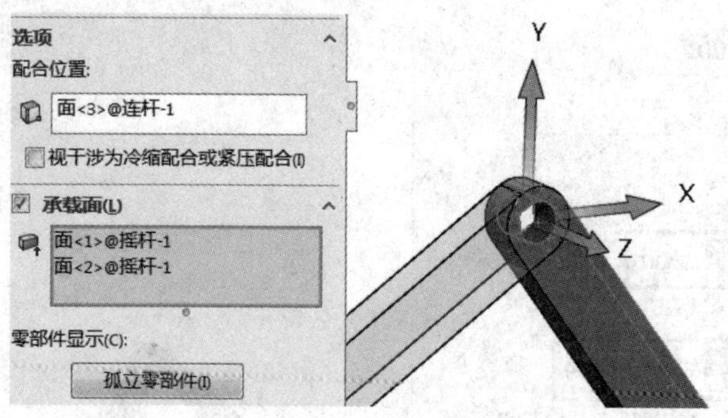


图 10-22 指定承载面

**STEP10 重新运行并保存文件。**

重新运行并保存文件。注意这里需保存文件后，方可继续下一步。

接下来，在 SolidWorks Simulation 模块界面内对连杆进行有限元分析。

**STEP11 输入运动载荷。**

确认在 SolidWorks 中已经加载了 SolidWorks Simulation 模块。

在 SolidWorks 工具栏上，单击【Simulation】选择【输入运动载荷】，弹出【输入运动载荷】对话框。在【可用的装配体零部件】中选择“摇杆-1”，然后单击【>】将此零部件移动至【所选零部件】栏中。选中【多画面算例】，在【画面号数】的【开始】框中输入 6，在【终端】框中输入 15，如图 10-23 所示。单击【确认】图标✔。这将为摇杆零部件输入并保存载荷数据至 CWR(数据库)文件并定义设计算例。

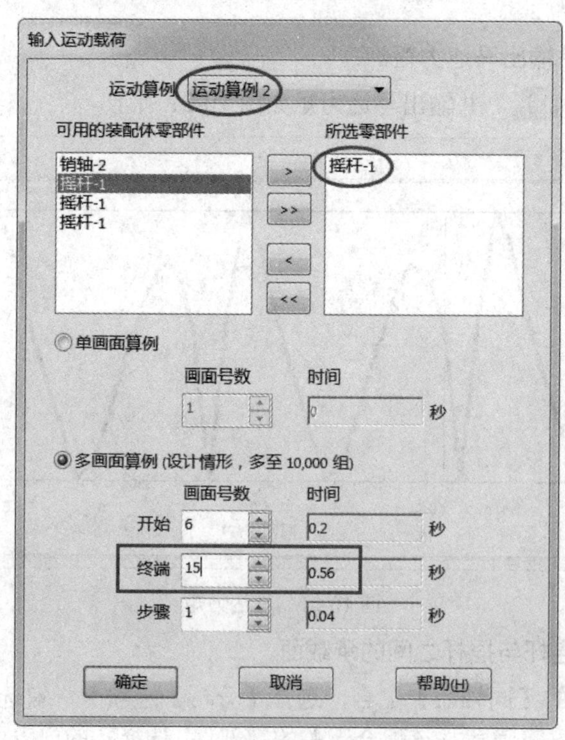


图 10-23 输入运动载荷

根据图 10-21 中提供的数据，观察这两个画面号数与之对应的【时间】，即在 0.2～0.56 s 之间，已包含一个摇杆受力峰值。

Simulation 在摇杆零部件文档中以预定义的设计情形生成新的设计算例。每个设计情形的载荷均在相关画面的特定时间运动过程中自动加载上了。

以上定义了 10 种设计情形。通过分析可观察到所有设计情形的最大应力及其发生的时刻。

**STEP12　打开摇杆零部件。**

可在 Feature Manager 窗口中，右键单击【摇杆】→【打开文件】图标。

这时在窗口下面可以看到，已经添加了一个名为 CM1-ALT-Frames-6-15-11 的 Simulation 设计算例和一个名为 CM1-ALT-Frames-6-15-1 的 Simulation 静态算例。

数字 6、15 和 1 分别表示运动算例中的起始和结束画面编号以及画面增量。

**STEP13　添加材料。**

在状态栏上切换到静态算例，指定【摇杆】材料，同时审核运动载荷的定义(引力、离心力和远程载荷等)，在静态算例树中右键单击其各自的图标以灰色显示的栏区定义为链接参数。

在 Simulation Study 中，右键单击零件【摇杆】，并选择【应用/编辑材料】，从【材料】库文件中选择【普通碳钢】，单击【应用】和【关闭】。

**STEP14　划分单元网格。**

右键单击【网格】→【生成网格】，保留默认设置，单击【确认】图标，如图 10-24 所示。

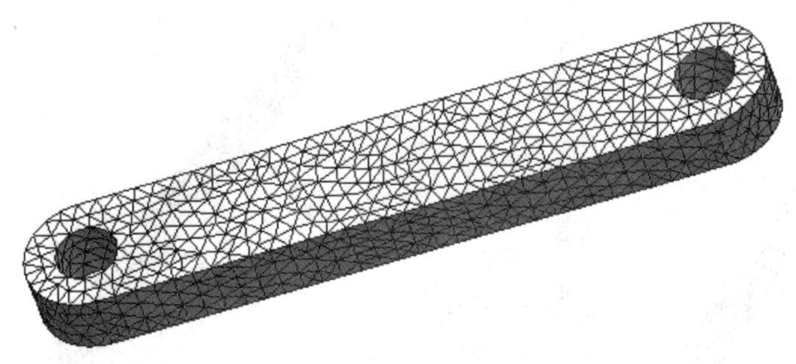

图 10-24　单元模型

**STEP15　属性设置。**

参见例题 10-1 的 STEP15，方法相同。

**STEP16　运行设计算例。**

切换到设计算例并单击【运行】，将按照 10 种不同数据情形依次求解。

在设计算例树中，右键单击【结果和图表】，并选择【定义设计历史图表】，在【Y-轴】中单击【约束】，选择【VON：von Mises Stress】，单击【确认】图标。

该步骤的作用是将上述 10 种设计情形中的最大 von Mises 应力连成一条曲线作为结果输出。

**STEP17　查看结果。**

图表显示最大 von Mises 应力在零部件摇杆中贯穿的 10 个情形。可以观察到最大应力值(1.39 MPa)发生在【设计情形 8】处，这远小于材料【普通碳钢】的屈服强度，非常安全，如图 10-25 所示。关闭历史图表并保存零件文档。

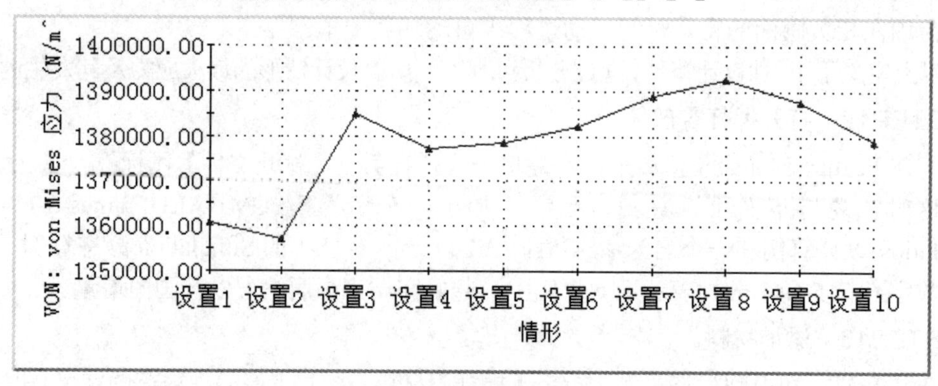


图 10-25　设计历史图表

STEP18　设计情形 8。

在设计算例树中，当指针变成⬇时选取【情形 8】列的标题行，并显示 von Mises 应力和最大合位移 URES，如图 10-26、10-27 所示。

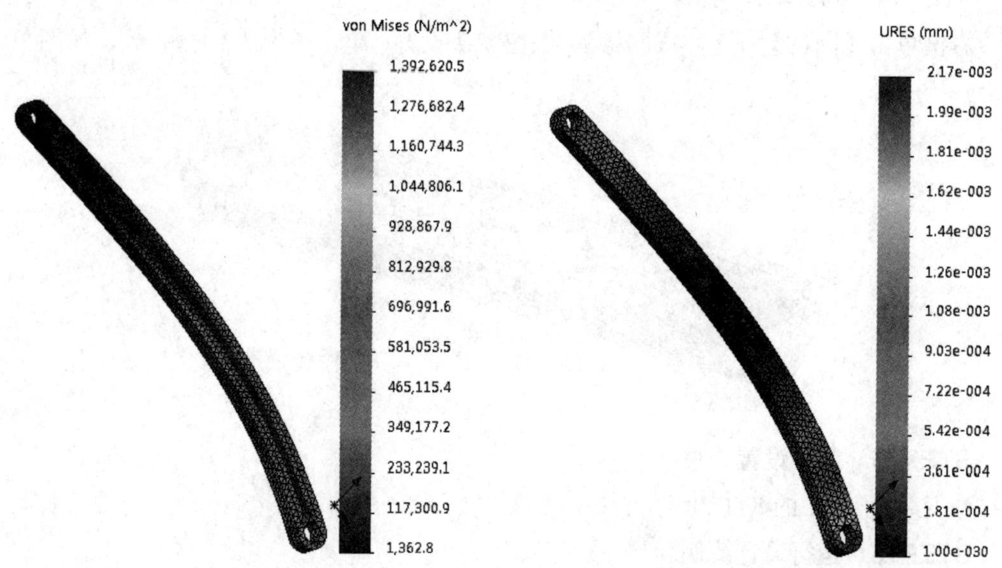


图 10-26　情形 8 的 von Mises 应力　　图 10-27　情形 8 的最大合位移 URES

STEP19　保存文件。

单击【保存】图标，保存文件。

## 练习 10-2　曲柄摇杆(间接法)

在 SolidWorks Motion 界面中直接进行有限元分析。同样要求在 SolidWorks 中已激活了

SolidWorks Simulation 模块才能进行有限元分析。其操作步骤如下：

STEP01～STEP10 同练习 10-1。

只是将摇杆所受力矩改为在其正中央受到与摇杆垂直、大小为 100 N 的力，如图 10-28 所示。

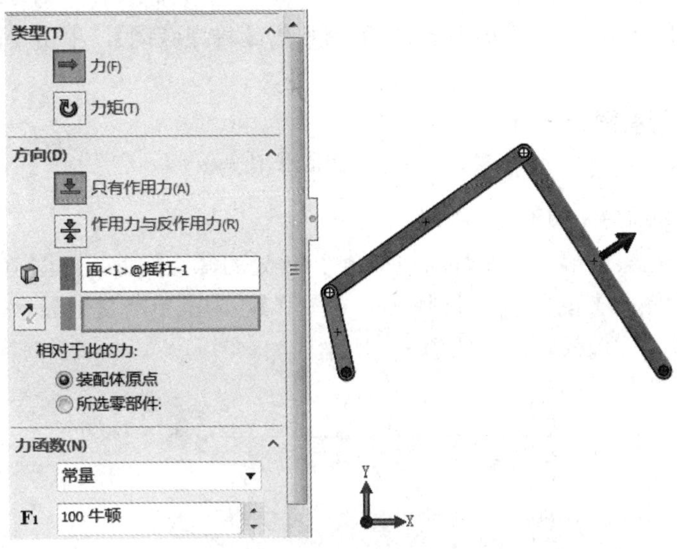


图 10-28　工作载荷参数设置

## STEP11　模拟设置。

在 SolidWorks Motion 工具栏上，单击【模拟设置】图标，在【模拟所用零件】选项中选择要分析的零部件——摇杆。在【模拟开始时间】和【模拟结束时间】中分别指定 0.3 s 和 0.5 s。单击【添加时间】，将时间范围添加至【模拟时间步长和时间范围】域中。

在【高级】选项下拖动【网格密度】滑块，设置【网格密度比例因子】为“0.95”，生成更精细的网格，如图 10-29 所示。

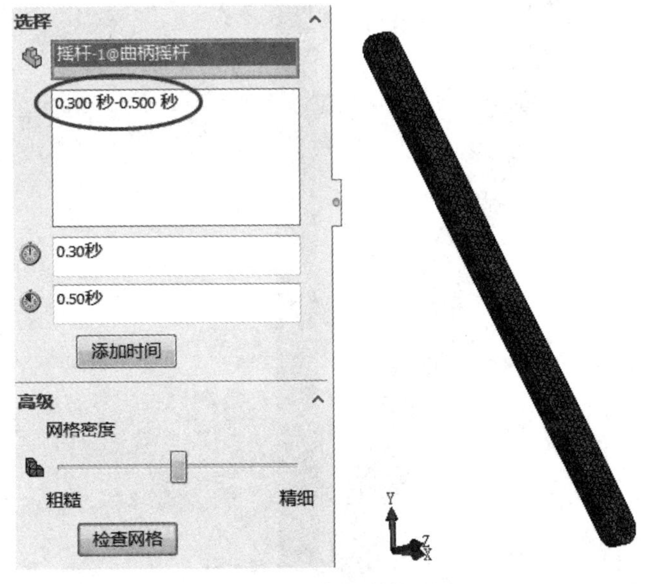


图 10-29　模拟参数设置

单击【确认】图标✔。此时软件将显示“您想将材料指派给零部件吗？”的提示信息，这时单击【是】，打开【材料】窗口。

**STEP12　指派材料。**

与练习 10-1 的 STEP13 方法相同，指派材料为【普通碳钢】，单击【应用】后再单击【关闭】。

**STEP13　进行有限元分析。**

单击【计算模拟结果】图标，进行有限元分析计算。

**STEP14　显示 0. 4 s 时的应力结果。**

为了显示这个结果图解，需将时间线移至 0.4 s 处的峰值附近，如图 10-30 所示。在工具栏上单击【应力图解】图标，选择【应力图解】，为了更清楚地显示摇杆的结果，可通过【孤立】只显示摇杆其结果如图 10-31 所示。

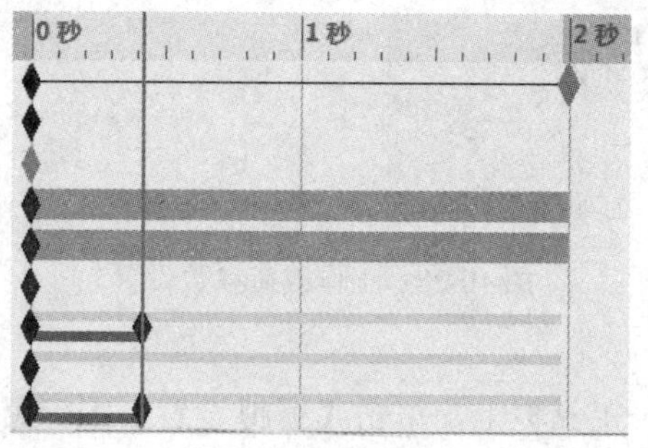


图 10-30　指定时间

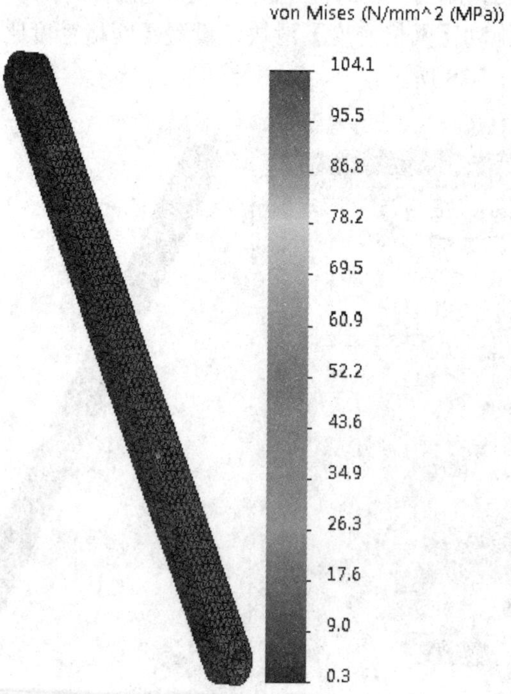

von Mises (N/mm^2 (MPa))

104.1
95.5
86.8
78.2
69.5
60.9
52.2
43.6
34.9
26.3
17.6
9.0
0.3

图 10-31　应力图解

**STEP15 显示 0.4 s 时的安全系数。**

仿照上步，输出变形图解和安全系数图解，如图 10-32、图 10-33 所示。

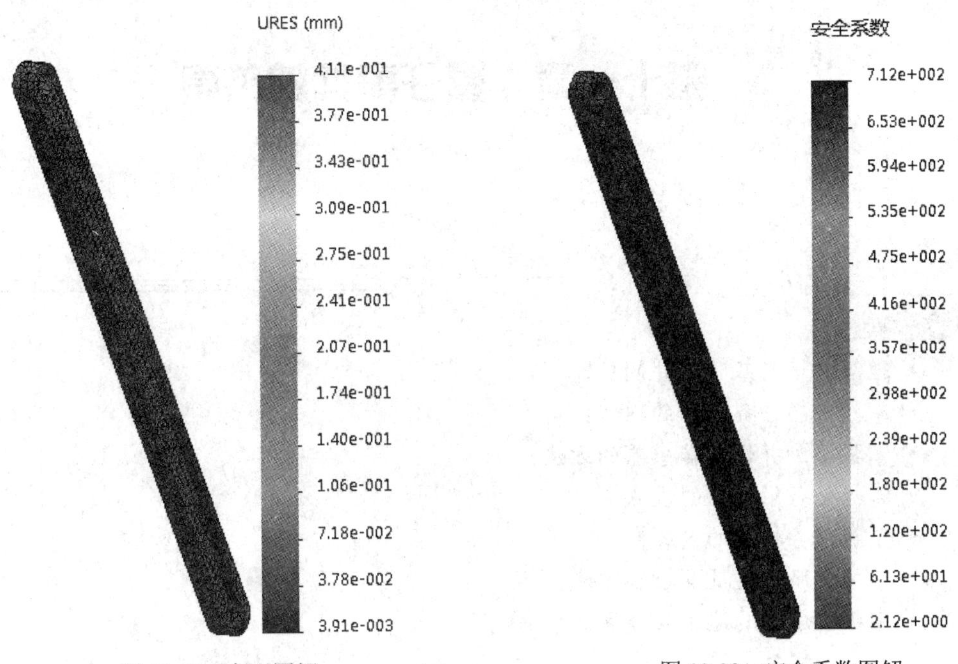


图 10-32 变形图解

图 10-33 安全系数图解

**STEP16 动画显示并查看总体最大值。**

设置图例，选择【变形图解】，单击【播放】按钮▶观察动画。整个分析时间(0.2～0.5 s)内的最大合位移为 0.411 mm。

**STEP17 保存文件。**

单击【保存】图标，保存文件。

# 第十一章　基于事件的仿真

学习目标

- 理解并运行基于事件的仿真；
- 掌握每项任务包括的内容；
- 掌握添加并设置传感器的方法；
- 掌握任务触发器的设置；
- 了解任务操作的内容；
- 掌握伺服马达及其控制方法；
- 掌握重命名马达、配合等的方法。

## 一、基本知识

基于事件的仿真由一系列仿真任务组成，而这些仿真任务由传感器触发，每个任务都由一个触发事件或相关的任务操作定义，来控制或定义任务期间的运动。在时间上任务可以是顺序(串联)进行的，也可以是同时(并联)进行的。

### 1. 传感器

传感器可以监视零部件和装配体的所选属性，并在数值超出指定阈值时发出警告，主要用于触发或停止基于事件的仿真运动。在基于事件的仿真中，可以用到下列三种不同类型的传感器：

(1) 干涉检查：用于检查碰撞。

(2) 接近：用于探测越过一条线的实体运动。

(3) 尺寸：用于探测零部件相对于一个位置的尺寸。

传感器的操作是在 Feature Manager 中，右键单击【传感器】并选择【添加传感器】实施的。

### 2. 触发器

任务触发器用于控制每一项任务中何时进行。

每项任务都会由一个触发条件触发，触发条件可能取决于传感器感应到的值(如零部件的位置)，也可能取决于序列中其他任务的开始或结束。

若要生成任务触发器，可以通过表 11-1 来实现。

**表 11-1　任务触发器**

| 触发器类型 | 触发条件 |
| --- | --- |
| 传感器 | 【干涉检查】检查碰撞 |
| | 【接近】检查跨过某一直线的实体运动 |
| | 【尺寸】检测零部件与尺寸之间的相对位置 |
| 在事件计划中的前一个任务 | 任务操作的开始时间 |
| | 任务操作的完成时间 |

### 3. 任务

基于事件的仿真针对的是一系列的任务，这些任务由传感器触发，按时间顺序排列或同时进行。每一项任务都通过一个触发事件及其相关的任务操作进行定义，进而控制或定义任务过程中的运动。

任务的操作是在 Motion Manager 工具栏中进行的，单击【基于事件的运动视图】图标，若要添加一个任务，则只需单击任务列表底部的【单击此处添加】即可。

在定义一个任务时可以指定下列具体操作：

(1) 【终止】：终止一个零部件的运动。

(2) 【马达】：打开或关闭任意马达，或根据所选面更改马达的恒定速度。

(3) 【力】：应用或终止加载任何力，或根据所选面更改马达的恒定力。

(4) 【配合】：对所选配合切换压缩与否状态，即【打开】与【关闭】。

### 4. 运动视图

为了定义任务，运动仿真中提供了【基于事件的运动视图】，可以在 Motion Manager 工具栏中单击对应的图标(位于工具栏的最右端)，这个视图用于定义任务并设计系统的逻辑线路。

### 5. 时间线视图

基于时间线视图提供了传统的带时间帧的运动仿真视图以指示开始和结束时间，以及仿真零部件的动作。当基于事件的仿真计算完毕时，将产生事件的时间帧序列，这个序列也是仿真的重要结果之一。

### 6. 伺服马达

在基于事件的仿真中，伺服马达是驱动机构旋转或直线运动的发动机。然而它们的运动并不能在马达的 Feature Manager 中直接给定，而是在基于事件的仿真界面内进行控制，而且要符合某种准则才能启动，例如，两个零部件的干涉(接触)触发，也就是当两个零部件接触后，伺服马达才开始运动。

# 二、实践操作

## 例题 11-1 焊接机器人

图 11-1 是模拟焊接机器人的模型。这一模型是由工作台、焊接机器人、两个焊件、两个传感器和搬运机器人等组件组成的。搬运机器人负责将焊接件搬运到另一个固定焊接件的位置，焊接机器人负责焊接。这里使用基于事件的运动仿真来模拟搬运、焊接和复位等过程。

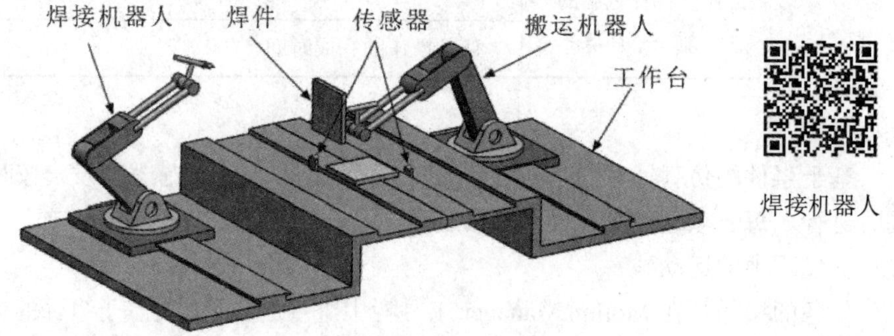


焊接机器人

图 11-1 焊接机器人模型

模拟过程：首先是搬运机器人在线性马达的驱动下，夹持焊件沿轨道运动，当经过传感器时，传感器捕捉到焊件位置信息，由此作为触发器，触发一系列的动作来完成搬运机器人停止运动、焊件机器人运动到焊接位置、焊接和复位等过程。具体操作步骤如下：

**STEP01 打开装配体文件。**

在文件夹“SolidWorks Motion\第十一章\基于事件的运动仿真\例题”下打开文件“焊接机器人.SLDASM”。

**STEP02 确认单位。**

在工具栏的右下角，确认单位被设定为【MMGS(毫米、克、秒)】。

**STEP03 创建新的运动算例。**

在工具栏上，单击【新建运动算例】图标，同时在 Motion Manager 工具栏左侧【算例类型】中选择【Motion 分析】，并在工具栏上将此运动算例命名为“焊接机器人”。

**STEP04 定义接近传感器。**

在 Feature Manager 中，右键单击【传感器】并选择【添加传感器】，定义两个【接近】传感器来控制这个系统。传感器 1 作为触发器用于触发焊接机器人开始工作，传感器 2 作为触发器用于停止搬运机器人运动。

对于传感器的设置，在【传感器类型】中选择【接近】，在【接近传感器位置】文本框中选择图 11-2 所示的圆面(面<1>@工作台-2)，在【要跟踪的零部件】文本框中选择搬运机器人所夹持的焊件(板-2@焊接机器人)，将【接近传感器范围】设置为 50 mm，勾选【提醒】，其参数设置参照图 11-2。另一个传感器采用同样的方法进行定义。由于板宽为 50 mm，只要大于这个值，传感器就可以捕捉到焊件经过，也就是板会被探测到。

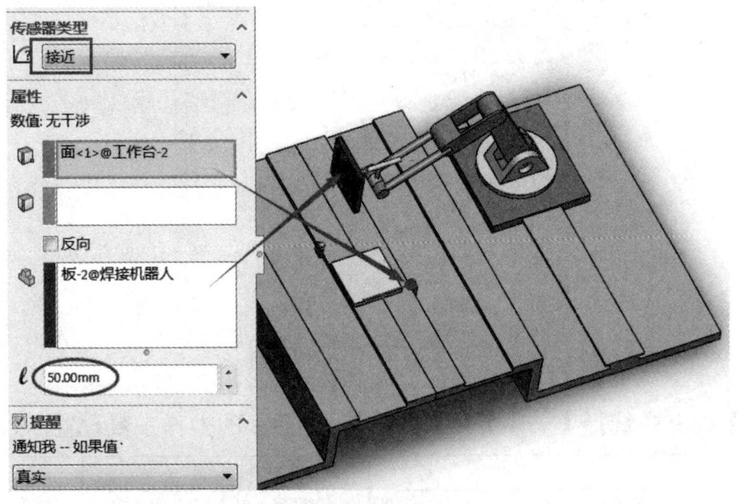


图 11-2　传感器参数设置

STEP05　**定义线性马达。**

选择搬运机器人运动底座的端面，选择【等速】，其大小设置为 10 mm/s。

STEP06　**定义线性伺服马达。**

选择焊件机器人运动底座的端面，定义一个线性伺服马达，选择【位移】，其值在任务中给定。

STEP07　**定义旋转伺服马达。**

分别选择大臂与基座、小臂与大臂，在它们之间分别定义两个旋转伺服马达，选择【位移】，位移值在任务中给定。

将各个马达进行重命名以便下面使用。方法是右键单击马达名称，选择【添加到库】来修改名称。

在基于事件的仿真中，伺服马达的运动并不能在 Feature Manager 中直接给定，而是通过基于事件的仿真界面进行控制，而且由各种准则(如传感器、任务)触发。

STEP08　**基于事件的运动视图。**

在 Motion Manager 工具栏的右侧单击【基于事件的运动视图】图标，将页面进行转换。

为了便于使用，应确定好任务、触发器、马达等的名称，建议名称带有具体的含义，以避免重名。

每一项任务包括任务名称、触发器和操作三部分内容。

STEP09　**任务 1——名称及触发器设置。**

单击【单击此处添加】左边的“+”，以添加一条新的任务行。

在【名称】中输入“压缩大臂与工作台、小臂与大臂角度配合”，在【触发器】中单击按钮…，打开【触发器】对话框，选择【接近 1(无干涉)】，如图 11-3 所示。单击【确定】按钮并关闭【触发器】对话框，回到【基于事件的运动视图】界面，通过设置【条件】为“提醒”，设置【时间/延缓】为“无”，完成对任务 1 触发器部分的设置。

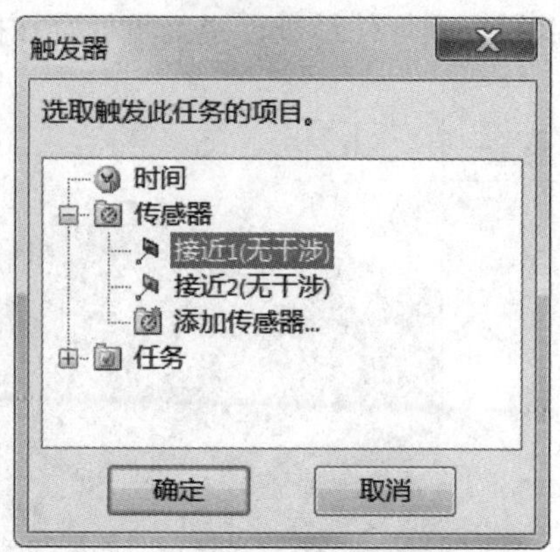


图 11-3　触发器选择

在【操作】列表中选择【关闭】。至此完成了任务 1 的操作参数设置，如图 11-4 所示。

| 任务 | | 触发器 | | | | |
|---|---|---|---|---|---|---|
| 名称 | 说明 | 触发器 | 条件 | 时间/延 | 特征 | 操作 |
| 压缩大臂与工作台、小臂与大臂角度配合 | | 接近1 | 提醒 | <无> | (2) | 关闭 |

图 11-4　任务 1 参数设置

STEP10　任务 1——操作。

在【特征】栏中，选取【配合】下的【角度 3(大臂<1>工作台<1>】，如图 11-5 所示。

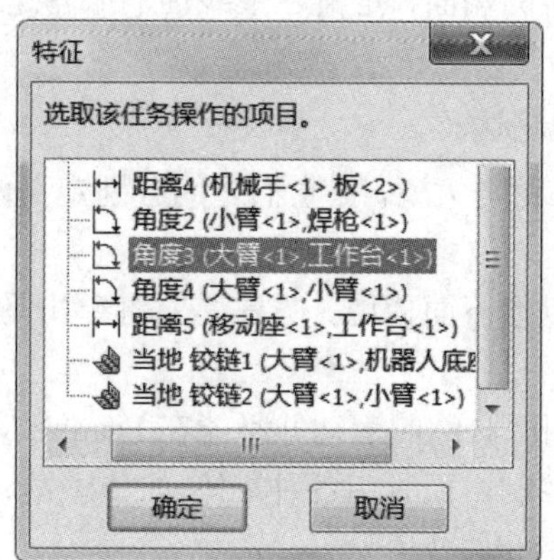


图 11-5　要压缩的配合

STEP11　任务 2。

仿照任务 1 定义任务 2，压缩【距离 5】配合，如图 11-6 所示。

| 任务 | | 触发器 | | | 操 | |
|---|---|---|---|---|---|---|
| 名称 | 说明 | 触发器 | 条件 | 时间/延 | 特征 | 操作 |
| 压缩大臂与工作台、小臂与大臂角度 | | 接近1 | 提醒打开 | <无> | (2) | 关闭 |
| 压缩移动底座与工作台配合 | | 接近1 | 提醒打开 | <无> | 距离5 | 关闭 |

图 11-6　任务 2 参数设置

STEP12　任务 3。

在【触发器】下选择任务 2 结束作为触发器，在【条件】域选择【任务结束】。在【特

征】栏中选取【Motors】下的【大臂旋转】，在【操作】列表中选择【更改】，并在【数值】处输入“87 deg”，在【持续时间】处输入“1.5 s”，并在【轮廓】处选择【线性】。至此完成了任务 3 的参数设置，如图 11-7 所示。

| 任务 | | 触发器 | | | 操作 | | | | |
|---|---|---|---|---|---|---|---|---|---|
| 名称 | 说明 | 触发器 | 条件 | 时间/延缓 | 特征 | 操作 | 数值 | 持续时间 | 轮廓 |
| 压缩大臂与工作 | | 接近1 | 提醒 | <无> | (2) | 关闭 | | | |
| 压缩移动底座与 | | 接近1 | 提醒 | <无> | 距离5 | 关闭 | | | |
| 大臂转动87° | | 压缩大 | 任务 | <无> | 大臂旋转 | 更改 | 87deg | 1.5s | |

图 11-7 任务 3 参数设置

STEP13 其他任务。

仿照任务 1、2、3 完成其他任务的定义，如图 11-8 所示。

| 任务 | | 触发器 | | | 操作 | | | | | 时间 | |
|---|---|---|---|---|---|---|---|---|---|---|---|
| 名称 | 说明 | 触发器 | 条件 | 时间/ | 特征 | 操作 | 数值 | 持续 | 轮廓 | 开始 | 结束 |
| 压缩大臂与工 | | 接近1 | 提醒打开 | <无> | (2) | 关闭 | | | | 2.29s | 2.29s |
| 压缩移动底座 | | 接近1 | 提醒打开 | <无> | 距离5 | 关闭 | | | | 2.29s | 2.29s |
| 大臂转动87° | | 压缩大臂 | 任务结束 | <无> | 大臂旋转 | 更改 | 87deg | 1.5s | | 2.29s | 3.79s |
| 小臂转动51° | | 压缩大臂 | 任务结束 | <无> | 小臂旋转 | 更改 | -36deg | 1s | | 2.29s | 3.29s |
| 焊接机器人开 | | 压缩大臂 | 任务结束 | <无> | 机器人线 | 更改 | 70mm | 1s | | 2.29s | 3.29s |
| 夹持机器人停 | | 接近2 | 提醒打开 | <无> | 线性马达 | 停止 | 0mm/s | 0s | | 9.28s | 9.28s |
| 开始焊接 | | 夹持机器 | 任务结束 | 0.2s | 机器人线 | 更改 | 50mm | 2s | | 9.48s | 11.48 |
| 焊接机器人复 | | 开始焊接 | 任务结束 | <无> | 大臂旋转 | 更改 | -87deg | 1s | | 11.48 | 12.48 |
| 焊接机器人复 | | 开始焊接 | 任务结束 | <无> | 小臂旋转 | 更改 | 36deg | 1s | | 11.48 | 12.48 |
| 焊接机器人复 | | 开始焊接 | 任务结束 | <无> | 机器人线 | 更改 | -120m | 2s | | 11.48 | 13.48 |

图 11-8 其他任务参数设置

STEP14 设置计算时间。

设置计算时间为 15 s。

STEP15 计算。

计算后自动生成任务时间序列和逻辑关系，如图 11-9 所示。完成本次仿真，耗时大约 15 s。

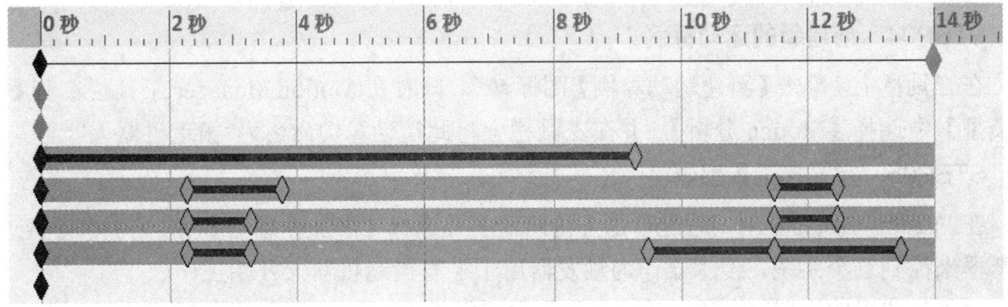


图 11-9 时间线视图

STEP16 保存并关闭文件。

单击【保存】图标，保存文件。

## 练习 11–1 搬运机器人

搬运机器人

图 11-10 是模拟搬运机器人的模型。

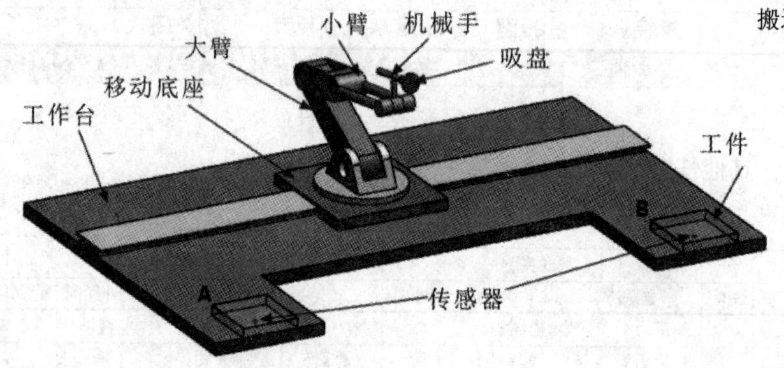


图 11-10 搬运机器人模型

这一模型是由工作台、机器人(包含移动底座、大臂、小臂、机械手和吸盘)、工件和传感器等组件组成的。搬运机器人将工件由位置 A 搬运到位置 B，使用基于事件的运动仿真来模拟这个搬运过程。具体操作步骤如下：

**STEP01 任务分析。**

模拟过程首先是通过传感器探测到工件到位后，搬运机器人运动到 A 处附近，通过吸盘抓取工件，放到 B 处，之后归位，完成一个工作循环。

**STEP02 打开装配体文件。**

在文件夹“SolidWorks Motion\第十一章\基于事件的运动仿真\练习”下打开文件“搬运机器人.SLDASM”。

**STEP03 确认单位。**

在工具栏的右下角确认单位被设定为【MMGS(毫米、克、秒)】。

**STEP04 创建新的运动算例。**

在工具栏上，单击【新建运动算例】图标，同时在 Motion Manager 工具栏左侧【算例类型】中选择【Motion 分析】，并在工具栏上将此运动算例命名为“搬运机器人”。

**STEP05 定义接近传感器。**

在 Feature Manager 中，右键单击【传感器】并选择【添加传感器】，定义 1 个【接近】传感器来控制这个系统。传感器作为触发器用于触发搬运机器人开始工作。

对于传感器的设置，在【传感器类型】中选择【接近】，在【接近传感器位置】中选择图 11-11 所示的圆面(面<1>@传感器 2-2)，在【要跟踪的零部件】中选择搬运机器人所夹持的工件(板-1@搬运机器人)，将【接近传感器范围】设置为 2 mm，勾选【提醒】，其参数设置参照图 11-11。

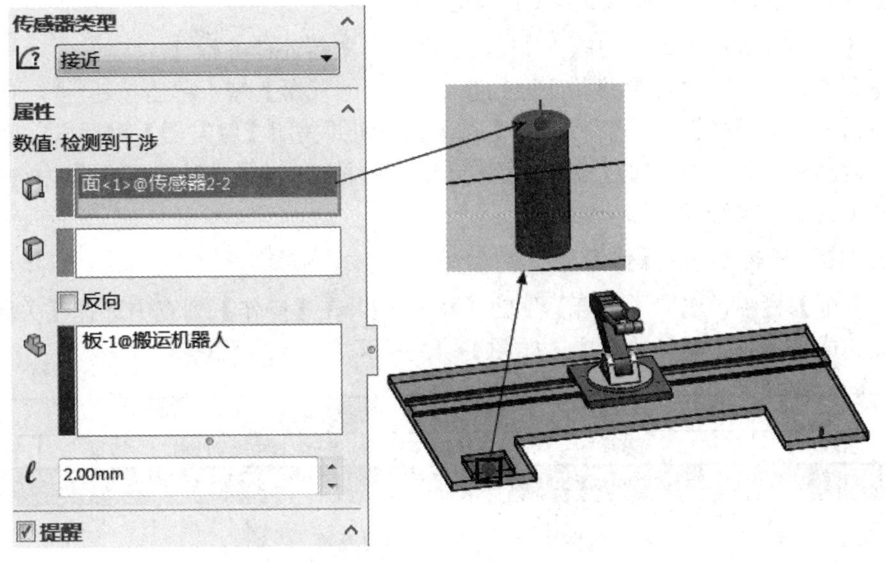


图 11-11　传感器参数设置

STEP06　定义线性伺服马达。

选择搬运机器人运动底座的端面，定义伺服马达和位移，参数设置如图 11-12 所示。

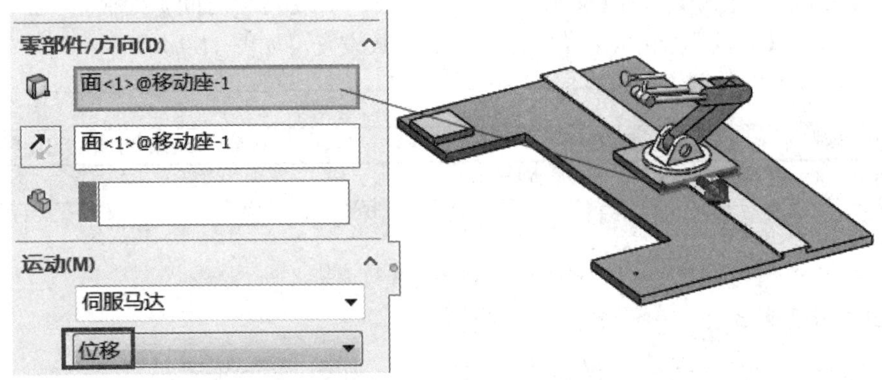


图 11-12　传感器参数设置

STEP07　定义旋转伺服马达。

分别定义大臂、小臂和吸盘机械手 3 个旋转【伺服马达】，选择【位移】。

将各个马达进行重命名以便下面使用。方法是右键单击马达名称，选择【添加到库】来修改名称。

STEP08　基于事件的运动视图。

在 Motion Manager 工具栏的右侧，单击【基于事件的运动视图】图标，将页面进行转换。

由于任务名称、触发器、马达等名称要被用来使用，所以不能重名，要确定好名称以便接下来使用。

每一项任务包括任务名称、触发器和操作三部分内容。

STEP09　任务 1——名称及触发器设置。

单击【单击此处添加】左边的“➕”，以添加一条新的任务行。

在【名称】中输入“解除移动底座约束”，在【触发器】域中单击按钮…，打开【触发器】对话框，选择【接近 1】后单击【确认】按钮并关闭【触发器】对话框。回到【基于事件的运动视图】界面，通过设置【条件】为“提醒”，设置【时间/延缓】为“无”，完成对任务 1 的名称与触发器部分的设置。

STEP10　任务 1——操作设置。

在【特征】栏中，选取【配合】下的【宽度 1】，在【操作】列表中选择【关闭】。

至此完成了任务 1 的参数设置，如图 11-13 所示。

| 任务 | | 触发器 | | | 操作 | |
|---|---|---|---|---|---|---|
| 名称 | 说明 | 触发器 | 条件 | 时间/延缓 | 特征 | 操作 |
| 解除移动底座约束 | 未工作时位于轨道正中央 | 接近1 | 提醒 | <无> | 宽度1 | 关闭 |

图 11-13　任务 1 参数设置

STEP11　任务 2。

定义完任务名称，在【触发器】下选择【传感器】的接近 1 打开作为触发器，在【时间/延缓】域选择【无】。在【特征】栏中选取【Motors】下的【底座移动】，在【操作】列表中选择【更改】，并在【数值】处输入“−200 mm”，在【持续时间】处输入“2 s”，并在【轮廓】处选择【谐波】。至此完成了任务 2 的参数设置，如图 11-14 所示。

| 触发器 | | | 操作 | | | | | 时间 | |
|---|---|---|---|---|---|---|---|---|---|
| 触发器 | 条件 | 时间/延缓 | 特征 | 操作 | 数值 | 持续 | 轮廓 | 开始 | 结束 |
| 接近1 | 提醒打开 | <无> | 宽度1 | 关闭 | | | | 0s | 0s |
| 接近1 | 提醒打开 | <无> | 底座移动 | 更改 | -200mm | 2s | | 0s | 2s |

图 11-14　任务 2 参数设置

STEP12 任务 3。

仿照任务 1 来定义任务 3，解除对大臂的约束，如图 11-15 所示。

| 任务 | | 触发器 | | | 操作 | |
|---|---|---|---|---|---|---|
| 名称 | 说明 | 触发器 | 条件 | 时间/延缓 | 特征 | 操作 |
| 解除移动底座约束 | 未工 | 接近1 | 提醒打开 | <无> | 宽度1 | 关闭 |
| 向左移动机器人-200mm | | 接近1 | 提醒打开 | <无> | 底座移动 | 更改 |
| 解除对大臂的角度约束 | | 接近1 | 提醒打开 | <无> | 角度1 | 关闭 |

图 11-15　任务 3 参数设置

STEP13　其他任务。

仿照任务 1、2，定义接下来的其他任务，如图 11-16 所示。

STEP14　设置计算时间。

设置计算时间为 14 s。

| 任务 | | 触发器 | | | 操作 | | | | |
|---|---|---|---|---|---|---|---|---|---|
| 名称 | 说明 | 触发器 | 条件 | 时间/ | 特征 | 操作 | 数值 | 持续 | 轮廓 |
| 解除移动底座约束 | 未工 | 接近1 | 提醒 | <无> | 宽度1 | 关 | | | |
| 向左移动机器人-200mm | | 接近1 | 提醒 | <无> | 底座移动 | 更 | -200mm | 2s | |
| 解除对大臂的角度约束 | | 接近1 | 提醒 | <无> | 角度1 | 关 | | | |
| 旋转大臂90° | | 解除对大臂的角度 | 任务 | 1s 延 | 大臂旋转 | 更 | 90deg | 2s | |
| 旋转小臂-40° | | 旋转大臂90° | 任务 | <无> | 小臂旋转 | 更 | -40deg | 1s | |
| 旋转机械手100° | | 旋转小臂-40° | 任务 | <无> | 机械手旋转 | 更 | 100deg | 1s | |
| 向下伸缩吸盘6.18mm | | 旋转机械手100° | 任务 | <无> | 旋转马达1 | 更 | -2225deg | 1s | |
| 锁定吸盘与工件 | | 向下伸缩吸盘6.18m | 任务 | <无> | 锁定1 | 打 | | | |
| 向上提拉吸盘6mm | | 锁定吸盘与工件 | 任务 | <无> | 旋转马达1 | 更 | 2160deg | 1s | |
| 移动机器人400mm | | 向上提拉吸盘6mm | 任务 | <无> | 底座移动 | 更 | 400mm | 2s | |
| 向下移动吸盘6mm | | 向上提拉吸盘6mm | 任务 | 1s 延 | 旋转马达1 | 更 | -2160deg | 1s | |
| 解锁吸盘与工件 | | 向下移动吸盘6mm | 任务 | 0.1s 延 | 锁定1 | 关 | | | |
| 向上提拉吸盘6.18mm | | 解锁吸盘与工件 | 任务 | <无> | 旋转马达1 | 更 | 2225deg | 2s | |
| 机械手归位 | | 解锁吸盘与工件 | 任务 | <无> | 机械手旋转 | 更 | -100deg | 2s | |
| 小臂归位 | | 机械手归位 | 任务 | <无> | 小臂旋转 | 更 | 40deg | 2s | |
| 大臂归位 | | 小臂归位 | 任务 | <无> | 大臂旋转 | 更 | -90deg | 2s | |
| 底座归位 | | 小臂归位 | 任务 | 0.2s 延 | 底座移动 | 更 | -200mm | 1s | |

图 11-16　其他任务参数设置

STEP15　计算。

计算后自动生成任务时间序列和逻辑关系，如图 11-17 所示。完成本次仿真，将耗时大约 14 s。

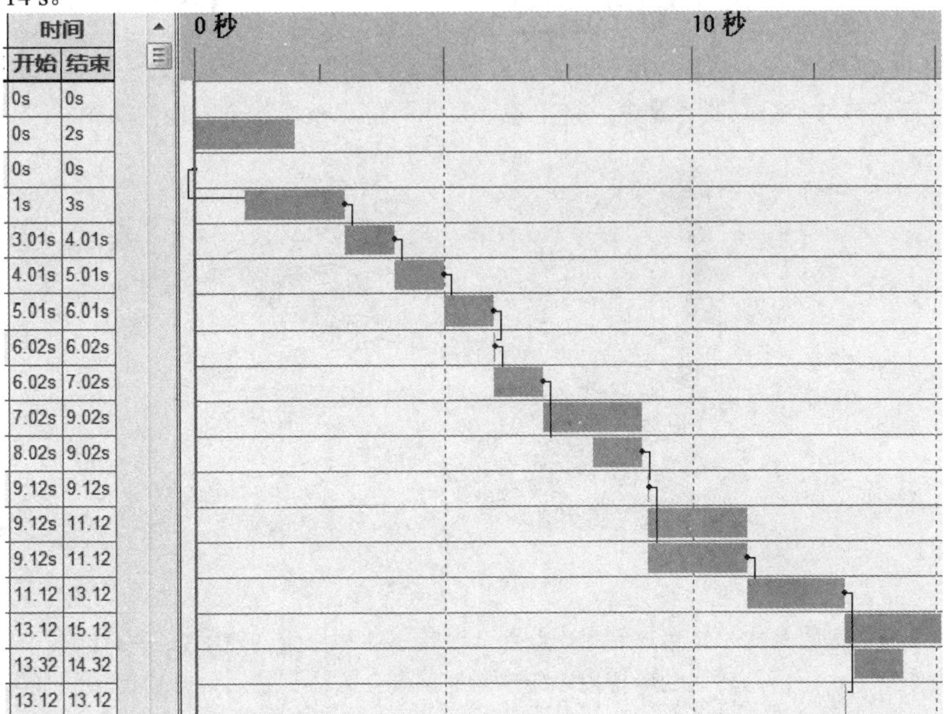

图 11-17 任务时间序列和逻辑关系

STEP16 时间线视图。

切换到时间线图，可以看到基于事件的仿真结果，如图 11-18 所示。这个仿真结果可以帮助设计人员考虑是否改变驱动器的速度来优化系统，或者更改材料来改变摩擦效果，或者更改设计的其他操作。

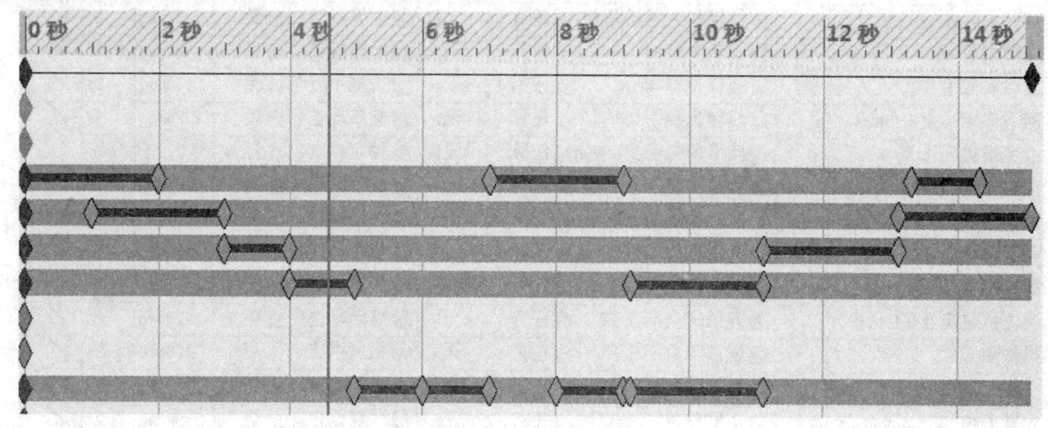


图 11-18 时间线视图

STEP17 保存并关闭文件。

单击【保存】图标，保存文件。

分类装置

## 练习 11–2 分类装置

图 11-19 中的分类装置，用于将蓝、粉、黄 3 种颜色的立方体分开。每种颜色的立方体都应该被放到对应的容器中。使用基于事件的仿真模拟这个机构的动作。

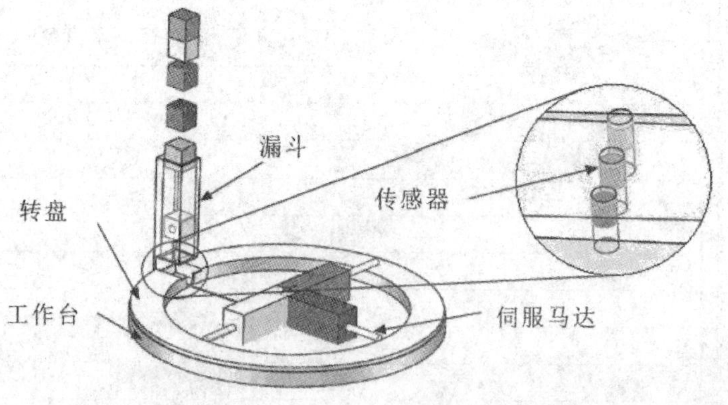


图 11-19 分类装置

这一分类装置是由工作台、转盘、漏斗 3 个传感器和伺服马达等组件组成的。立方体在重力作用下，下落到转盘的卡槽内，传感器捕捉到立方体到位后，开启旋转伺服马达驱动转盘带动立方体旋转相应的角度，随后启动直线伺服马达将立方体推出转盘。

伺服马达的启动是基于一系列传感器或任务来完成的，传感器用于监控立方体的属性(本例是颜色类型)和它们在装置中的位置(是否到位)，而任务取决于是否完成。

**STEP01　打开装配体文件。**

在文件夹“SolidWorks Motion\第十一章\基于事件的运动仿真\练习”下，打开文件“分类装置.SLDASM”。

**STEP02　确认单位。**

在工具栏的右下角确认单位被设定为【MMGS(毫米、克、秒)】。

**STEP03　创建一个新的运动算例。**

将此算例命名为“分类装置”，在【算例类型】选项卡中选择【Motion 分析】。

**STEP04　定义接近传感器。**

在 Feature Manager 中，右键单击【传感器】并选择【添加传感器】，定义 3 个【接近】传感器来控制这个系统。蓝色传感器用来探测到达转盘平台的蓝色立方体，粉色传感器用来探测到达转盘平台的粉色立方体，黄色传感器用来探测到达转盘平台的黄色立方体。对于蓝色传感器的设置，在【传感器类型】中选择【接近】，在【接近传感器位置】中选择蓝色传感器，在【要跟踪的零部件】中选择两个蓝色立方体，将【接近传感器范围】设置为 12 mm，勾选【提醒】，其他参数设置参照图 11-20。粉色、黄色传感器采用同样的方法进行定义。重命名各个传感器。

注意：转盘厚度为 10 mm，设置探测范围为 12 mm，当立方体接近转盘时，将被传感器探测到。

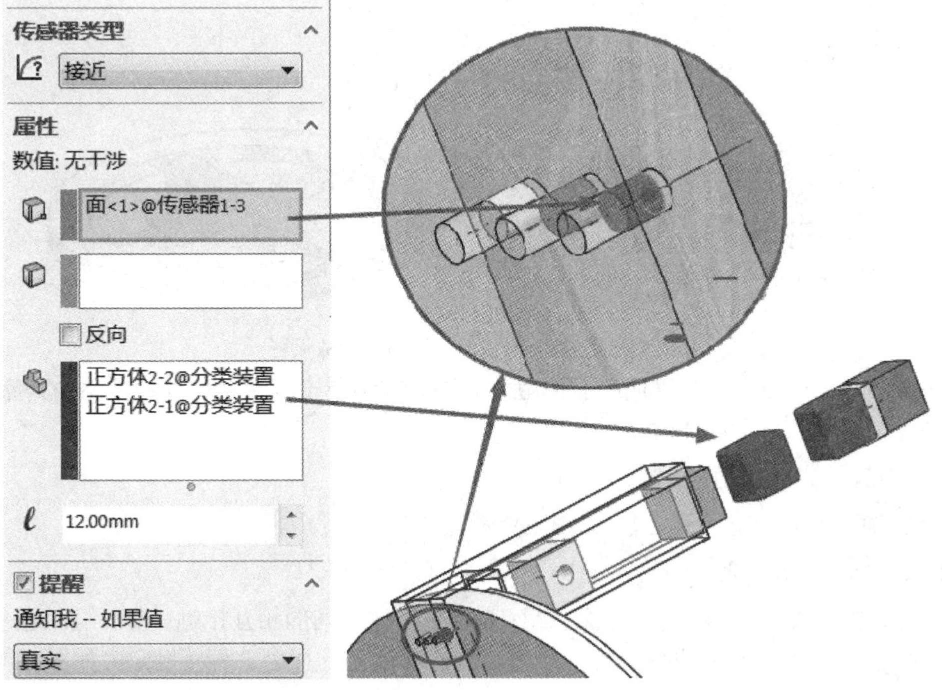


图 11-20　传感器参数设置

STEP05　定义旋转伺服马达。

选择转盘的圆柱面，如图 11-21 所示，定义一个驱动转盘旋转的伺服马达。

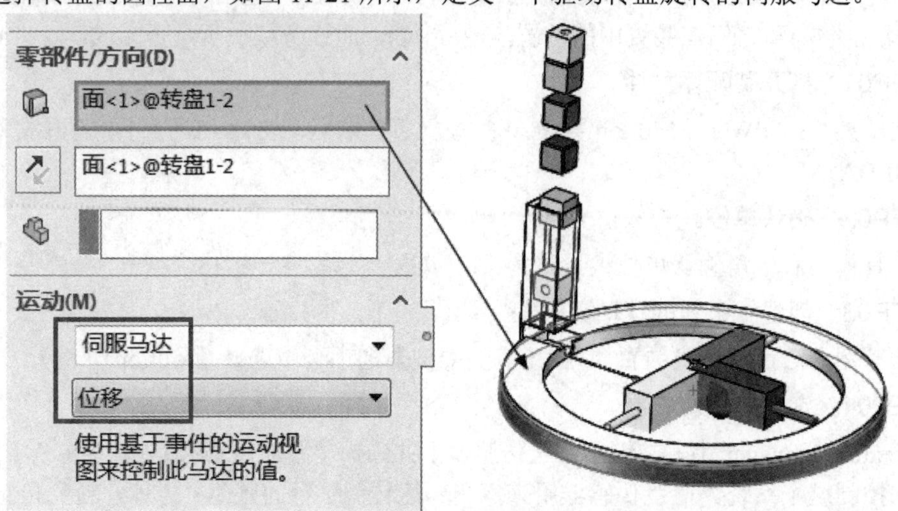


图 11-21　基于位移的旋转伺服马达参数设置

STEP06　定义线性伺服马达。

选择活塞推杆的前端面，如图 11-22 所示，定义 3 个驱动推杆的线性位移伺服马达。

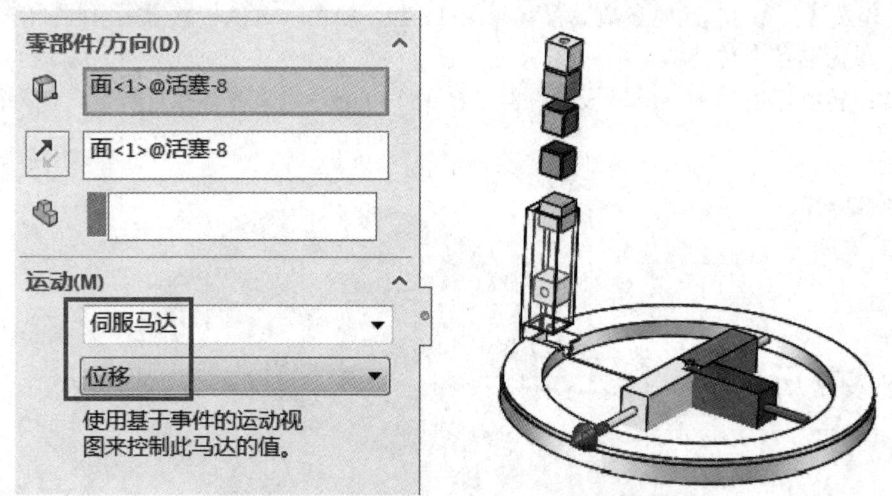


图 11-22　基于位移的线性马达参数设置

将各个马达进行重命名以便下面使用，方法是右键单击马达名称选择【添加到库】来修改名称。

STEP07　定义引力。

在 Y 轴负方向定义【引力】，大小采用默认值。

STEP08　定义接触。

综合分析定义两组接触即可。第一组：6 个立方体之间的相互接触。第二组：通过【使用接触面组】定义 6 个立方体分别与转盘、漏斗和活塞的接触。各接触定义如图 11-23、图 11-24 所示。

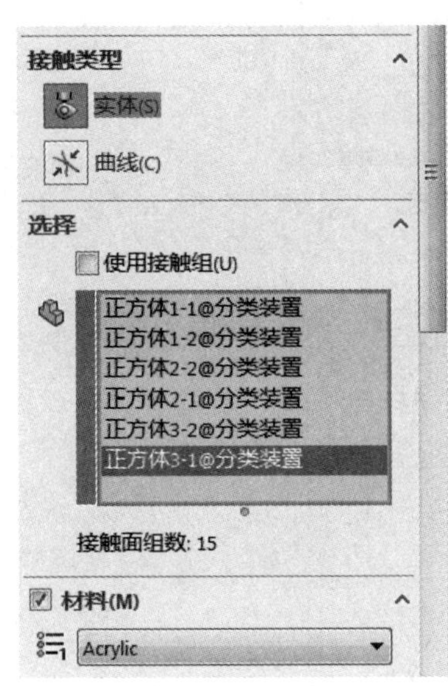


图 11-23　立方体之间的接触

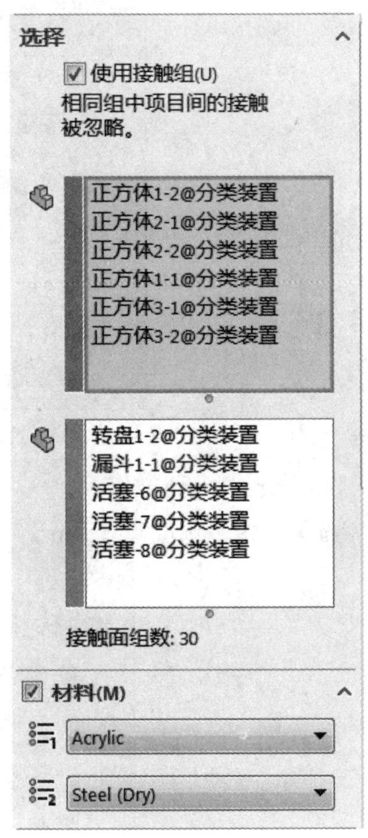


图 11-24　立方体与其他组件的接触

**STEP09　基于事件的运动视图。**

在 Motion Manager 工具栏的右侧单击【基于事件的运动视图】图标，将页面进行转换。

任务名称、触发器、马达等名称不能重名，所以要确定好名称以便接下来使用。下面以蓝色立方体为例加以说明。

实现蓝色立方体分类共包含以下 4 个任务：

(1) 转盘转动 180°，将蓝色立方体送到蓝色立方体的位置。

(2) 活塞前行 50 mm，将蓝色立方体推出转盘。

(3) 活塞后退 50 mm，将活塞归位。

(4) 转盘转动 -180°，将转盘归位。

每一项任务包括任务名称、触发器和操作三部分内容。

**STEP10　任务 1——名称及触发器设置。**

单击【单击此处添加】左边的“+”，以添加一条新的任务行。

在【名称】处输入“转盘转动 180° ”，在【触发器】域中单击按钮，打开【触发器】对话框，选择【蓝色(无干涉)】，如图 11-25 所示。单击【确认】按钮并关闭【触发器】对话框，回到【基于事件的运动视图】。通过设置【条件】为“提醒”，设置【时间/延缓】为“0.1s 延缓”，完成对任务 1 触发器部分的设置。

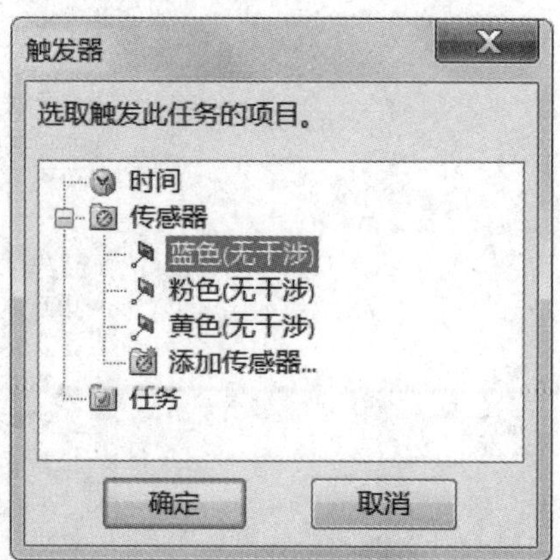


图 11-25　触发器选择

STEP11　任务 1—— 操作。

在【特征】栏中，选取【Motors】下的【旋转马达】，如图 11-26 所示。

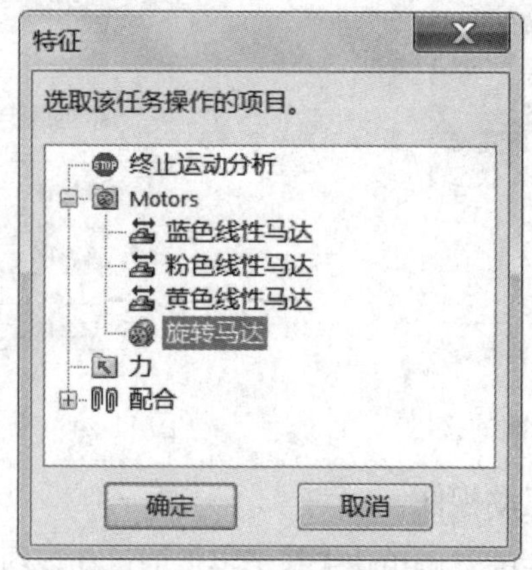


图 11-26　驱动器选择

在【操作】列表中选择【更改】，并在【数值】处输入“180 deg”，在【持续时间】处输入“2 s”，并在【轮廓】处选择【谐波】。至此完成了任务 1 的参数设置，如图 11-27 所示。

| 任务 | | 触发器 | | | 操作 | | | | |
|---|---|---|---|---|---|---|---|---|---|
| 名称 | 说明 | 触发器 | 条件 | 时间/延缓 | 特征 | 操作 | 数值 | 持续时间 | 轮廓 |
| 转盘转 | | 蓝色 | 提醒 | 0.1s 延缓 | 旋转马达 | 更改 | 180deg | 2s | |

图 11-27　任务 1 参数设置

提示：轮廓二阶导数是操作持续时间所对应的余弦函数的前半个周期 $A\cos t$，用来约束速度的开始值，$t$ 是作用过程中的时间值。

STEP12　任务 2—— 名称、触发器。

单击【单击此处添加】左边的“✚”以添加一条新的任务行。

在【名称】处输入“推出蓝色立方体”，在【触发器】域中单击按钮 ⋯，打开【触发器】对话框，选择“转盘转动 180°”，也就是将上一任务的结束作为触发器单击【确认】按钮并关闭触发器对话框，回到【基于事件的运动视图】界面，通过设置【条件】为“任务结束”，设置【时间/延缓】为“0.1s 延缓”，完成对任务 2 触发器部分的设置。

**STEP13　任务 2—— 操作。**

在【特征】栏中，选取【Motors】下的【蓝色线性马达】，在【操作】列表中选择【更改】，并在【数值】处输入“50 mm”，在【持续时间】处输入“0.5 s”，并在【轮廓】处选择【谐波】。至此完成了任务 2 的参数设置，如图 11-28 所示。

| 任务 | | 触发器 | | | 操作 | | | | |
|---|---|---|---|---|---|---|---|---|---|
| 名称 | 说明 | 触发器 | 条件 | 时间/延缓 | 特征 | 操作 | 数值 | 持续时间 | 轮廓 |
| 转盘转动180° | | 蓝色 | 提醒打开 | 0.1s 延缓 | 旋转马达 | 更改 | 180deg | 2s | |
| 推出蓝色立方 | | 转盘转动180° | 任务结束 | 0.1s 延缓 | 蓝色线性 | 更改 | 50mm | 0.5s | |

图 11-28　任务 2 参数设置

**STEP14　任务 3、4。**

仿照任务 1、2 来定义任务 3、4，如图 11-29 所示。

| 任务 | | 触发器 | | | 操作 | | | | |
|---|---|---|---|---|---|---|---|---|---|
| 名称 | 说明 | 触发器 | 条件 | 时间/延缓 | 特征 | 操作 | 数值 | 持续时间 | 轮廓 |
| 转盘转动180° | | 蓝色 | 提醒打开 | 0.1s 延缓 | 旋转马达 | 更改 | 180deg | 2s | |
| 推出蓝色立方 | | 转盘转动180° | 任务结束 | 0.1s 延缓 | 蓝色线性 | 更改 | 50mm | 0.5s | |
| 蓝色活塞归位 | | 推出蓝色立 | 任务结束 | <无> | 蓝色线性 | 更改 | -50mm | 0.1s | |
| 转盘归位-180° | | 蓝色活塞归 | 任务结束 | <无> | 旋转马达 | 更改 | 0deg | 0.5s | |

图 11-29　蓝色立方体参数设置

**STEP15　定义粉色、黄色立方体。**

按照蓝色立方体的设置方法，来定义有关粉色、黄色立方体的任务，如图 11-30 所示。

| 任务 | | 触发器 | | | 操作 | | | | |
|---|---|---|---|---|---|---|---|---|---|
| 名称 | 说明 | 触发器 | 条件 | 时间/延缓 | 特征 | 操作 | 数值 | 持续时间 | 轮廓 |
| 转盘转动180° | | 蓝色 | 提醒打开 | 0.1s 延缓 | 旋转马达 | 更改 | 180deg | 2s | |
| 推出蓝色立方 | | 转盘转动180° | 任务结束 | 0.1s 延缓 | 蓝色线性 | 更改 | 50mm | 0.5s | |
| 蓝色活塞归位 | | 推出蓝色立 | 任务结束 | <无> | 蓝色线性 | 更改 | -50mm | 0.1s | |
| 转盘归位-180° | | 蓝色活塞归 | 任务结束 | <无> | 旋转马达 | 更改 | 0deg | 0.5s | |
| 转盘转动90° | | 粉色 | 提醒打开 | 0.1s 延缓 | 旋转马达 | 更改 | 90deg | 1s | |
| 推出粉色立方 | | 转盘转动90° | 任务结束 | 0.1s 延缓 | 粉色线性 | 更改 | 50mm | 0.5s | |
| 粉色活塞归位 | | 推出粉色立 | 任务结束 | <无> | 粉色线性 | 更改 | -50mm | 0.1s | |
| 转盘归位-90° | | 粉色活塞归 | 任务结束 | <无> | 旋转马达 | 更改 | -90deg | 0.4s | |
| 转盘转动-90° | | 黄色 | 提醒打开 | 0.1s 延缓 | 旋转马达 | 更改 | -90deg | 1s | |
| 推出黄色立方 | | 转盘转动-90° | 任务结束 | 0.1s 延缓 | 黄色线性 | 更改 | 50mm | 0.5s | |
| 黄色活塞归位 | | 推出黄色立 | 任务结束 | <无> | 黄色线性 | 更改 | -50mm | 0.1s | |
| 转盘归位90° | | 黄色活塞归 | 任务结束 | <无> | 旋转马达 | 更改 | 90deg | 0.5s | |

图 11-30　所有任务的参数设置

**STEP16　设置仿真属性。**

设置【每秒帧数】为 100 帧，选择【使用精确接触】。在【高级选项】下，设置【最大积分器步长大小】为 0.05 s。

STEP17　计算。

计算后自动生成任务时间序列和逻辑关系，如图 11-31 所示。完成本次仿真，将耗时大约 18 min。

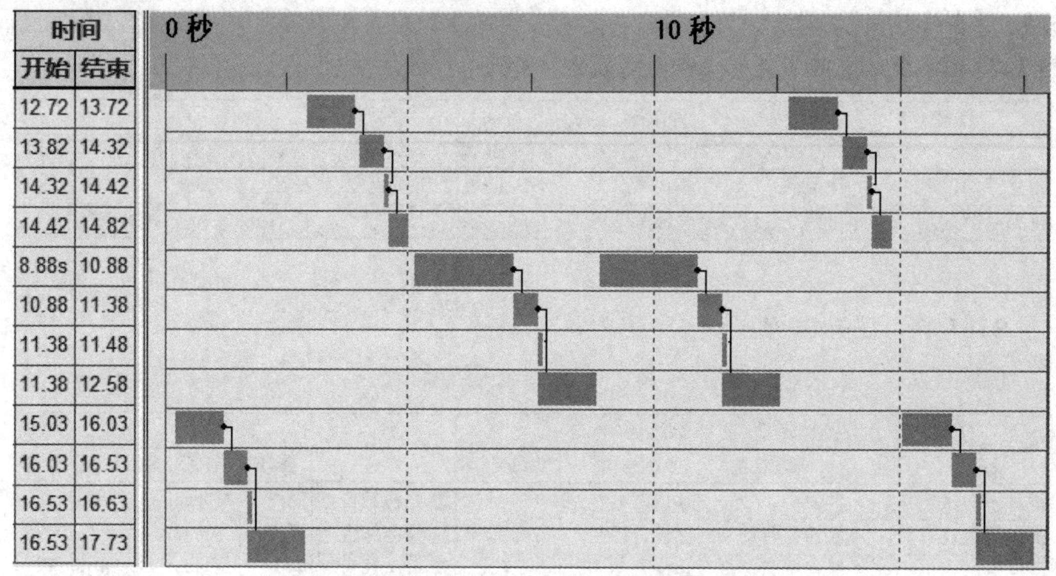


图 11-31　任务时间序列和逻辑关系

STEP18　时间线视图。

该视图指示开始和结束时间以及仿真部件的动作。当基于事件的仿真计算完毕时，将产生事件的时间帧序列，而且这个序列也是仿真的重要结果之一。

切换到时间线视图，可以看到基于事件的仿真结果，如图 11-32 所示。这个仿真结果可以帮助设计人员考虑是否改变驱动器的速度来优化系统，或者更改材料来改变摩擦效果，或者更改设计的其他操作。

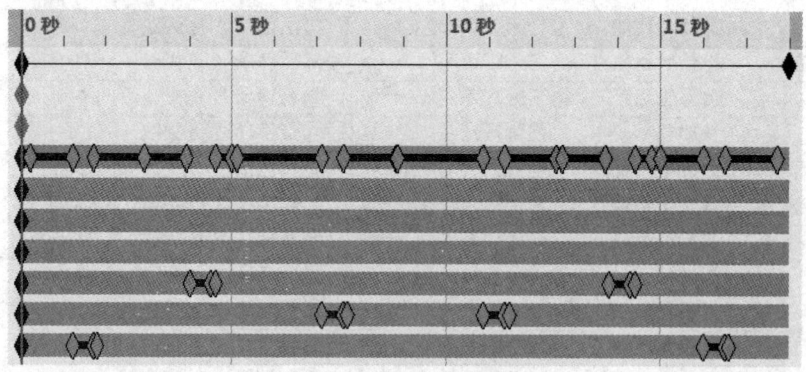


图 11-32　时间线视图

STEP19　保存并关闭文件。

单击【保存】图标，保存文件。

# 附录一 草 图 块

## 一、概 述

### 1. 草图块的用途

SolidWorks 中的草图块是其重要的功能之一，针对现场演示、交流、原理说明(代替手工绘图)以及课上教学，尤其是平面机构设计之初，可以使用草图块代替真实模型进行运动仿真，以便减少复杂草图的运算压力。草图块操作不仅简单、便捷，而且节约内存，还可以提高运行速度，其仿真结果可作为初期设计方案的基本理论依据，进而提高设计效率。

### 2. 草图块的构成

草图块包括草图实体与插入点。

草图实体就是代表机构中的构件或机械中的零部件，其几何尺寸可编辑。而插入点就是在装配体中用于确定草图实体位置的锚点。

### 3. 草图块的制作

制作(定义)草图块的方法比较简单，只需要使用鼠标左键框选或使用“Ctrl+左键单击”来选择需要定义成草图块的草图实体(实线等)，然后启用工具栏上的【制作块】即可完成草图块的定义。接下来，拖动操纵杆(蓝色的 X、Y 轴构成的坐标原点)确定该草图块的插入点。需说明的是用户可以不用确定插入点，系统会默认一个位置作为插入点。

多个草图实体构成的草图块就被定义成了子装配体，一起移动，成了机构中的一个构件。定义好的草图块如同零部件一样可以存起来，便于下次使用，建议保存到系统的“Design Library”文件夹下。使用时，直接从草图块库里拖拽至相应布局位置即可。草图块的扩展名是“.sldblk”。

另外，在草图块中再创建一个草图块就形成嵌套块，相当于子装配体。

### 4. 草图块间的配合

可以给草图块之间添加的几何关系(配合)有水平、竖直、锁定、重合、牵引等。

添加几何关系后，可以实现运动的传递和模拟，可以作为设计方案初期的参照。

需要指出的是【牵引】这个几何关系，就是“齿轮”配合，也就是圆弧和圆弧(直线)之间添加一个几何点一一对应的几何关系。例如，【牵引】几何关系添加后，拖动圆弧旋转，与之配合的另一圆弧作纯滚动运动。在带传动、链传动、齿轮传动中必须使用【牵引】配合。

### 5. 草图块的装配与仿真

草图块的装配需在装配文件里进行，在【布局】环境下，利用【插入块】使用配合进行装配，退出【布局】后，才可进行添加驱动、仿真等操作。

6. Autotrace 插件

通过选择【工具】→【插件】→【Autotrace】，可启动轨迹跟踪插件，启动后会弹出属性框对话框，在这个属性对话框里，通过鼠标拖动或修改参数来调整图片比例、位置、镜像图片和透明度等操作对图片进行修改。它的主要用途是抠图，把抠出的图样作为草图实体，进一步生成草图块。也可用于逆向工程，但精度稍差，一般情况下不用。

## 二、正弦飞剪机构

正弦飞剪机构

正弦飞剪机构如附图 1-1 所示。当曲柄 1 转动时，由滑块 2 带动轭架 3 作往复移动，并在轭架上进行上下滑动。上刀刃装在滑块 2 上，下刀刃装在轭架 3 上。上下刀刃在随轭架移动的过程中剪切钢材。该机构瞬时运动参数约束也就是上下刀刃的移动速度应与钢材运行速度相等。附图 1-2 所示为正弦飞剪机构草图块模型。

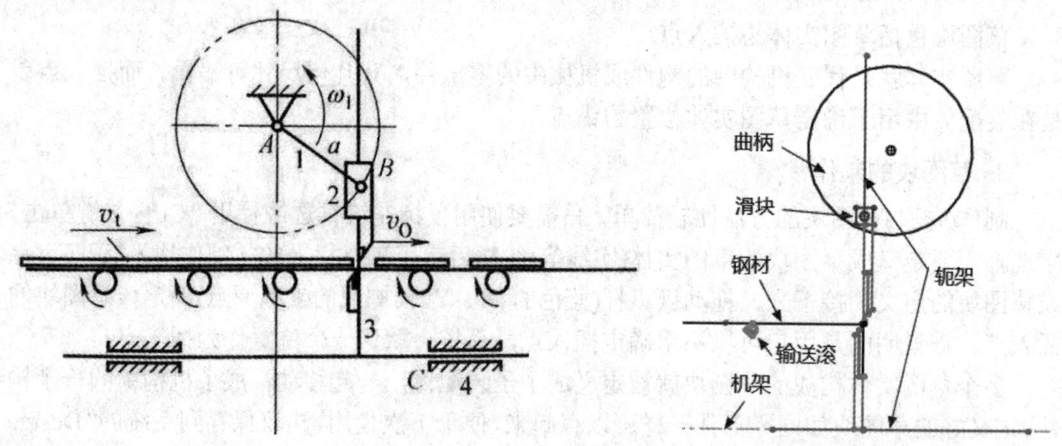


附图 1-1　正弦飞剪机构　　附图 1-2　正弦飞剪机构草图块模型

我们使用【草图块】进行快速仿真，仍然在【Motion 分析】中进行。其操作步骤如下：

STEP01　草绘各个零部件。

在【草图绘制】里，将每个零部件绘制出，如附图 1-3 所示。

STEP02　制作草图块。

按住 Ctrl+左键，选中构成每个构件的线条，右键单击空白处，在弹出的菜单中选择【制作块】，单击左侧的【确认】图标。重复该步操作，将每个构件都制作出草图块。这时窗口左侧对象树里会列出各个块的名称(系统自动命名)，例如块 1-1 等。

STEP03　保存草图块。

左键单击对象树里的各个块，在弹出的菜单中选择【保存块】，或在工具栏上单击【保存块】，保存位置不限，对每个块命名后都保存起来，如附图 1-4 所示。建议保存至系统的“Design Library”文件夹下。使用时直接从草图块库里拖拽草图块至相应草图位置即可。

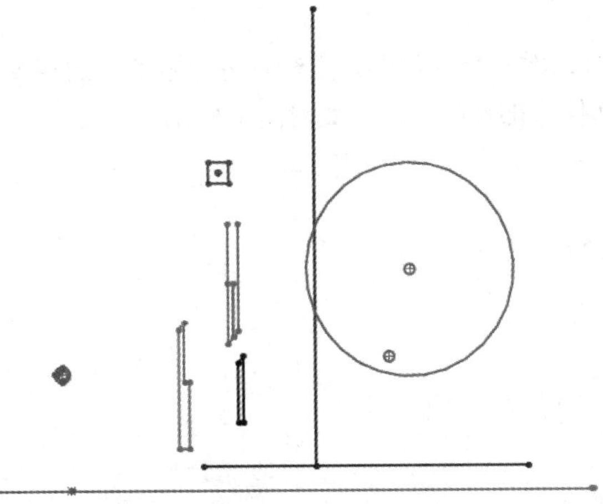

附图 1-3 草图绘制

导杆.SLDBLK
钢板.SLDBLK
滚子.SLDBLK
滑块.SLDBLK
机架.SLDBLK
曲柄.SLDBLK
上刀与刀刃.SLDBLK
水平机架.SLDBLK
下刀.SLDBLK
下刀刃.SLDBLK

附图 1-4 草图块文件

STEP04 创建装配体文件。

在菜单栏上单击【文件】→【创建】→【装配体】→【确认】→【生成布局】。

STEP05 装配草图块。

单击工具栏上的【插入块】图标，选择 STEP03 保存的草图块，例如“曲柄.SLDBLK”，右键单击曲柄中心并选择【使固定】图标。以同样的方法处理其他【草图块】，其中【钢材】与【输送滚】之间使用【牵引】配合。完成之后退出【布局】。

STEP06 添加马达。

切换到【运动算例】窗口，对曲柄和输送滚分别添加【旋转马达】，为了方便可直接在钢材上添加【线性马达】。

STEP07 计算。

将计算时间调整为 2s，【每秒帧数】设为 300，单击【计算】图标。

STEP08 结果输出。

观察钢板切制过程并输出上刀刃顶点轨迹，观察是否通过钢板。

## 三、擒 纵 机 构

附图 1-5 为叉瓦式擒纵机构图片，是机械表的核心部件之一。使用草图块对其进行制作的操作步骤如下：

擒纵机构

STEP01 进入草图绘制。

打开 SolidWorks 软件，新建零部件，单击【草图绘制】选择【前视基准面】，进入【草图绘制】界面。

STEP02 插入图片。

选择【工具】→【草图工具】→【草图图片】，选择文件“擒纵机构.jpg”，点击【确认】图标。将叉瓦式擒纵机构图片插入到【草图绘制】界面。

STEP03　绘制机架草图块。

经过调整位置与大小后，使用草图工具，在刚插入的图片上绘制各个零部件的草图块(就是用草图工具描图)，一般先绘制定位其他零部件的机架，如附图 1-6 所示。

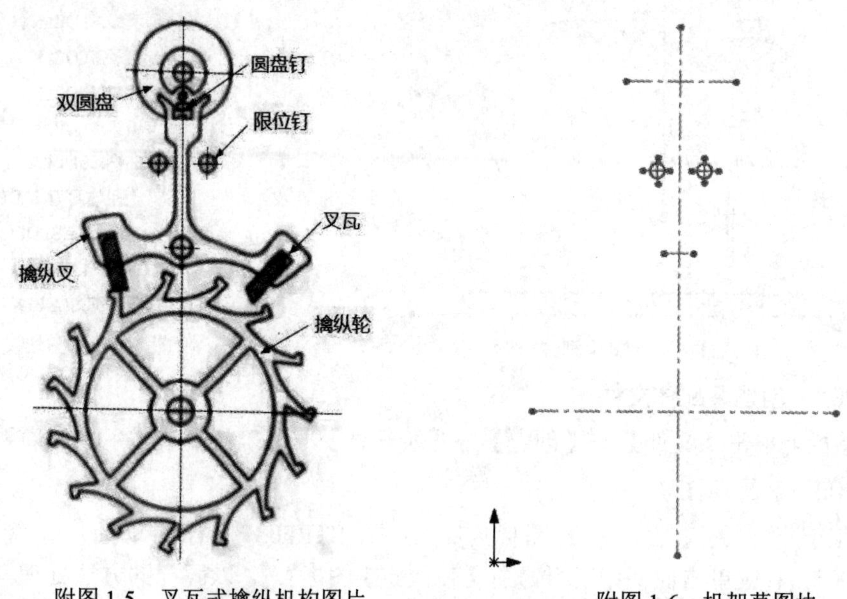


附图 1-5　叉瓦式擒纵机构图片　　附图 1-6　机架草图块

STEP04　制作其他草图块。

同样在有图片衬托的草图绘制界面内，绘制其他零部件，同时制作草图块，如附图 1-7 所示。

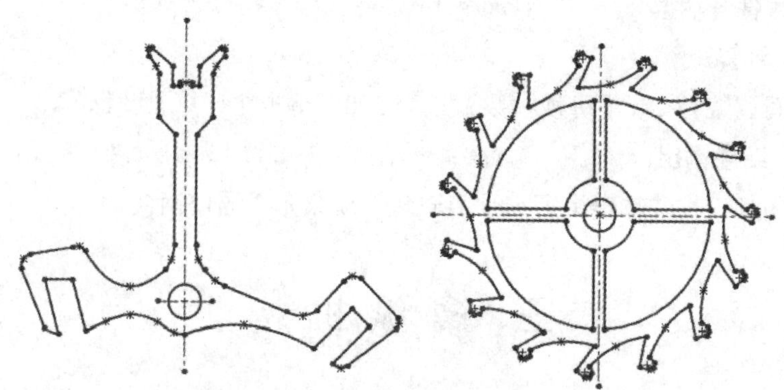

附图 1-7　擒纵叉与擒纵轮草图块

STEP05　保存草图块。

通过工具栏上的单击【保存块】图标，保存各个草图块。

STEP06　创建装配体文件。

在菜单栏上单击【文件】→【创建】→【装配体】→【确认】→【生成布局】。

STEP07　装配草图块。

单击工具栏上的【插入块】图标，选择 STEP04 保存的草图块，将各个草图块分别插入到与机架重合处，如附图 1-8 所示。

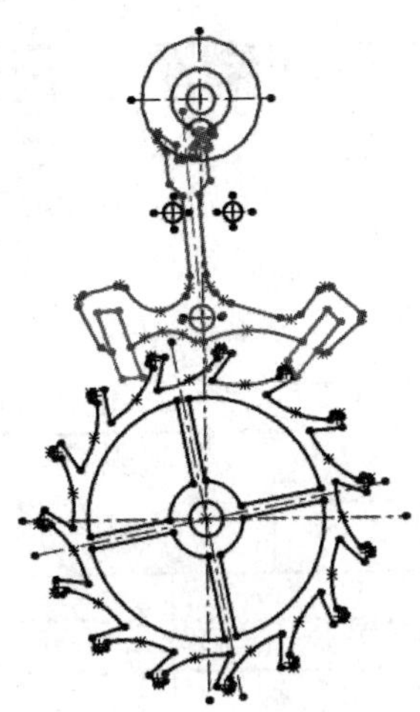

附图 1-8　草图块模型

STEP08　**添加马达。**

切换到【运动算例】窗口，对擒纵叉和擒纵轮分别添加【旋转马达】，设置为【振荡】和【等速】。

STEP09　**计算。**

将计算时间调整为 5 s，【每秒帧数】设为 300，单击【计算】图标。

STEP10　**保存文件。**

单击【保存】图标，保存文件。

# 附录二 常用的常量、运算符和函数

使用 SolidWorks 软件进行运动仿真，尤其是用到方程式时，必不可少地要用到一些常量、运算符和函数。为此，SolidWorks 软件提供了一些常用的常量、运算符和函数，详见附表 2-1～附表 2-3。

附表 2-1 常见的常量

| 常量 | 名称 | 注释 |
| --- | --- | --- |
| PI | 圆周率 | 圆周与圆直径的比率(3.14...) |

附表 2-2 常见的运算符

| 运算符 | 名称 | 注释 |
| --- | --- | --- |
| + | 加号 | 加法 |
| - | 减号 | 减法 |
| * | 乘号 | 乘法 |
| / | 除号 | 除法 |
| ^ | 乘方号 | 求幂 |

附表 2-3 常见的函数

| 函数 | 名称 | 注释 |
| --- | --- | --- |
| sin(*a*) | 正弦 | *a* 为角度；返回正弦值 |
| cos(*a*) | 余弦 | *a* 为角度；返回余弦值 |
| tan(*a*) | 正切 | *a* 为角度；返回余弦值 |
| sec(*a*) | 正割 | *a* 为角度；返回正割值 |
| cosec(*a*) | 余割 | *a* 为角度；返回余割值 |
| cotan(*a*) | 余切 | *a* 为角度；返回余切值 |
| arcsin(*a*) | 反正弦 | *a* 为正弦率；返回角度 |
| arccos(*a*) | 反余弦 | *a* 为余弦率；返回角度 |
| atn(*a*) | 反正切 | *a* 为相切率；返回角度 |
| arcsec(*a*) | 反正割 | *a* 为正割率；返回角度 |
| arccosec(*a*) | 反余割 | *a* 为余割率；返回角度 |
| arccotan(*a*) | 反余切 | *a* 为余切率；返回角度 |
| abs(*a*) | 绝对值 | 返回 *a* 的绝对值 |
| exp(*n*) | 指数 | 返回 e 的 *n* 次方 |
| log(*a*) | 对数 | 返回 *a* 的以 e 为底数的自然对数 |

续表

| 函　数 | 名　称 | 注　　释 |
|---|---|---|
| sqr($a$) | 平方根 | 返回 $a$ 的平方根 |
| int($a$) | 取整数 | 返回 $a$ 的整数部分 |
| sgn($a$) | 符号函数 | 返回 $a$ 的符号为 -1 或 1 |
| max($a_1$, $a_2$) | 取大值 | 返回双表达式 $a_1$ 和 $a_2$ 的最大值 |
| min($a_1$, $a_2$) | 取小值 | 返回双表达式 $a_1$ 和 $a_2$ 的最小值 |
| mod($a_1$, $a_2$) | 求余 | 表达式 $a_1$ 的值除以表达式 $a_2$ 的值，返回余数 |
| rtod | 弧度转换度 | 将弧度转换度，其值等价(180/π) |
| time | 时间 | 返回当前仿真时间 |

默认情况下，如果表达式中包括三角函数如 sin()，则自变量单位以弧度表示。要在表达式函数中指定自变量单位的度数，即将 D 附加到函数自变量后。例如，要在表达式中表示 sin30°，则应输入 sin(30D)。

# 参考文献

[1] 陈超祥，胡其登. SolidWorks Motion 运动仿真教程[M]. 北京：机械工业出版社，2012.
[2] 闫思江，韩晓玲. HyperMesh 网格划分技术[M]. 西安：西安电子科技大学出版社，2019.
[3] 孙建益，廖汉元. 机构综合与优化[M]. 北京：机械工业出版社，2013.
[4] 孙恒，葛文杰. 机械原理[M]. 9 版. 北京：高等教育出版社，2021.
[5] 闫思江，李凡国. 变杆长参数化四杆机构的运动学仿真[J]. 机械传动，2011，35(12)：46-48.
[6] 濮良贵，陈国定，吴立言. 机械设计[M]. 9 版. 北京：机械工业出版社，2018.